R.TAVERNIER / C.LIZEAUX

4^{e}

PROGRAMME 1998

CYCLE CENTRAL DES COLLÈGES

es
e
la
e

e équipe
de lycée :

U
EAU
Raymond TAVERNIER
André VAREILLE

BORDAS

La classe de 4e : deuxième année du cycle central des Collèges

Des objectifs pédagogiques bien définis.

Les activités proposées en classe de 4e permettent de poursuivre l'acquisition de compétences méthodologiques :

- elles entraînent au mode de pensée expérimental en fondant l'étude des fonctions (reproduction) ou des phénomènes géologiques sur la résolution de problèmes scientifiques ;
- elles développent les savoir-faire techniques en favorisant les activités pratiques ;
- elles exercent la capacité de synthèse et amènent à un premier niveau d'abstraction, en conduisant à appréhender l'organisation et l'évolution du monde vivant ainsi que les fonctions de la planète ;
- elles développent les aptitudes à s'informer, raisonner, communiquer dans un domaine scientifique, oralement ou par écrit, mais aussi par le dessin et le schéma.

Un livre conçu pour répondre à ces objectifs.

• Un outil de travail sérieux et attrayant

Le livre est, pour l'élève, un outil de travail utilisable aussi bien dans le cadre de la classe qu'en dehors du collège ; mais le livre est aussi un **auxiliaire pédagogique** pour le professeur. Ce souci d'efficacité a conduit les auteurs à adopter une présentation claire et « aérée » :

- des **chapitres courts** axés sur les activités ;
- des **illustrations riches et de taille suffisante,** utilisables comme support au cours des apprentissages.

• Une même organisation pour tous les chapitres

Un chapitre comprend ainsi que le montrent les pages 6 et 7 :

- **Une page « d'ouverture »** qui pose clairement les problèmes à résoudre.
- **Des doubles pages de « documents »**, support d'**activités** variées.
- **Une page « *J'ai découvert* »** qui fait le point des connaissances acquises.
- **Une page « *L'essentiel* »** qui regroupe un résumé simple et un schéma de synthèse.
- **Des pages d'exercices** pour tester les acquis ou utiliser les connaissances.
- **Des pages « Outils »** dont les différents documents seront naturellement intégrés à la progression pédagogique.
- **Des documents de référence** à la fin de l'ouvrage.

I.S.B.N. 2-04-028662-4

Le cycle central des Collèges (classes de 5e et 4e)

• Le programme *(B.O. du 13 février 1997).*

A. Fonctionnement du corps humain et santé *(durée conseillée : 19 heures).*
B. La transmission de la vie chez l'homme *(durée conseillée : 8 heures).*
C. Des êtres vivants dans leur milieu.
- **C1.** Respiration et occupation des milieux *(durée conseillée : 10 heures).*
- **C2.** Reproduction sexuée et pérennité des espèces dans les milieux *(durée conseillée : 8 heures).*

D. La Terre change en surface.
- **D1.** L'évolution des paysages : roches, eau, atmosphère, êtres vivants *(durée conseillée : 16 heures).*
- **D2.** L'évolution des paysages : effets de l'activité interne du globe *(durée conseillée : 12 heures).*

E. La machine Terre *(durée conseillée : 6 heures).*
F. Histoire de la Vie, histoire de la Terre *(durée conseillée : 10 heures).*

• La répartition officielle entre 5e et 4e *(B.O. du 13 février 1997).*

*« L'ordre de présentation des 6 parties est logique, leur enseignement dans cet ordre (**A**, **B** et **C** en 5e ; **D**, **E** et **F** en 4e) est donc légitime. Toutefois, le fait que l'enseignement puisse être programmé sur deux années autorise une souplesse respectant les équilibres horaires. Ainsi, l'étude de « La Terre change en surface » peut être amorcée en fin de 5e (**D1**) et poursuivie au début de la 4e (**D2**), celle des fonctions étant également étalée sur les deux années avec le report possible en 4e de la fonction de reproduction (partie **B** et **C2**). »*

• Le choix des Éditions Bordas.

Pour répondre à cette possibilité de transfert, et à la liberté de choix laissée aux professeurs, les Éditions Bordas proposent, pour la classe de 4e, les deux manuels complémentaires de ceux de 5e :

Sommaire

L'évolution des paysages : roches, eau, atmosphère, êtres vivants

L'évolution des paysages : effets de l'activité interne du globe

La machine Terre

Histoire de la Vie, histoire de la Terre

Quelques documents de référence

La richesse des documents du manuel s'explique par la volonté de présenter toutes les « activités possibles » figurant dans le programme officiel. Toutefois, le Bulletin Officiel du 13 février 1997 précise clairement que toutes ces activités ne sont pas obligatoires, mais soumises au « choix du professeur ». Ainsi, tous les documents de ce manuel ne seront pas obligatoirement l'objet d'une analyse détaillée.

LE MANUEL : UN OUTIL DE TRAVAIL À VOTRE SERVICE

Les chapitres présentent tous la même organisation

Une page d'ouverture du chapitre

La problématique du chapitre est clairement définie dès le départ.

Plusieurs doubles pages de documents

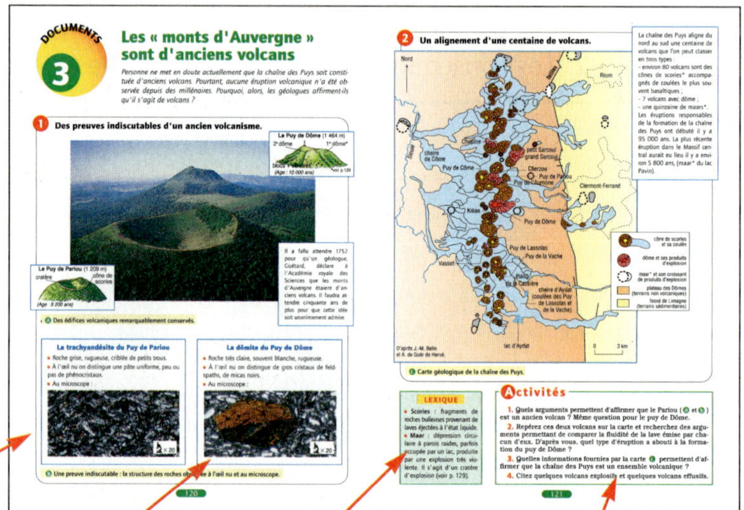

Documents à exploiter (selon les cas : photographies, graphiques, dessins, textes, schémas, cartes...).

Des définitions claires de tous les mots scientifiques importants.

Ces questions permettent d'exploiter (en classe ou à la maison) les divers documents présentés dans la double page.

Une double page "bilan"

Un texte-bilan simple, mais toujours rigoureux : c'est ce qu'il faut retenir de l'étude du chapitre.

Ce schéma, qui illustre le bilan, présente par l'image les notions essentielles.

L'étude des différentes doubles pages de documents permet de dégager successivement ces notions importantes.

Plusieurs pages d'exercices pour chacun des chapitres

Ces questions permettent de tester les connaissances (évaluation, auto-évaluation).

Un choix d'exercices : chacun d'eux permet d'utiliser les connaissances dans des situations nouvelles.

Des exercices corrigés pour apprendre à l'élève à rédiger des réponses.

Des pages « Outils » biens utiles

Ces pages laissent à votre professeur une totale liberté pédagogique dans l'utilisation des documents.

Des documents de référence

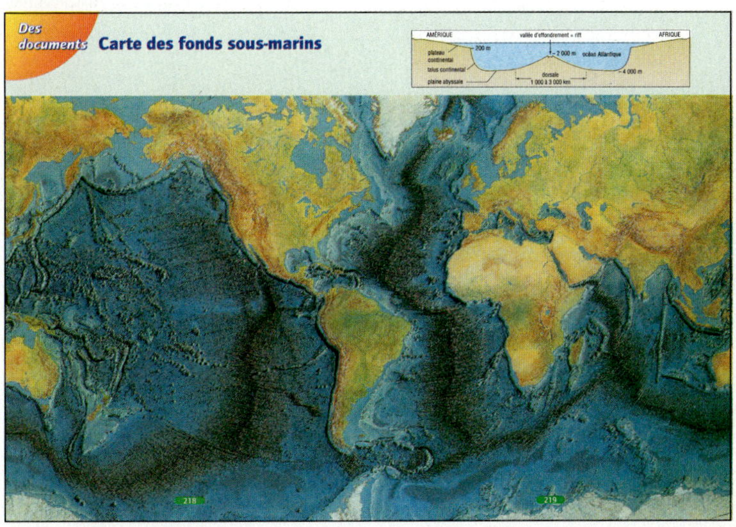

Ces documents sont indispensables pour réaliser certaines activités.

A la fin du livre (p. 222), un outil très pratique : l'index.

L'évolution des paysages : roches, eau, atmosphère, êtres vivants

1. La diversité des paysages actuels
2. L'évolution des paysages
3. La reconstitution des paysages anciens
4. L'homme exploite des ressources géologiques

L'évolution des paysages : roches, eau, atmosphère, êtres vivants

Extrait du PROGRAMME
(B.O. du 13 février 1997)

L'ÉVOLUTION DES PAYSAGES : ROCHES, EAU, ATMOSPHÈRE, ÊTRES VIVANTS
(durée conseillée : 16 heures)

1. Dans un paysage, on peut observer des interactions entre les roches, l'eau, l'air, la végétation et l'Homme

Compétences :

- Identifier dans un paysage des manifestations actuelles ou récentes de l'érosion et du transport de matériaux, de la sédimentation.
- Reconnaître si une roche est ou non homogène, composée ou non d'éléments différents.
- Expliquer un aspect du modelé d'un paysage par une étude expérimentale faisant intervenir des propriétés des roches.
- Reconnaître et expliquer l'action érosive d'un agent (eau, vent...)

2. Les roches sédimentaires sont des archives permettant de reconstituer des éléments de paysages anciens

Compétences :

- Mettre en relation les caractéristiques d'une roche sédimentaire (strates, fossiles) et les grands traits du milieu de sédimentation.
- Identifier un fossile et émettre une hypothèse sur le milieu de vie ancien.

3. L'environnement géologique procure à l'Homme des ressources.

4. L'Homme est responsable de son environnement.

CHAPITRE

1

La diversité des paysages actuels

Les problèmes à résoudre :

- Qu'est-ce qu'un paysage, pour un géologue ? Qu'appelle-t-on éléments significatifs d'un paysage ?
- Quelles hypothèses peut-on formuler pour expliquer les différences constatées lorsqu'on compare deux paysages ?

DOCUMENTS 1

Les éléments d'un paysage

Selon l'endroit où vous habitez, vous pouvez découvrir des paysages bien différents. Une observation attentive permet cependant d'y retrouver, quel que soit l'exemple choisi, les mêmes éléments significatifs principaux. Quels sont ces éléments ?

1 A la découverte d'un paysage.

a Un paysage riche en éléments différents : un paysage de la vallée du Lot.

b Les cours d'eau ont un rôle important dans le modelé des paysages.

Un paysage est essentiellement caractérisé par le relief, la végétation, le tracé des cours d'eau, les affleurements de roches naturels ou artificiels, les manifestations des activités humaines (agriculture, habitat, industries...). Par ailleurs, l'exploitation par l'homme des ressources géologiques est souvent visible dans le paysage, soit directement (carrière, par exemple), soit par les traces laissées par une telle exploitation.

2 Quelques éléments significatifs.

ⓒ Une falaise calcaire se détache dans le paysage.

ⓔ La végétation sur le plateau calcaire.

ⓓ Souvent, les habitations anciennes sont « tirées » du sous-sol de la région.

ⓕ Une carrière en exploitation : production de granulats.

Activités

1. Quels sont les éléments du paysage présentés par ces photographies ?

2. Formulez des hypothèses :

- pour expliquer la présence d'une falaise dans ce paysage ;
- pour expliquer la différence de végétation entre le plateau calcaire (photo ⓔ) situé au-dessus de la falaise, et la plaine située sur la partie gauche de la photographie ⓐ.

DOCUMENTS 2

Récolter des informations pour comprendre le paysage

La découverte des éléments du paysage conduit à formuler des hypothèses, en particulier sur les relations probables entre le modelé du paysage et la nature des roches du sous-sol. L'activité sur le terrain ne se limite donc pas à une simple observation.

1 La récolte d'informations au cours d'une sortie.

a Des activités utiles sur le terrain.

b La rive convexe d'un méandre présente un modelé très différent de celui de la rive concave.

L'observation du paysage

Sur le terrain, l'observation d'un paysage ne consiste pas seulement à recueillir une « impression » mais à explorer méthodiquement le site, de façon à en repérer les caractéristiques essentielles :

- Quels sont les traits principaux du **relief** ? S'agit-il d'une plaine, d'un plateau entaillé par des vallées, de collines ou de montagnes ?
- Observe-t-on des **affleurements** de roches du sous-sol ? Si oui, nous donnent-ils des informations sur la nature et la disposition de ces roches ?
- Des **cours d'eau** sont-ils visibles ? S'agit-il de ruisseaux, de torrents, d'une rivière ou d'un fleuve ? Quelle est la forme des versants des vallées (pentes douces, falaises,...) ?
- Quel est l'aspect de la **végétation** ? Où sont disposés les bois, les landes, les prairies ou les cultures ?
- Observe-t-on des traces des **activités humaines** (usines, voies de communication, villes ou villages,...) ?
- Comment expliquer le **modelé du paysage** ?

Des récoltes indispensables

La réponse aux questions qu'on se pose nécessite souvent la récolte, en vue d'une utilisation ultérieure, « d'informations » complémentaires : collecte de roches ou de fossiles, prise de photographies, réalisation d'un vidéogramme.

2 Exemple d'exploitation des photographies réalisées au cours de la sortie.

c En plaçant un papier calque sur la photographie, un élève a repéré les éléments caractéristiques du paysage.

Cet affleurement montre des **bancs** (ou **strates***) de calcaires empilés les uns sur les autres et inclinés. Les roches du **sous-sol** sont surmontées par un **sol** très mince, de couleur brunâtre. Sur ce sol est installée une **végétation** typique des régions calcaires. On peut également remarquer que le niveau du sol n'est pas exactement parallèle à la stratification* de la roche.

d Un affleurement intéressant.

LEXIQUE

- **Strates** : couches de roches superposées (le plus souvent, il s'agit de roches sédimentaires).
- **Stratification** : disposition des roches en strates.
- **Plaine alluviale** : paysage plat dont le sous-sol est formé d'alluvions, c'est-à-dire de matériaux déposés par un cours d'eau.

Activités

1. Décalquez la photographie **a** p. 12.

2. En vous aidant de **c** ci-dessus, écrivez en bonne place sur votre dessin les mots : rivière, falaise, champs cultivés, rive concave, rive convexe, plaine alluviale, végétation très clairsemée, bois.

3. Après avoir lu le texte associé à la photographie **d**, réalisez un croquis de cette photographie et indiquez sur votre croquis les mots du texte écrits en gras.

DOCUMENTS 3

Pourquoi des paysages si différents ?

D'une région à l'autre les paysages présentent souvent des différences très apparentes. C'est le cas pour les deux exemples présentés ici : un plateau calcaire et une région argileuse. Existe-t-il une relation entre les propriétés des roches du sous-sol et les différences observées dans le modelé des paysages ?*

1 Un plateau calcaire : le Causse noir.

a La surface de ce plateau calcaire apparaît très aride : maigre végétation se développant sur un sol très sec, parsemé de blocs de calcaire.

b De nombreuses fentes en surface permettent une infiltration rapide des eaux de pluie dans les profondeurs du plateau calcaire.

L'aspect aride du plateau du Causse noir n'est pas la conséquence d'un climat particulièrement sec : la hauteur annuelle moyenne des précipitations (800 à 1 000 mm d'eau) est la même sur le Causse noir et dans les Dombes (photo c). Les eaux de pluie ne restent pas à la surface du causse* : le document b permet de comprendre pourquoi.

L'étude des propriétés des argiles (voir p. 23) vous permettra sans doute d'expliquer l'aspect très différent du paysage des Dombes.

2 Une région argileuse.

ⓒ Au nord de Lyon, ce paysage des Dombes montre une région cultivée et parsemée d'étangs. Le sous-sol est constitué de roches argileuses.

ⓓ Une observation banale sur un terrain argileux. **1** : après la pluie ; **2** : quelques jours plus tard.

LEXIQUE

- **Plateau** : surface de terrain à peu près plane, entaillée ou délimitée par des vallées assez encaissées. Cela implique une certaine altitude en général.
- **Causses** : région de France, dans le sud du Massif central, formée d'épaisses couches calcaires qui s'élèvent aux environs de 1000 m d'altitude. Les Causses comprennent plusieurs unités : le Causse noir, le Causse du Larzac, le Causse Méjean...

Activités

1. En utilisant les informations de la page 16, expliquez pourquoi la végétation du Causse noir est formée de plantes résistantes à la sécheresse.

2. Quelle propriété des argiles (voir p. 23) explique l'aspect du paysage des Dombes.

3. Comparez les deux photographies ⓓ. Expliquez pourquoi on parle de « fentes de retrait » pour définir l'aspect de la photographie ⓓ **2.**

4. Pour quelles raisons un plateau calcaire et une région argileuse ont-ils des aspects différents ?

DOCUMENTS 4

Une même roche et des paysages différents

La double page précédente a permis de découvrir que la nature des roches du sous-sol avait une influence importante sur le modelé du paysage. Les documents présentés ici vont permettre de découvrir qu'un même sous-sol (ici, granitique) peut être à l'origine de paysages différents.

1 Des paysages granitiques de moyenne altitude.

a Un paysage caractéristique du Sidobre : des boules de granite affleurent à la surface du sol.

b Dans la même région, une « pierre branlante » spectaculaire : le rocher de l'Oie.

Dans de nombreuses régions de moyenne altitude (Bretagne, Limousin, Vosges, Sidobre...), on peut repérer la nature granitique du sous-sol en observant dans le paysage de gros blocs arrondis qui parsèment les landes, les pâturages ou les forêts. Ces blocs sont des boules de granite qui sont parfois empilées les unes sur les autres, formant alors un chaos*.

En haute montagne, ce même granite peut former des sommets hérissés d'aiguilles (photographies c et d). On trouve au pied de ces reliefs escarpés des éboulis* parfois impressionnants.

2 Des paysages granitiques de haute montagne.

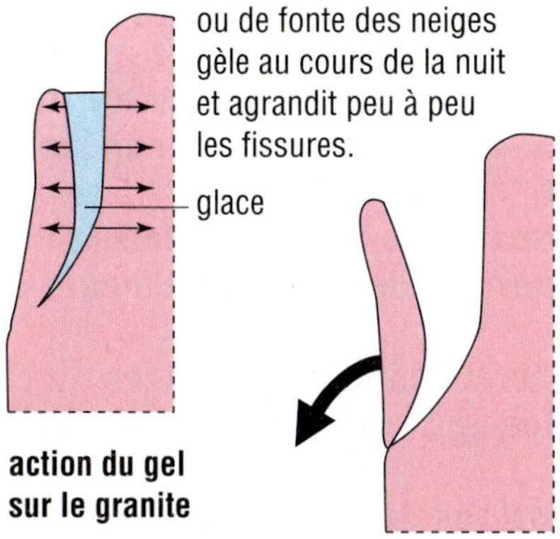

c Des aiguilles de granite dans les Alpes.

d Une vue de détail du sommet d'une aiguille granitique.

LEXIQUE

- **Chaos** : entassement de rochers.
- **Eboulis** : ensemble de fragments rocheux qui se détachent, tombent et s'entassent au bas d'un relief.

Activités

1. Comparez en quelques phrases les deux paysages granitiques présentés dans cette double page.

2. D'après les informations présentées ici, quel mécanisme important paraît responsable de l'aspect du paysage granitique de haute montagne ?

3. Le sous-sol étant le même dans les paysages présentés dans cette double page, quelles hypothèses pouvez-vous proposer pour expliquer de telles différences dans le modelé des paysages ?

DOC 1 DOC 2 Les éléments d'un paysage.

L'observation d'un paysage, quel qu'il soit, permet de découvrir des éléments variés en rapport avec la géologie :

- le relief qui est l'élément le plus visible (montagnes, collines, vallées souvent occupées par des cours d'eau...) ;
- les affleurements de roches (falaises, carrières...) qui donnent des renseignements sur le sous-sol ;
- la végétation (forêts, landes, pâturages ou cultures...) installée sur un sol plus ou moins épais ;
- les manifestations des activités humaines (habitat, industries...).

DOC 3 La comparaison de deux paysages.

Les paysages varient d'une région à une autre. Ainsi, la surface d'un plateau calcaire comme le Causse noir est sèche ; une maigre végétation se développe sur un sol peu épais, parfois le sous-sol fissuré est apparent. En revanche, un paysage argileux comme celui des Dombes est verdoyant et parsemé d'étangs.

Ces deux régions se trouvent sous un même climat, l'abondance des pluies y est comparable mais les propriétés des roches sont différentes. Le calcaire étant une roche perméable en grand, l'eau s'infiltre dans les fissures du plateau calcaire alors qu'elle reste en surface dans les régions argileuses, l'argile étant imperméable.

DOC 4 Une même roche et des paysages différents.

La nature des roches n'est pas seule responsable du modelé du paysage. Ainsi, une même roche, comme le granite, peut donner des paysages différents en fonction du climat notamment.

Sous un climat tempéré, à influence océanique, le granite forme un paysage de landes avec des boules de roches visibles au milieu d'une maigre végétation ; en haute montagne en revanche, les sommets, sans végétation, sont hérissés d'aiguilles. En altitude, les fortes variations de température et l'alternance gel-dégel provoquent l'éclatement de la roche et la dislocation du massif.

L'essentiel

Ce qu'il faut savoir

Le relief, les affleurements de roches, la végétation, les manifestations des activités humaines... constituent les éléments de tout paysage et permettent une première approche de la géologie d'une région.

Le modelé d'un paysage est en grande partie lié à la nature du sous-sol et aux propriétés des roches qui le constituent. Ainsi le calcaire, perméable en grand, peut former des plateaux arides alors que l'argile, imperméable, donne un paysage où l'eau reste en surface.

Le climat est également un facteur important du modelé du paysage : le granite peut former un paysage de landes, en Bretagne par exemple, ou des aiguilles en haute montagne.

Les mots-clés

- éléments d'un paysage
- sol
- sous-sol
- affleurement
- modelé du paysage
- propriétés des roches

Le schéma bilan

LA DIVERSITÉ DES PAYSAGES

Observation des éléments significatifs de chaque paysage étudié

→ **Proposition d'hypothèses pour expliquer les modelés observés**

↓

Manipulations permettant de découvrir les propriétés des roches

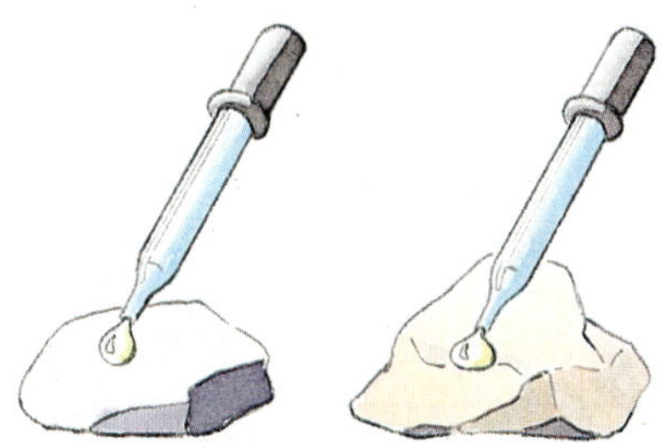

↓

Comprendre le paysage

Des outils ... pour mettre en relation

Des propriétés faciles à tester en classe

Roche cohérente, friable, meuble ?

Une roche **cohérente** résiste à la pression des doigts, ne s'effrite pas car elle est formée d'éléments fortement soudés entre eux.
Une roche est dite **friable** si elle s'effrite et laisse des traces sur les doigts.
Une roche **meuble,** le sable par exemple, est formée d'éléments indépendants.

Une roche cohérente

Une roche friable

Une roche meuble

Une propriété caractéristique du calcaire

Déposez une goutte d'acide dilué sur une roche. Si cette roche contient du calcaire, des « bulles » se forment : le calcaire fait **effervescence** à l'acide.
Attention ! l'acide même dilué doit être manipulé avec précaution.

Un moyen pour reconnaître une roche calcaire

paysages et propriétés des roches

Le comportement des roches vis-à-vis de l'eau

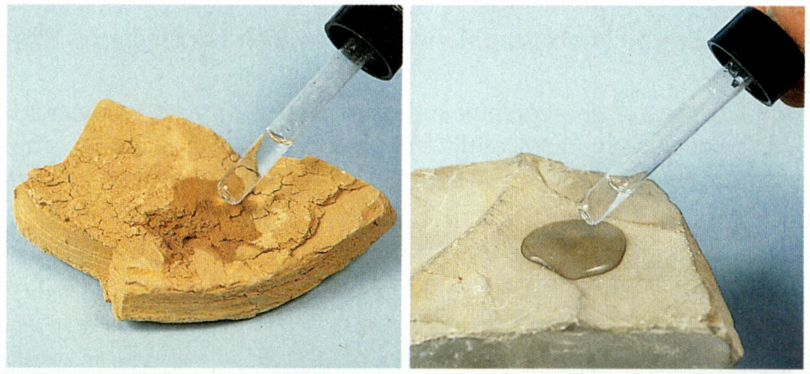

Une roche poreuse et une roche non poreuse

Une roche imperméable et une roche perméable

• Testez la **porosité** d'une roche :
- si l'eau pénètre dans la roche, celle-ci est **poreuse** ;
- si l'eau ne pénètre pas, elle est **non poreuse**.

• Testez la **perméabilité** d'une roche :
- si l'eau traverse l'échantillon, la roche est **perméable** ;
- si l'eau ne traverse pas, elle est **imperméable**.

Attention : ne pas confondre perméabilité en grand et en petit :
Une roche peut être imperméable en petit (sur un petit échantillon) mais perméable en grand grâce aux fissures ou diaclases qui parcourent le massif.

Une propriété caractéristique de l'argile

L'argile imbibée d'eau forme une pâte modelable : c'est une roche **plastique**. Lorsque cette eau s'évapore, l'argile se fendille, il se forme des **fentes de retrait**.

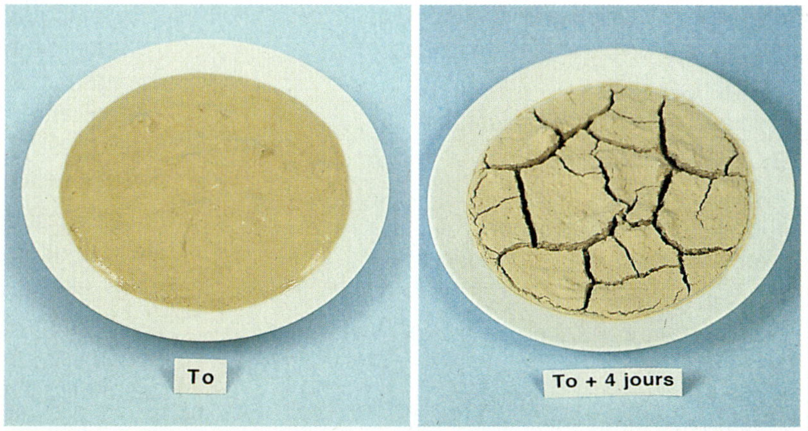

Argile humide et argile sèche

EXERCICES

J'apprends à faire un exercice

Analyser une photographie afin d'identifier les éléments d'un paysage.

1 • Observez la photographie ci-dessus, puis décrivez en quelques phrases les différents éléments qui constituent le paysage.

2 • A l'aide d'un papier calque, réalisez un croquis de la photographie, puis indiquez en légendes les différents éléments du paysage.

3 • Comment pouvez-vous expliquer la présence d'étangs dans ce paysage ? Formulez une hypothèse sur la nature du sous-sol ainsi que sur ses propriétés.

4 • Réalisez des schémas d'expériences permettant d'éprouver votre hypothèse.

Pour répondre aux questions, je dois...

1. ...retrouver des connaissances :
- connaître les éléments d'un paysage ;
- connaître les propriétés de l'argile.

2. ...m'informer :
- en observant une photographie.

3. ...communiquer :
- en réalisant un croquis ;
- en indiquant des légendes ;
- en schématisant des expériences.

4. ...raisonner :
- en mettant en relation les propriétés des roches et les éléments d'un paysage ;
- en formulant une hypothèse ;
- en éprouvant une hypothèse par des expériences.

Réponses attendues

1. Les principaux éléments de ce paysage sont :
- un relief plat ;
- la végétation représentée par des forêts et des champs cultivés limités par des haies ;
- la présence de nombreux étangs ;
- des constructions humaines : des habitations dispersées, des routes.

2. Sur le croquis peuvent figurer les mots : étang, hameau, forêt, haie, route, culture, prairie.

3. La présence d'étangs indique que les eaux de pluie restent en surface.
Hypothèse : le sous - sol de cette région est constitué d'une roche imperméable (argile ?).

4. Schéma des expériences p. 23.

EXERCICES

Je teste mes connaissances

A • Définissez les mots ou expressions :
Eléments d'un paysage, sol, sous-sol, affleurement.

B • Vrai ou faux ?
Certaines affirmations sont exactes ; recopiez-les. Corrigez ensuite les affirmations inexactes.
a. Une roche qui fait effervescence à l'acide est une roche calcaire.
b. Une roche meuble résiste à la pression des doigts.
c. Une roche qui se laisse traverser par l'eau est une roche perméable.
d. Une roche friable laisse une trace sur les doigts.
e. Un granite est une roche meuble et imperméable.
f. Une argile sèche n'absorbe pas l'eau.
g. Une roche poreuse est obligatoirement une roche perméable.

C • Citez un exemple de roche...
... qui possède les deux propriétés suivantes :
a. poreuse et imperméable
b. poreuse et perméable
c. non poreuse et imperméable
d. friable et imperméable
e. cohérente et imperméable
f. meuble et perméable

D • Comment reconnaître au laboratoire...
a. une roche argileuse ?
b. une roche calcaire ?
c. un sable ?

E • Questions à réponse courte.
a. Pourquoi certaines constructions humaines peuvent-elles nous renseigner sur le sous-sol d'une région ?
b. Essayez d'expliquer pourquoi, en France, il existe une grande diversité des paysages.
c. Quels sont les éléments d'un paysage qui renseignent directement sur la nature du sous-sol ?

F • Expliquez pourquoi...
a. dans un paysage argileux, on rencontre de nombreux étangs ;
b. un paysage calcaire a un aspect sec ;
c. le sommet d'une dune de sable est toujours sec ;
d. une même roche peut donner des paysages différents.

J'utilise mes connaissances

1 Interpréter des photographies.

1 • L'une de ces photographies correspond à une région argileuse, l'autre à une région calcaire. Identifiez-les. Quelles propriétés des roches expliquent l'aspect de chacun des deux paysages ?

2 • Quelles expériences pourriez-vous faire pour mettre en évidence les propriétés de ces deux roches ?

DOCUMENTS 1

Le granite n'est pas éternel

Les géologues ont montré qu'autrefois, des régions granitiques comme le Limousin ou la Bretagne étaient de hautes montagnes ; celles-ci ont été « usées » au cours du temps. Comment une roche aussi résistante que le granite peut-elle être ainsi usée ?

1 Une altération en boules.

a Un aspect très caractéristique d'un massif granitique en cours d'érosion (ici, Ploumanac'h en Bretagne).

Dans les régions granitiques de moyenne altitude (Bretagne, Limousin...), il est fréquent d'observer dans les carrières des boules de granite plus ou moins « noyées » dans une roche meuble, une sorte de sable grossier appelé arène* granitique. Le sable n'a pas été apporté ici ; il s'est formé sur place par désagrégation* du granite.

b Un détail de l'affleurement.

2 Une très lente désagrégation.

c Granite sain prélevé au cœur d'une boule.

d Granite altéré prélevé dans la zone périphérique d'une boule.

e Granite très altéré, friable, prélevé à l'extérieur d'une boule.

f Arène granitique visible entre les boules.

A l'échelle d'une vie humaine, un échantillon de granite ne subit aucune modification perceptible. Cependant, les photographies ci-jointes montrent qu'un granite peut subir une désagrégation étonnante. Ce phénomène est particulièrement lent : des millénaires sont nécessaires pour que le granite subisse une telle désagrégation.

LEXIQUE

- **Arène** (du latin « *arena* = sable ») : sable grossier résultant de la désagrégation de roches comme le granite, le gneiss...
- **Désagrégation** : séparation des grains d'une roche.

Activités

1. Faites un dessin simplifié de la photographie **b**, et, en vous aidant du texte, indiquez où ont été prélevés les échantillons **d** et **f**.

2. Quelles différences observez-vous entre les échantillons **c** et **e** ?

3. Les échantillons **c**, **d**, **e** et **f** « racontent l'histoire » de la désagrégation du granite. Ces échantillons sont-ils disposés ici dans un ordre logique ? Justifiez votre réponse.

DOCUMENTS 2

La très longue histoire d'un paysage granitique

Nous avons vu à la page précédente que le granite, roche cohérente et résistante, se transforme en un sable grossier. Comment cette transformation est-elle possible ? Comment cette désagrégation explique-t-elle l'évolution des paysages granitiques ?

1 Comprendre l'altération du granite.

ⓐ Granite sain. **1.** Quartz. **2.** Feldspath. **3.** Mica noir.

ⓑ Une expérience simple.

L'altération des feldspaths et des micas est une très lente transformation chimique sous l'action de l'eau ; l'argile est le résultat de cette transformation. La couleur plus ou moins ocre de l'argile est due à la présence de fer dans le mica noir, fer qui en présence d'eau donne de la « rouille ».

Quartz, feldspaths, micas : comment les distinguer ?

Le granite (ⓐ) est une roche constituée d'un assemblage de petits grains (les cristaux) visibles à l'œil nu :

- des cristaux de **quartz**, gris, translucides et de forme irrégulière ;
- des cristaux de **feldspaths**, de teinte claire, blanchâtre ou rose, et présentant des faces planes brillantes lorsqu'ils sont convenablement orientés par rapport à la lumière ;
- des cristaux brillants de **mica noir** ou de **mica blanc**.

Granite	Arène granitique
Quartz	Grains de **quartz** non altérés
Feldspaths	Grains de **feldspaths** plus ou moins altérés (blanc sale ou ocres, ternes).
Micas noir ou blanc	Grains de **micas**, plus rares et très altérés.
	Poudre argileuse plus ou moins ocre.

ⓒ Arène granitique lavée sous un filet d'eau.

2 Pour expliquer l'évolution d'un paysage granitique.

ⓓ Carrière de granite avec de nombreuses diaclases bien visibles.

ⓔ Empilement de boules de granite (chaos du mont Lozère).

LEXIQUE

- **Minéral** : constituant des roches se présentant le plus souvent sous forme de cristaux (quartz, feldspath et mica sont trois minéraux du granite).
- **Altération** : transformation chimique d'un minéral ou d'une roche sous l'action des agents atmosphériques.

Activités

1. Comparez la composition du granite sain et de l'arène granitique. D'où provient la poudre argileuse de l'arène ?

2. Pourquoi, dans l'expérience ⓑ, l'eau d'un bécher est colorée et l'autre non ? Quel composant de l'arène granitique n'est plus présent dans l'arène lavée ⓒ ?

3. En utilisant les informations de la page 30, expliquez comment, sous l'action prolongée des eaux de pluie, un massif granitique (ⓓ) peut être transformé en paysage de chaos (ⓔ). Vous pourrez illustrer votre réponse par une série de schémas simples.

DOCUMENTS 3

Comprendre certains aspects des paysages calcaires

Nous avons vu dans le chapitre précédent que les paysages calcaires présentent des aspects très particuliers. Nous allons en découvrir deux dans cette double page et essayer de comprendre comment l'action de l'eau sur les roches calcaires est à l'origine de ces modelés remarquables.

1 Comprendre l'origine de larges fissures dans un plateau calcaire.

a Les larges fentes verticales qui fragmentent ce massif calcaire n'étaient que d'étroites fissures il y a quelques milliers d'années.

L'action chimique de l'eau de pluie

En traversant l'atmosphère, l'eau de pluie dissout du dioxyde de carbone. La teneur en dioxyde de carbone de cette eau augmente considérablement lorsqu'elle traverse le sol. En effet, vous avez vu, en classe de 6e, que le sol contient de nombreux êtres vivants qui, en respirant, enrichissent le sol en dioxyde de carbone : une partie de ce gaz se dissout dans les eaux d'infiltration.

b L'eau qui circule dans les fissures contient du dioxyde de carbone.

Au début de l'expérience, les récipients 1 et 2 contiennent un liquide blanchâtre : c'est de l'eau avec de fines particules de calcaire en suspension. On verse alors dans le récipient 2 de l'eau gazeuse (riche en dioxyde de carbone) : le contenu du récipient prend alors l'aspect visible sur la photographie. Le contenu du récipient 1 est évidemment inchangé.

c Une expérience pour comprendre.

2 Comprendre l'origine des « poches d'argile » dans un calcaire marneux*.

La roche **A** est un calcaire impur, contenant un certain pourcentage d'argile plus ou moins ferrugineuse.
La poche **B** contient, exclusivement de l'argile rouge. Le calcaire, qui était présent à cet endroit il y a plusieurs millénaires, a totalement disparu.

d Poche d'argile rouge dans des bancs de calcaire.

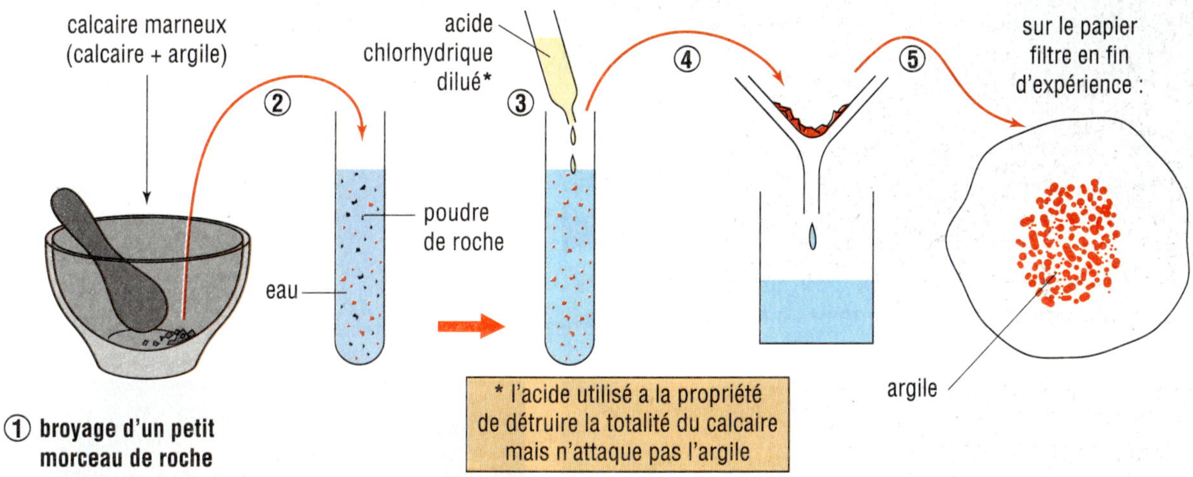

e Comment extraire l'argile d'un calcaire marneux*.

LEXIQUE

- **Dissolution** : mise en solution d'un solide (ou d'un gaz) dans un liquide : le sucre se dissout dans l'eau.
- **Diaclases** : réseau de fissures fracturant un massif rocheux et permettant une infiltration d'eau à l'intérieur du massif.
- **Calcaires marneux** : calcaire impur contenant un certain pourcentage d'argile.

Activités

1. Observez le résultat de l'expérience **c**. Comment expliquez-vous le changement d'aspect du récipient 2 ?

2. En utilisant ce résultat et les informations du texte **b**, proposez une explication à l'élargissement progressif des fissures fragmentant le massif calcaire (photographie **a**).

3. Décalquez la photographie **d** et indiquez sur votre croquis les légendes suivantes : calcaire marneux, poche d'argile.

4. Comment expliquez-vous l'aspect du papier filtre à la fin de l'expérience **e** ?

5. En utilisant les informations expérimentales **c** et **e**, proposez une explication à la formation des poches d'argile dans les calcaires (photo **d**).

L'importance des cours d'eau dans le modelé des paysages

DOCUMENTS 5

Nous savons que l'eau joue un rôle déterminant dans la dégradation des roches et dans le transport des matériaux ainsi obtenus. Ces matériaux transportés par les cours d'eau creusent et élargissent les vallées. Dans quelle mesure la forme de ces vallées dépend-elle de la nature des roches érodées ?

1 Des vallées en V.

a Un exemple de vallée en V dans les Alpes.

b Dans les roches friables ou meubles, les eaux de ruissellement creusent des rigoles appelées ravines.

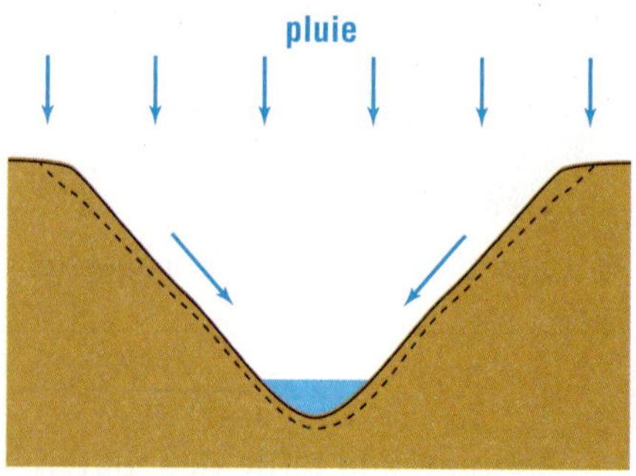

Au fur et à mesure que le cours d'eau creuse son lit, les versants sont ravinés par les eaux de pluie. Ainsi, les branches du V s'écartent peu à peu.

c Les eaux de ruissellement ravinent les versants de la vallée.

2 Des vallées en « gorge ».

(d) Gorges du Verdon. (e) Une gorge profonde entaillée par un torrent dans les calcaires de Haute-Ubaye.

- **Le Tarn** coule au fond d'une gorge d'une centaine de mètres de profondeur.
- **Le Verdon** a entaillé le plateau calcaire sur une épaisseur de 500 à 600 mètres.
- En Amérique du Nord, **le rio Colorado** coule au fond d'un canyon de 1 800 mètres de profondeur !

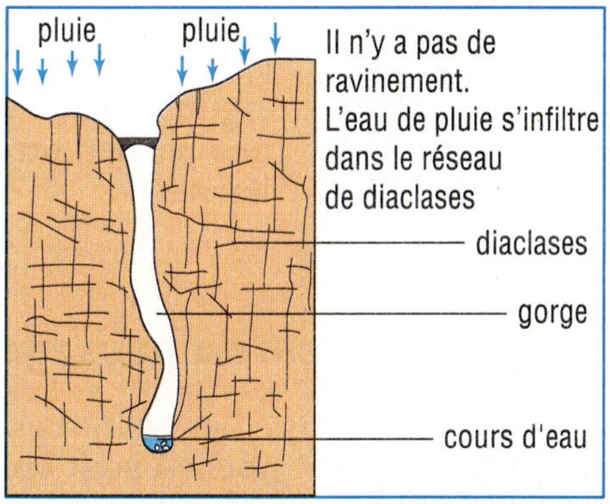

En pays calcaire, le ravinement* par les eaux de surface est très réduit ; en effet, les eaux de pluie s'infiltrent rapidement par le réseau de diaclases qui fragmente les roches du sous-sol. Après une circulation souterraine plus ou moins rapide, ces eaux refont surface au niveau des rivières, c'est-à-dire au fond des vallées*.

LEXIQUE

- **Ravinement** : creusement de la surface par les eaux de ruissellement.
- **Vallée** : dépression allongée façonnée par un cours d'eau.
- **Erosion** : ensemble des phénomènes qui, à la surface des continents, enlèvent tout ou partie des terrains existants et modifient ainsi le relief.

Activités

1. Comparez la pente des versants des deux vallées présentées ici.

2. En observant la photographie (b) et le dessin (c), expliquez comment la vallée s'élargit au fur et à mesure que le cours d'eau creuse son lit.

3. Utilisez les informations fournies par le texte et le dessin ci-dessus pour expliquer que les vallées (d) et (e) sont en forme de gorge.

DOC 1 DOC 2 La très longue histoire d'un paysage granitique.

L'eau attaque le granite en surface, mais aussi en profondeur, à la faveur d'un réseau de fractures (les diaclases) dans lequel elle s'infiltre. Sous l'action de l'eau, les cristaux de feldspaths et de micas s'altèrent et se transforment en argile. Le granite sain se désagrège et devient un sable grossier : l'arène granitique.

Suite à cette altération, les massifs de granite évoluent : les blocs s'arrondissent le long des diaclases et deviennent des boules incluses dans l'arène. Le déblaiement de celle-ci par les eaux de ruissellement conduit à la formation progressive d'un chaos de rochers.

DOC 3 Comprendre certains aspects des paysages calcaires.

La surface d'un plateau calcaire subit, elle aussi, l'action de l'érosion. Les eaux de pluie, enrichies en dioxyde de carbone, sont capables de dissoudre le calcaire. Ce phénomène provoque l'élargissement des fissures dans lesquelles l'eau s'infiltre et circule ; il peut même conduire à la formation d'un réseau de galeries et de grottes souterraines.

Par ailleurs, le calcaire contient toujours un peu d'argile. Au cours de la dissolution du calcaire, l'argile non soluble reste sur place. Cette argile, dite de décalcification, s'accumule dans des poches ou dans des dépressions (des dolines...).

DOC 4 DOC 5 Erosion, transport et modelé du paysage.

Les matériaux provenant de l'altération des roches sont emportés par les eaux de ruissellement, puis par les cours d'eau. Le transport s'effectue sous forme de substances dissoutes, mais aussi sous forme de particules de toutes tailles.

Les matériaux transportés creusent le lit des rivières. Le modelé des versants dépend de la nature des roches du sous-sol : vallées en V dans les régions granitiques ou argileuses car l'eau ruisselle sur les versants ; vallées en gorge en pays calcaire car le ruissellement est très réduit.

L'essentiel

Ce qu'il faut savoir

Au cours des millénaires, l'eau modèle les paysages. Les massifs granitiques, pourtant très résistants, s'usent. Le granite, par altération des micas et des feldspaths, se désagrège et se transforme en une roche meuble, l'arène granitique qui peut s'accumuler sur place ou être entraînée par les eaux de ruissellement.

En pays calcaire, les eaux riches en dioxyde de carbone provoquent la dissolution de la roche qui est emportée sous forme de solutions.

Ces substances dissoutes et les divers matériaux sont ensuite transportés par les cours d'eau (torrents, rivières, fleuves) qui sont responsables du modelé du paysage, en particulier de la forme des vallées.

Les mots-clés

• altération • désagrégation • diaclase • arène granitique • chaos granitique • dissolution • substances dissoutes • transport • vallée en V • vallée en gorge

Le schéma bilan

LES PAYSAGES ACTUELS SE MODIFIENT

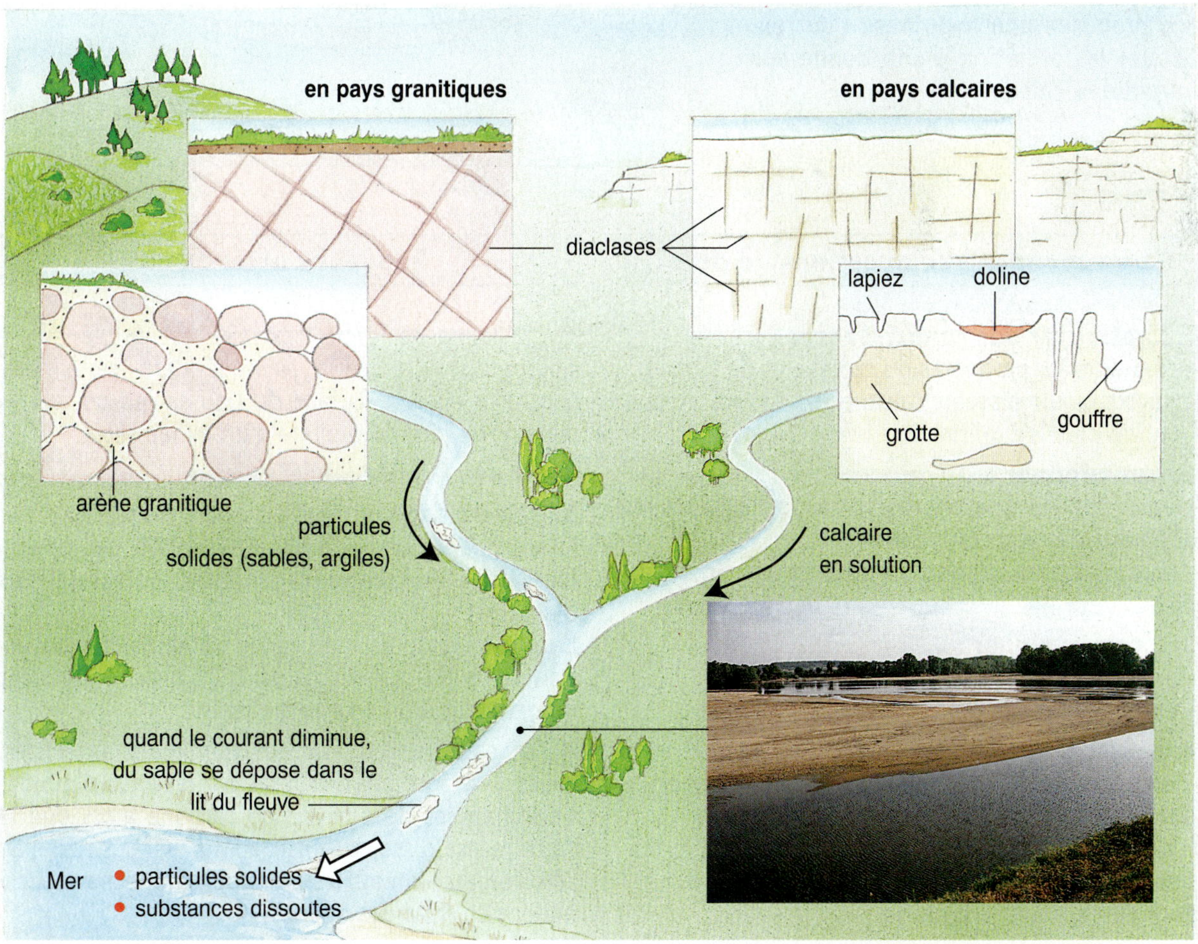

EXERCICES

J'apprends à faire un exercice

Analyser un paysage typique des Causses

La surface des plateaux calcaires du sud du Massif central présente souvent des dépressions circulaires à fond plat, les dolines, d'une dizaine à une centaine de mètres de diamètre et d'une profondeur de quelques mètres. Le fond de ces dolines est tapissé d'une couche d'argile appelée « argile de décalcification ».

1 • **Comment repérez-vous la doline sur le paysage ci-contre ?**

2 • **Le schéma représente une coupe selon AB. Complétez-le en indiquant la nature des deux roches présentes dans le paysage.**

3 • **En utilisant les propriétés de ces deux roches, expliquez :**

- la sécheresse du plateau calcaire ;

- la présence d'une végétation verte dans la doline.

4 • **Le calcaire de ce plateau contient des impuretés argileuses. En vous aidant des informations des pages 32 et 33, proposez une hypothèse pour expliquer la formation d'une doline sur un plateau calcaire.**

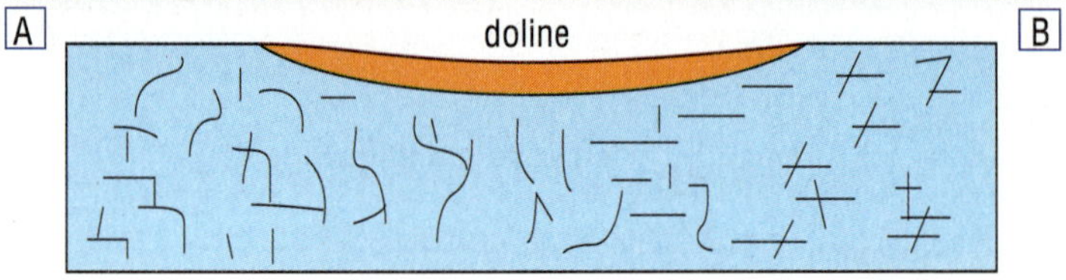

Pour répondre aux questions, je dois...

1. ...retrouver des connaissances :
- connaître les propriétés du calcaire et de l'argile ;
- savoir qu'un plateau calcaire est fissuré et que l'eau de pluie s'y infiltre.

2. ...m'informer :
- en observant une photographie pour repérer les différents éléments d'un paysage ;
- en mettant en relation un texte et une photographie.

3. ...communiquer :
- en complétant un schéma ;
- en rédigeant des phrases pour mes réponses.

4. ...raisonner :
- en utilisant les propriétés des roches pour expliquer l'aspect d'un paysage ;
- en comparant deux situations analogues (formation d'une poche d'argile et formation d'une doline) pour émettre une hypothèse.

Réponses attendues

1. La doline de forme circulaire, est visible, sur la photographie, grâce à sa végétation verte ; elle contraste avec la surface du Causse qui porte une végétation pauvre, typique d'un milieu sec.

2. Schéma légendé (argile, calcaire).

3. L'aspect aride du plateau calcaire s'explique par le fait que les eaux de pluie ne restent pas en surface mais s'infiltrent dans un réseau de fissures (les diaclases).
L'argile humide est une roche imperméable qui retient l'eau en surface ; ainsi les plantes y trouvent une alimentation en eau suffisante.

4. Le calcaire contient des impuretés argileuses, celles-ci ne sont pas dissoutes par les eaux d'infiltration chargées de dioxyde de carbone alors que le calcaire est dissous. Ainsi, au fur et à mesure de l'érosion du plateau, les particules argileuses s'accumulent au fond des dolines.

EXERCICES

Je teste mes connaissances

A • Définissez les mots ou expressions :
Désagrégation, dissolution, roche, arène granitique, diaclase, agents d'érosion.

B • Vrai ou faux ?
Certaines affirmations sont exactes ; recopiez-les. Corrigez ensuite les affirmations inexactes.
a. Tous les minéraux du granite s'altèrent.
b. Par altération, les feldspaths et les micas donnent naissance à des argiles.
c. Au cours de l'altération, la cohérence du granite n'est pas modifiée.
d. Le quartz est inaltérable.
e. L'altération du calcaire donne naissance à des sables.
f. Sous l'action de l'érosion, le calcaire se transforme en substances dissoutes.
g. L'érosion du calcaire et du granite donne des matériaux qui restent définitivement sur place.

C • Retrouvez dans la liste ci-dessous...
... les mots qui se rapportent plutôt au granite, plutôt au calcaire, ou bien aux deux : arène, diaclase, altération en boules, poche de décalcification, sable, eau d'infiltration, chaos de rochers.

D • Expliquez pourquoi...
a. Au cours de l'altération, le granite se désagrège.
b. Sous l'action de l'érosion, des cavités se forment dans le plateau calcaire.
c. Les blocs de granite s'arrondissent au niveau des diaclases qui s'élargissent.
d. La Loire transporte des matériaux surtout au moment des crues.
e. La taille des matériaux transportés par un fleuve ou par un torrent de montagne est différente.

E • Questions à réponse courte.
a. Quels sont les minéraux du granite ?
b. Que deviennent les minéraux du granite au cours de l'altération chimique de cette roche ?
c. Que contient l'eau qui circule en pays calcaire ?
d. D'où proviennent les sables et les argiles transportés par les rivières ?

J'utilise mes connaissances

1 Comprendre la formation des méandres.

1 • Repérez le dépôt de sable sur la photographie.

2 • En vous aidant du croquis, recherchez sur quelle rive se déposent les alluvions. Proposez une explication en observant les flèches représentant la vitesse et la direction du courant.

3 • Que se passe-t-il sur l'autre rive ? Pourquoi ?

4 • Décalquez le lit de la rivière de la photographie de la page 14 puis coloriez en rouge la rive érodée et en jaune celle où se déposent les alluvions. Le tracé de la rivière va se modifier au cours du temps. Pouvez-vous prévoir comment ?

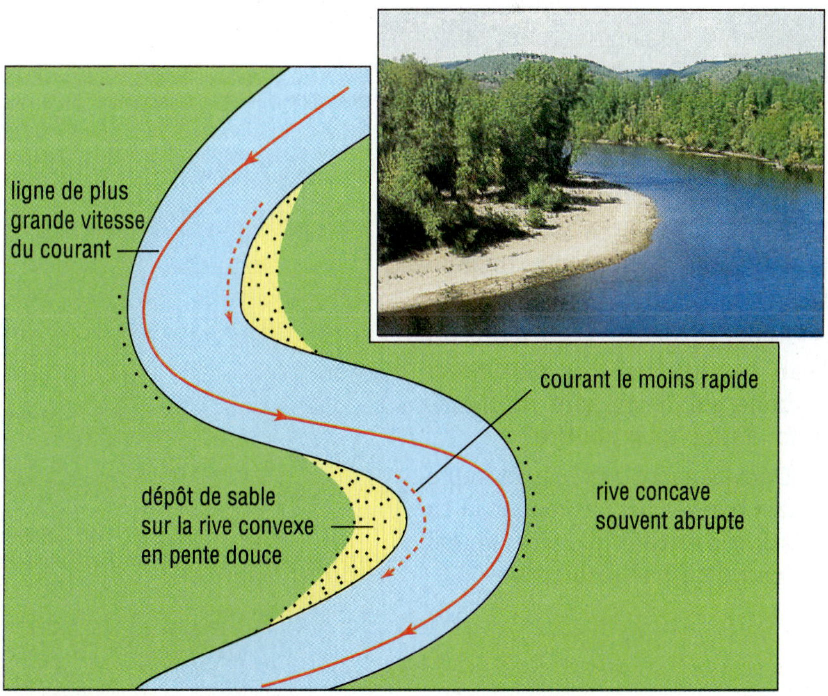

E X E R C I C E S

2 Expliquer la formation d'une cheminée de fée.

La photographie ci-contre présente une cheminée de fée (ou demoiselle coiffée) : c'est une colonne de roche de quelques mètres de haut surmontée et protégée par une énorme pierre. Elle s'est formée le long d'une pente dans des argiles rouges contenant des cailloutis et, ça et là, des blocs rocheux.

1 • Dessinez cette cheminée de fée et indiquez en légende : bloc rocheux, argile, colonne.

2 • Expliquez comment sous l'action des eaux de ruissellement, cette cheminée s'est progressivement dégagée : vous pourrez par exemple proposer deux dessins montrant deux étapes successives de cette formation.

3 • Pourquoi, selon vous, les cheminées de fée sont souvent surmontées d'un bloc rocheux ?

4 • Comment expliquez-vous que les cheminées de fée grandissent puis finissent par disparaître ?

3 Comprendre l'action de l'eau dans un massif calcaire.

Le dessin ci-contre représente de façon très schématique les différentes formations que l'on peut rencontrer dans un massif calcaire.

1 • Comment l'eau de pluie circule-t-elle dans le massif calcaire ?

2 • Pour quelle raison la surface du plateau calcaire est-elle toujours sèche ?

3 • Indiquez quelle est l'action de l'eau de pluie riche en dioxyde de carbone sur le calcaire. Expliquez la formation d'un gouffre.

4 • Décalquez ce schéma et représentez par des flèches rouges la circulation des eaux dans ce massif. Qu'est-ce qu'une résurgence ?

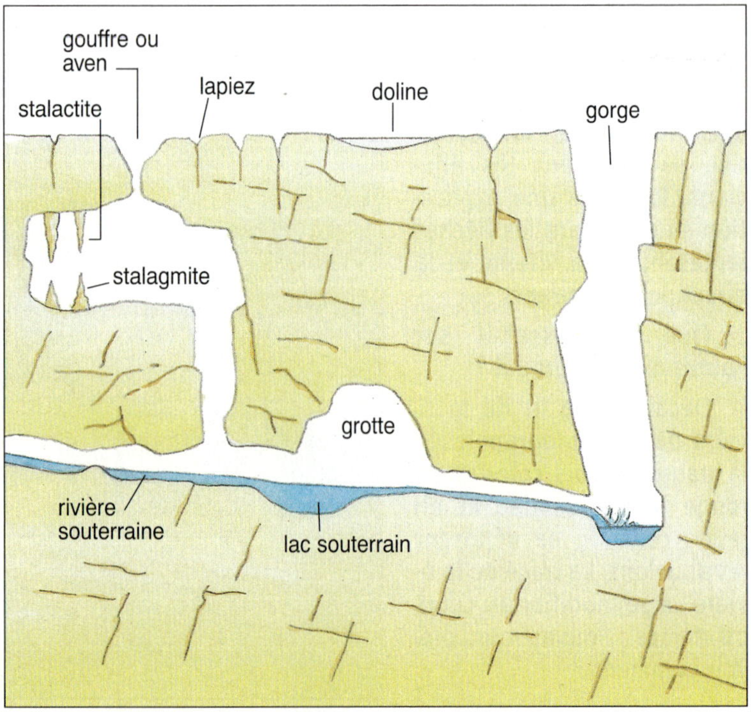

E X E R C I C E S

4 Etablir une relation entre la forme d'une vallée et la nature des roches.

Lors du creusement d'une vallée, la rivière rencontre parfois des couches de roches aux propriétés différentes. Cela a été le cas pour la Reculée de Beaume-les-Messieurs présentée ici. Cette vallée a été creusée dans des roches calcaires et dans des roches argileuses, situées sous le calcaire.

1 • Reproduisez le schéma du profil de la vallée, complétez-le en indiquant le nom des roches.

2 • Comparez les pentes des versants au niveau du calcaire d'une part, des roches argileuses d'autre part.

3 • En vous aidant du schéma p. 37, ajoutez, sur votre dessin, les diaclases qui existent dans l'une des deux roches.

4 • Expliquez ce que devient l'eau de pluie qui tombe sur le plateau et justifiez la présence de « sources » à la base des falaises calcaires.

5 • Indiquez sur votre dessin le trajet de l'eau dans le plateau calcaire, l'emplacement des « sources » et l'emplacement de la rivière (le Dard) bien qu'elle ne soit pas visible sur la photographie.

6 • Comment expliquez-vous que les pentes argileuses soient ravinées ?

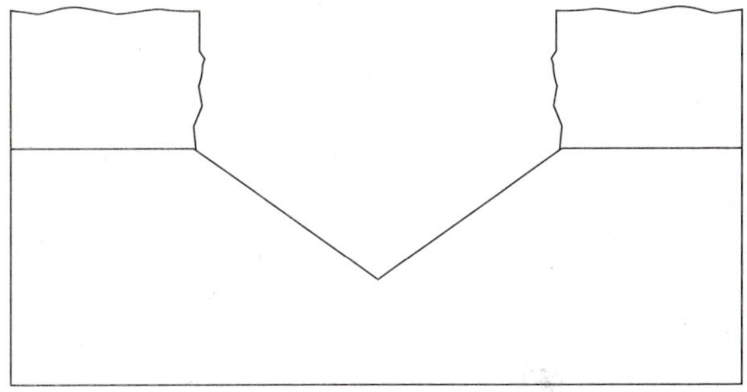

E X E R C I C E S

5 Interpréter une photographie d'un affleurement granitique.

1 • Décalquez la photographie de l'affleurement granitique ci-contre ; délimitez le sol et le sous-sol puis indiquez en légendes : diaclases, boules de granite, blocs anguleux, arène granitique, blocs arrondis.
Représentez par des flèches le trajet de l'eau sur ce massif de granite.

2 • En observant l'affleurement de bas en haut, indiquez comment évolue la forme des blocs d'une part, la quantité d'arène d'autre part. Proposez une explication.

3 • Un échantillon de sol prélevé près de la surface contient des grains de quartz, de feldspath et des particules argileuses. Que pouvez-vous en déduire concernant l'origine de ce sol ?

6 Comparer deux paysages.

La Brenne et le Berry sont deux régions situées au sud du Bassin parisien. Les conditions climatiques, en particulier la pluviosité, qui règnent dans ces deux régions sont très semblables. Le tableau présente quelques éléments caractéristiques de leurs paysages.

1 • Analysez ce tableau : quelle est la principale différence entre les paysages de ces deux régions ? Quelles propriétés des roches de ces sous-sols pouvez-vous en déduire ?

2 • Emettez une hypothèse sur la nature des roches présentes dans ces deux sous-sols.

3 • Les activités humaines et les habitations vous permettent-elles de valider votre hypothèse ? Justifiez votre réponse.

4 • Expliquez la présence de gouffres en Berry.

Eléments du paysage	Brenne	Berry (région : Le Blanc)
Relief	Altitude moyenne : 100 m. quelques collines (120 m).	Grandes plaines monotones parsemées de gouffres, d'effondrements, de résurgences.
Eaux de surface	Nombreux marécages (région « aux mille étangs »).	Réseau hydrographique très réduit en surface ; pas d'étangs ni de marécages.
Végétation	Bois ; landes.	Cultures extensives de céréales.
Activités humaines	Tuileries et briqueteries ; pisciculture.	Cimenteries ; carrières d'extraction de « pierres de construction ».
Habitations	Nombreux hameaux aux maisons de briques.	Habitat groupé ; maisons en « moellons » calcaires.

CHAPITRE 3

La reconstitution des paysages anciens

Les problèmes à résoudre :

- Où les matériaux arrachés aux continents par l'érosion sont-ils déposés ? Que deviennent ces sédiments ?
- Comment les milieux de sédimentation actuels nous renseignent-ils sur ceux du passé ?

DOCUMENTS 1

Des roches argileuses se forment actuellement

Des particules de toutes tailles sont transportées par les eaux de ruissellement, puis par les cours d'eau. Les argiles sont, à cause de leur finesse, très facilement transportées par les eaux jusqu'à la mer. Que deviennent-elles alors ?

1 Les particules en suspension se déposent.

a En mer, les boues très fines apportées en suspension par l'eau du Rhône s'étalent en un panache brun qui contraste avec les eaux bleues de la Méditerranée.

Les particules provenant de l'érosion des continents et transportées par les fleuves finissent par sédimenter soit dans le fleuve lui-même, soit à son embouchure, soit dans la mer.
On peut simuler ce dépôt dans un fleuve en utilisant la maquette décrite page 35, après avoir installé de l'arène granitique dans sa partie haute.
Dans un premier temps, on fait « fonctionner » la maquette avec une pente assez forte : près de « l'embouchure », une première couche de sédiments se dépose. On recharge alors la maquette en arène puis on la fait « fonctionner » à nouveau mais avec une pente beaucoup plus faible : une deuxième couche de sédiments se dépose près de « l'embouchure ».

b Simulation, à l'aide d'une maquette, du dépôt de particules par un fleuve.

2 Du dépôt des sédiments à la roche sédimentaire*.

c Un dépôt de sédiments argileux dans la baie du Mont Saint-Michel.

d Un affleurement de roches sédimentaires argilo-sableuses.

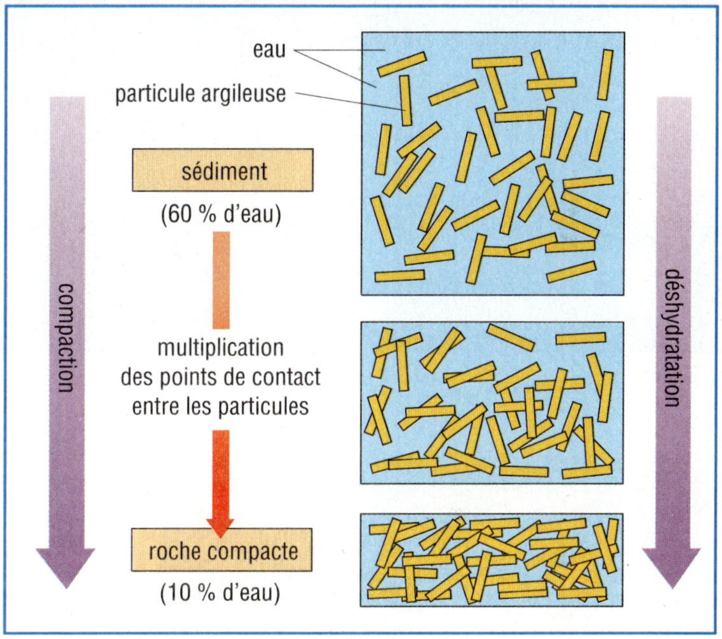

e Très lentement, les sédiments se transforment en roche sédimentaire.

LEXIQUE

- **Sédiment** : résultat du dépôt de matériaux ayant subi au préalable un certain transport sous forme de particules en suspension ou de substances dissoutes dans l'eau.
- **Roche sédimentaire** : roche provenant de la compaction et de la déshydratation d'un sédiment et se présentant généralement sous forme de couches empilées les unes sur les autres : les strates.
- **Roche détritique** : roche sédimentaire formée de débris résultant de la désagrégation de roches préexistantes.

Activités

1. Placez un calque sur les photographies a, tracez et légendez les éléments principaux de ce paysage.

2. Comparez la taille des grains des dépôts obtenus dans l'expérience b. Comment pouvez-vous expliquer les différences observées ?

3. Observez la photo d. A quoi reconnaissez-vous qu'il s'agit d'une roche sédimentaire ? Les sédiments qui ont donné la strate **A** se sont-ils déposés avant ou après les sédiments qui ont donné la strate **B** ?

4. A l'aide du dessin e, expliquez comment un sédiment se transforme en roche.

DOCUMENTS 2

Des roches calcaires se forment actuellement

Nous avons vu que les eaux, en s'infiltrant dans les roches calcaires, dissolvent ces roches, agrandissant ainsi les fissures, créant des grottes, etc. Que devient le calcaire ainsi transporté sous forme dissoute ? Quels mécanismes lui permettent de se déposer pour former de nouvelles roches ?

1 La formation du calcaire oolithique.

a Les îles Bahamas sont situées au nord-ouest des petites Antilles.

Le sable blanc de cette plage d'une île des Bahamas est formé de minuscules billes calcaires qui peuvent se souder en une roche cohérente, le calcaire oolithique.

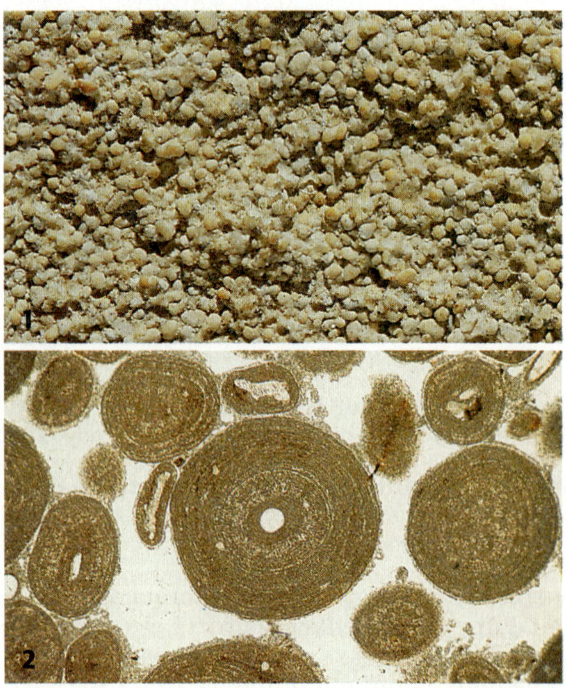

b Calcaire oolithique : 1 - échantillon ; 2 - lame mince observée au microscope.

Les minuscules billes formant le sable ou le calcaire oolithique proviennent de la précipitation du **calcaire dissous** dans l'eau de mer. Le dépôt de tartre qui se forme dans les récipients ou les canalisations contenant de l'eau calcaire est le résultat d'un mécanisme de précipitation comparable.
L'agitation des eaux marines, riches en calcaire dissous, permet aux grains de grossir progressivement par accumulation de couches de calcaire successives. Lorsque ces oolithes ont atteint une certaine taille, elles se déposent. Elles sont ensuite collées les unes aux autres par un ciment calcaire.

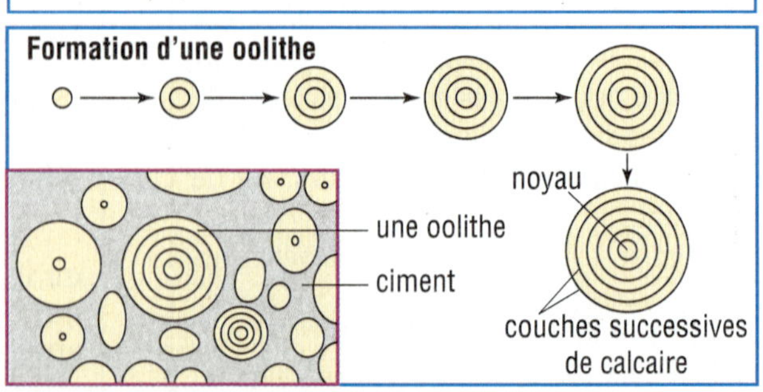

c Les conditions de formation des oolithes.

2 Les êtres vivants participent à la formation des calcaires.

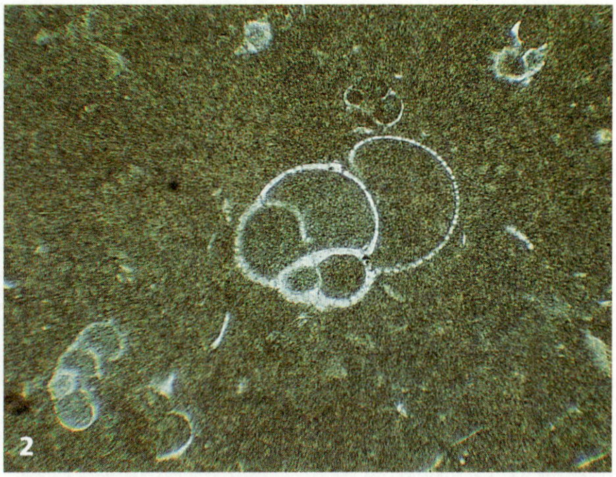

d Les globigérines sont des animaux planctoniques à « coquille » (ou test) calcaire très abondants dans les eaux marines. **1** - Globigérine vivante. **2** - Une roche calcaire contenant un test de globigérine.

De nombreux êtres vivants marins produisent une « coquille » calcaire à partir du calcaire dissous dans l'eau de mer. C'est le cas des moules, des huîtres, des oursins, des coraux, de nombreux animaux ou algues microscopiques, etc. A la mort de ces êtres vivants, les « coquilles » se déposent et peuvent constituer une partie importante des sédiments. Certaines roches calcaires sont ainsi presqu'entièrement constituées d'une accumulation de « coquilles » parfois très visibles (calcaires coquilliers, calcaires récifaux), parfois microscopiques (calcaires à globigérines...).

Par ailleurs, l'activité des êtres vivants favorise, par des mécanismes chimiques complexes, la précipitation du calcaire dissous dans l'eau ; la formation de roches comme le calcaire oolithique est ainsi facilitée.

e Les coraux vivent dans les eaux marines tropicales chaudes et peu profondes. Les récifs construits par ces animaux représentent une zone importante de dépôts calcaires.

Activités

1. Comment expliquez-vous la présence de stries concentriques à l'intérieur des oolithes (**b** et **c**) ?

2. Pourquoi le calcaire oolithique fait-il partie des roches sédimentaires ?

3. Résumez en une phrase comment le sable oolithique se transforme en une roche.

4. Expliquez comment une roche peut se former à partir de « restes » d'êtres vivants.

La reconstitution d'un milieu ancien de sédimentation

DOCUMENTS 3

Nous venons de voir les conditions de formation de roches sédimentaires actuelles. Comment peut-on retrouver les conditions de formation des roches sédimentaires anciennes ? Nous allons le voir à partir d'un exemple pris dans la région parisienne.

1 Les indices fournis par la roche.

Dans la carrière d'Ormoy (près d'Etampes), on peut observer un sable riche en fossiles*. Il appartient à une formation géologique du Bassin parisien appelée « sables de Fontainebleau ». Les géologues ont établi que ces sables se sont déposés entre - 35 et - 22 millions d'années.

a Localisation du prélèvement.

× 1,2

1. Calliste. 2. Huître. 3. Cardite. 4. Cérithe. 5. Calyptrée.

b Principaux fossiles récoltés.

2 Le présent nous renseigne sur le passé.

- **Palourde :**
  - vit en eau peu profonde (25 m maximum),
  - enfouie dans le sable,
  - préfère les eaux tempérées ou chaudes.

- **Coque :**
  - vit en eau peu profonde (20 m maximum),
  - enfouie dans le sable,
  - préfère les eaux tempérées ou chaudes.

- **Huître :**
  - vit dans des eaux peu profondes,
  - fixée sur un support,
  - assez tolérante vis-à-vis de la température.

c On peut découvrir actuellement à marée basse des coquillages dont certains ressemblent aux fossiles du sable d'Ormoy.

Un principe fondamental : le principe de l'actualisme*

Pour comprendre les événements qui se sont déroulés dans un passé géologique parfois fort ancien, les géologues s'appuient sur ce qu'ils peuvent observer dans le monde actuel : mécanismes de formation des roches, conditions et mode de vie des êtres vivants, phénomènes géologiques de toutes sortes. Par exemple, les informations fournies par des fossiles sont d'autant plus précises que l'on connaît des espèces actuelles très proches : on peut alors admettre que les exigences et le milieu de vie de l'espèce actuelle nous informent sur l'espèce fossile comparable. C'est le principe de l'actualisme.

d Quelques coquilles de mollusques marins actuels : **1** et **2.** Palourde ; **3.** Coque ; **4.** Huître.

LEXIQUE

- **Fossile** : reste (coquille, os, dent, graine...) ou simple moulage d'un animal ou d'un végétal conservé dans une roche sédimentaire.
- **Actualisme** : principe selon lequel l'étude des phénomènes géologiques actuels nous informe sur les événements passés car ceux-ci se sont déroulés en suivant les mêmes « lois ».

Activités

1. A quel grand groupe d'animaux appartiennent les fossiles trouvés dans les sables d'Ormoy ? Quelle partie du corps a été fossilisée ?

2. Les géologues disent que le sable d'Ormoy s'est déposé en milieu marin (et non pas en eau douce), dans une mer peu profonde. Quels arguments présentés ici vous permettent de confirmer cette affirmation ?

3. Quels renseignements apportent les fossiles dans l'étude de la formation d'une roche ?

DOCUMENTS 4

Une succession de paysages en un même lieu

On observe fréquemment un empilement de strates formées de roches sédimentaires différentes. Ces roches se sont donc formées à des époques différentes. Que nous apprennent deux roches différentes, superposées, sur les modifications des conditions de sédimentation en un lieu donné ?

1 L'étude d'une deuxième strate dans la carrière d'Ormoy.

a Deux roches sédimentaires différentes : 1 - Sables d'Ormoy (voir p. 158). 2 - Calcaire de Beauce.

× 0,7

b Échantillons de calcaire de Beauce avec fossiles : 1 et 2 - Planorbes ; 3 - Limnées.

2 Les fossiles révèlent des modifications du paysage.

ⓒ Limnées du calcaire de Beauce.

ⓓ Ces deux mollusques gastéropodes actuels vivent exclusivement en eau douce (étangs, lacs). 1- Planorbe. 2 - Limnée.

La photographie ci-contre présente certains des fossiles contenus dans la partie supérieure des sables d'Ormoy : **1**- hydrobies ; **2** - potamides. On rencontre actuellement ces animaux dans les eaux légèrement salées que l'on trouve dans les zones d'estuaires ou de lagunes.

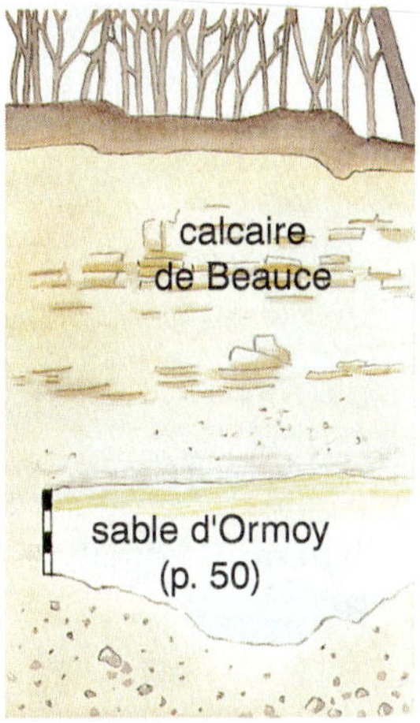

ⓔ La partie supérieure des sables d'Ormoy contient des fossiles que l'on ne trouve pas dans les niveaux situés au-dessous.

Activités

1. Expliquez rapidement pourquoi les géologues affirment que le calcaire de Beauce s'est formé dans un milieu lacustre.

2. Reproduisez le schéma ci-dessus, puis indiquez en légende le nom des roches, leur milieu de formation et l'ordre dans lequel elles se sont mises en place.

3. Comment s'est modifié le paysage de cette région durant la période de transition entre la formation des deux roches ? Les fossiles photographiés en ⓔ confirment-ils votre réponse ?

DOCUMENTS 5

Une autre reconstitution : le milieu de formation de la craie

La craie affleure très largement dans le Bassin parisien (Normandie, pays de Caux, Touraine, Champagne...). Cette formation géologique a une épaisseur atteignant plusieurs centaines de mètres. Dans quel milieu et à partir de quels matériaux ont pu se former de telles épaisseurs de roche sur une étendue aussi importante ?

1 La roche et ses fossiles.

a Un affleurement célèbre de craie : les falaises d'Etretat.

La craie est une roche blanchâtre, poreuse et perméable. Elle se désagrège facilement entre les doigts : c'est donc une roche friable. La craie blanche, la plus pure, contient 95 à 98 % de calcaire (et un peu d'argile). La craie grise peut contenir jusqu'à 40 % d'argile.
Dans l'épaisseur de la craie, on observe fréquemment des alignements de rognons de silex* formant des bancs sombres parallèles très visibles au sein de cette roche claire.
On peut récolter dans la craie de nombreux fossiles, tous marins : les plus courants sont des oursins, des lamellibranches, des éponges et quelques ammonites.

b Deux fossiles de la craie : 1 - Un oursin (Micraster). 2 - Une ammonite (Acanthoceras).

2 Reconstitution du milieu de sédimentation.

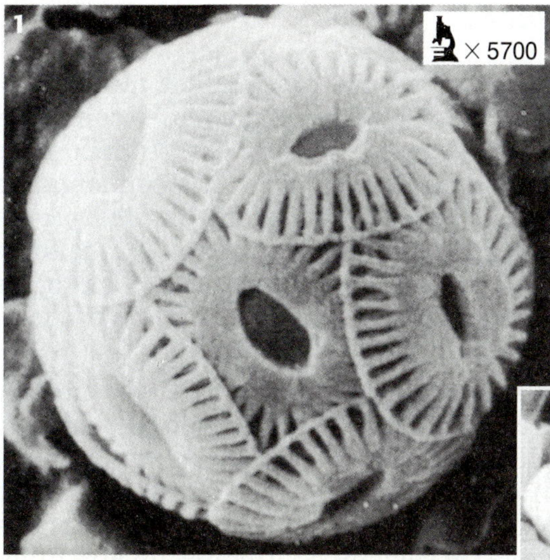

L'observation de la craie au microscope électronique à balayage révèle que cette roche est surtout formée par l'accumulation d'innombrables particules calcaires minuscules produites par des algues microscopiques, les coccolithophoridés*. Chaque algue est recouverte par 10 à 30 piécettes calcaires, les **coccolithes** ; chacun d'eux est formé par une juxtaposition de petits cristaux qui se dissocient facilement. Actuellement, ces algues planctoniques abondent dans les mers tempérées et chaudes et vivent dans les eaux superficielles, à une profondeur n'excédant pas 50 mètres.

c La craie est formée par l'accumulation de particules calcaires provenant des coccolithes. 1 - Coccolithes non dissociés. 2 - Coccolithes dissociés

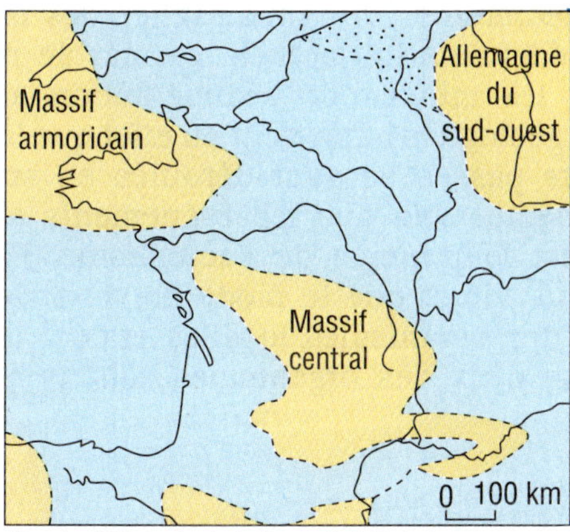

d'après *"Géologie de la France"*. J. Debelmas. Doin éd.

régions émergées

L'étude méthodique des affleurements de craie a permis de préciser les limites géographiques de l'ancienne « mer de la craie » : la carte montre qu'elle recouvrait la totalité du Bassin parisien et communiquait avec la mer alpine et la mer recouvrant le Bassin aquitain à la même époque.

Les fossiles d'organismes planctoniques ne donnent pas d'indication précise sur la profondeur de cette mer. En revanche, les fossiles comme les oursins, les éponges ou les lamellibranches permettent de préciser qu'il s'agissait d'une mer peu profonde : 300 mètres au maximum.

d Il y a 70 millions d'années, le paysage du Bassin parisien était bien différent du paysage actuel.

LEXIQUE

- **Silex** : roche très dure, provenant de la silice dissoute dans l'eau qui a précipité. Elle se présente souvent sous forme de masses isolées : les rognons.
- **Coccolithophoridé** : algue microscopique qui produit une "coquille" formée de 10 à 30 piécettes calcaires

Activités

1. Justifiez l'affirmation suivante : l'observation de la photographie a montre que la craie est une roche sédimentaire.

2. Quel test proposeriez-vous pour vérifier que la craie est une roche calcaire ?

3. Recherchez dans cette double page les indices montrant que la craie s'est formée en milieu marin.

4. En vous reportant à la page 49, expliquez comment une roche a pu se former à partir d'organismes planctoniques comme les coccolithophoridés.

J'ai découvert

DOC 1 DOC 2 Des roches se forment actuellement.

Les particules qui proviennent de l'érosion des continents (même les plus fines comme les argiles) finissent toujours par se déposer et former un sédiment : c'est la sédimentation. On appelle diagenèse l'ensemble des processus (compaction, déshydratation...) qui transforment ensuite, de manière lente et progressive, un sédiment gorgé d'eau en une roche sédimentaire.

Les sédiments ne proviennent pas tous des particules solides. Dans la mer (ou dans un lac), des sédiments calcaires se forment à partir du calcaire dissous dans l'eau. Ce calcaire peut précipiter par un processus chimique (exemple : le calcaire oolithique), ou être utilisé par des êtres vivants pour fabriquer des coquilles.

DOC 3 DOC 5 La reconstitution des milieux anciens de sédimentation.

Un milieu de sédimentation est une zone (souvent marine, parfois lacustre) où se déposent des sédiments. La connaissance des milieux de sédimentation actuels permet de reconstituer les milieux de sédimentation anciens. Les géologues admettent en effet que les événements passés se sont déroulés en suivant les mêmes lois que les événements actuels : c'est le principe de l'actualisme. Par exemple, on admet que le mode de vie et les exigences des organismes fossiles étaient les mêmes que ceux des organismes voisins actuels.

DOC 4 Une succession de paysages en un même lieu.

Les roches sédimentaires constituent de véritables « archives » du passé. Ainsi, au niveau d'un affleurement, deux strates consécutives de nature et d'âge différents révèlent souvent une modification profonde des paysages en un même lieu au cours du temps. Dans la carrière d'Ormoy prise comme exemple, un dépôt lacustre (calcaire de Beauce) succède à un dépôt marin littoral (sables de Fontainebleau). Plusieurs paysages se sont donc succédé en ce lieu : paysage marin puis émersion.

L'essentiel

Ce qu'il faut savoir

De nouvelles roches, les roches sédimentaires, se forment à partir des matériaux issus de l'érosion : particules abandonnées par les agents de transport et sédiments qui se forment à partir de substances dissoutes.

Par une suite de transformations, les sédiments deviennent des roches.

L'application aux roches sédimentaires et à leurs fossiles des observations faites dans les paysages actuels (caractères des dépôts, conditions de vie des êtres vivants) permet de retrouver certains caractères des milieux anciens de sédimentation.

L'empilement des matériaux sédimentaires successifs rend possible la reconstitution d'une suite de paysages ou d'événements.

Les mots-clés

- sédiment
- sédimentation
- milieu de sédimentation
- actualisme
- roche sédimentaire
- reconstitution

Le schéma bilan

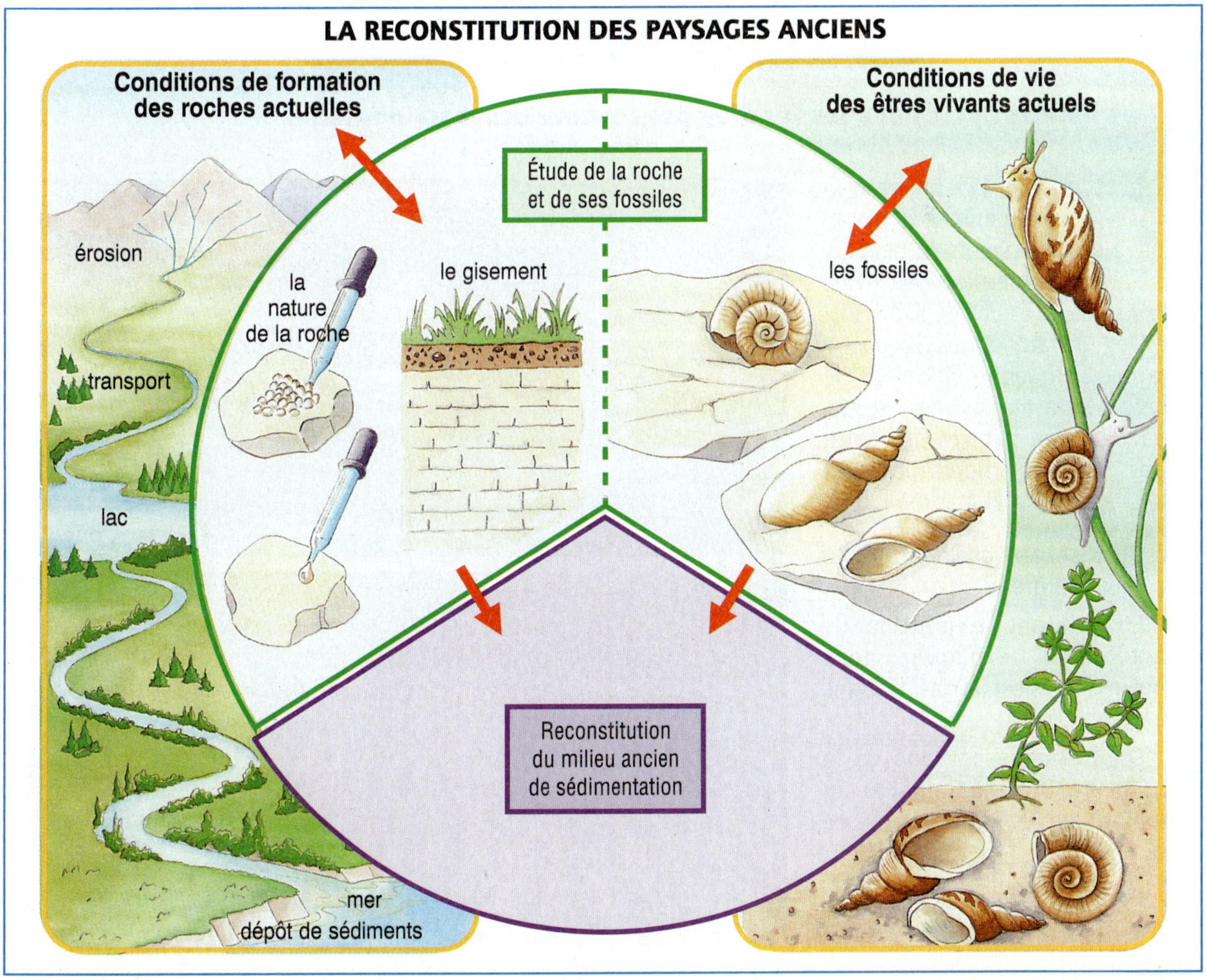

EXERCICES

Je teste mes connaissances

A • Définissez les mots ou expressions :
Sédiment, strate, sédimentation, fossile, roche sédimentaire.

B • Vrai ou Faux ?
Certaines affirmations sont exactes ; recopiez-les. Corrigez ensuite les affirmations inexactes.
a. L'argile est une roche sédimentaire.
b. Le calcaire oolithique est une roche sédimentaire d'origine détritique.
c. Les roches sédimentaires sont des roches disposées en strates.
d. On ne trouve des fossiles que dans les roches sédimentaires d'origine marine.
e. Les roches sédimentaires se forment toujours dans la mer.

C • Dans quel ordre...
... ces phénomènes géologiques se sont-ils produits : Sédimentation, transport, érosion, transformation du sédiment en roche.

D • Retrouvez le mot...
... qui correspond à chaque définition :
a. Restes ou traces d'êtres vivants dans une roche.
b. Dépôt des sédiments.
c. Couches horizontales provenant du dépôt des sédiments.

E • Citez un exemple de roche sédimentaire :
- d'origine détritique ;
- formée à partir de substances en solution ;
- formée à partir d'êtres vivants.

F • Expliquez pourquoi...
a. Dans une superposition de strates, la plus ancienne est située en dessous.
b. Les fossiles nous renseignent sur les milieux de vie anciens.

G • Questions à réponse courte.
a. Comment se forme une oolithe ?
b. Comment un sédiment se transforme-t-il en une roche sédimentaire ?

J'utilise mes connaissances

1 Des indices autres que les fossiles pour reconstituer un paysage.

La photographie (1) présente la surface d'un banc de grès qui se trouve dans la région de Brive-La-Gaillarde. Le grès est une roche constituée de grains de sable soudés les uns aux autres. La photographie (2) montre une plage de l'Ile de Ré à marée basse sur laquelle se sont formées de petites rides, appelées ripple-marks et dues aux courants marins.

1 • Qu'observez-vous à la surface du banc de grès ?

2 • En utilisant le principe de l'actualisme, expliquez dans quel milieu s'est formé le banc de grès.

3 • Quel était le paysage de la région de Brive-La-Gaillarde au moment de la formation de ce grès ?

1

2

2 Paris au temps du Lutétien

La photographie ci-contre est celle d'un échantillon de calcaire grossier. Cette roche, présente dans le sous-sol de la ville de Paris, a été utilisée pour la construction des principaux monuments parisiens (Notre-Dame, Le Louvre...). Elle s'est formée à l'ère tertiaire plus précisément au Lutétien (de Lutèce, nom gallo-romain de Paris).
Cette roche renferme de nombreux fossiles, les schémas ci-dessous en présentent quelques-uns.

1 • En utilisant ces informations, retrouvez l'aspect de la région de Paris au Lutétien.

2 • En conclusion, expliquez comment vous avez procédé pour retrouver le milieu de sédimentation et le paysage à partir des indices fournis.

Carte d'identité de quelques animaux actuels

Cérithe :
- mollusque gastéropode
- brouteur d'algues
- vit en bord de mer sur des fonds sableux ou vaseux
- mer chaude (15 à 30 °C)

Cardite :
- mollusque bivalve
- mangeur de plancton
- vit fixé sur les rochers
- mer peu profonde

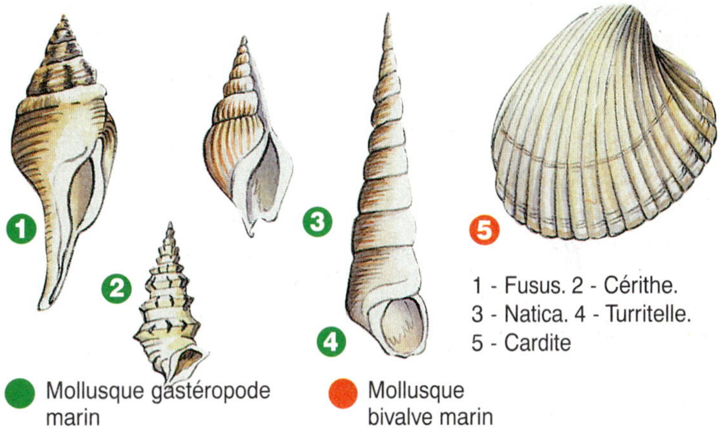

1 - Fusus. 2 - Cérithe.
3 - Natica. 4 - Turritelle.
5 - Cardite

3 Analyser un front de taille.

La photographie de la célèbre carrière Lambert à Cormeilles-en-Parisis permet d'observer deux roches présentes dans le sous-sol du Bassin Parisien : d'une part des **marnes** (mélange de calcaire et d'argile) qui apparaissent en gris bleuté, d'autre part du **gypse** de teinte claire.

1 • Quel test feriez-vous pour vérifier la présence de calcaire dans une marne ?

2 • Observez le front de taille. Comment sont disposées ces roches ? Utilisez cette observation pour dire à quel type de roches elles appartiennent.

3 • De ces deux roches, quelle est celle qui s'est formée en premier ?

4 Un sable raconte son histoire

A Saint Calais dans la Sarthe, on peut récolter un sable légèrement rougeâtre appelé « sable du Perche ». Ce sable est essentiellement constitué de grains de quartz transparents recouverts d'une poussière rougeâtre provenant de l'altération de divers minéraux dont le mica. La photographie (A) présente ce sable après lavage, c'est-à-dire débarrassé de sa poussière. Les photographies (B) et (C) montrent deux sortes de grains présents dans les sables actuels :

Photo. B : des grains anguleux et brillants très abondants dans les sables de rivières ;

Photo. C : des grains émoussés et luisants très abondants dans les sables de plages.

1 • En comparant les photographies (A), (B) et (C), décrivez l'aspect des grains du sable du Perche et formulez une hypothèse sur le milieu de formation de ce sable.

2 • Les sables du Perche sont fossilifères : on peut y trouver des brachiopodes, des ammonites, des piquants d'oursins... Ces renseignements apportés par les fossiles confirment-ils votre hypothèse ?
Quel était l'aspect de cette région à l'époque de la formation de ce sable ?

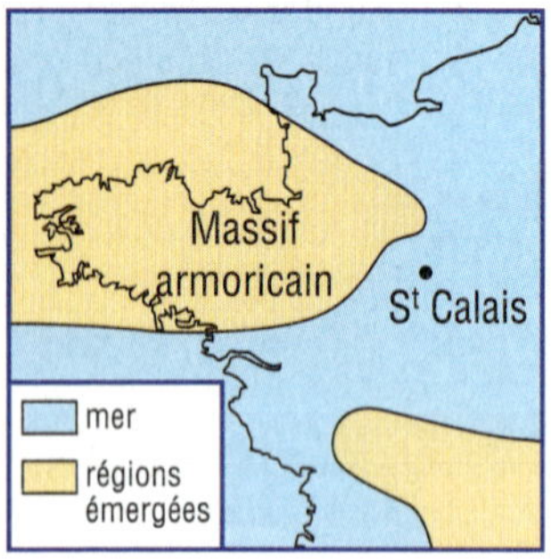

3 • Observez la carte puis expliquez quelle peut être l'origine géographique des grains de quartz et de la poussière rougeâtre de ce sable.

5 Lire une coupe géologique.

Le dessin ci-dessous présente une coupe géologique simplifiée de la butte Montmartre.

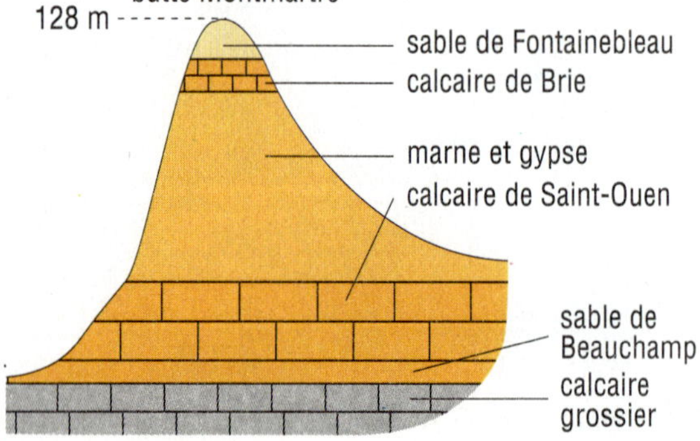

1 • Observez la coupe géologique. Quelles sont les différentes sortes de roches présentes dans le sous-sol de Paris ? Dans quel ordre ces roches se sont-elles mises en place ?

2 • Dans le calcaire de Saint-Ouen, on trouve des fossiles de limnées et de planorbes. Dans quel milieu ce calcaire s'est-il formé ?

3 • Dans le calcaire grossier, on trouve de fossiles marins (cérithes...) : qu'en déduisez-vous ?

4 • Connaissant l'ordre de mise en place de ces deux calcaires et leurs milieux de formation, expliquez ce qui s'est passé entre ces deux époques.

CHAPITRE 4

L'homme exploite des ressources géologiques

Les problèmes à résoudre :

- Quels types de matériaux extraits du sous-sol sont utilisés par l'Homme ?
- Quels problèmes sont liés à la gestion de ces ressources géologiques ?

DOCUMENTS 1

Une utilisation variée des ressources géologiques

Depuis les premiers outils en pierre jusqu'aux produits obtenus par raffinage du pétrole, l'homme a toujours utilisé des matériaux du sous-sol. Utilisés directement ou après transformation industrielle, ces matériaux sont très variés. En voici quelques exemples.

1 Les ressources énergétiques.

Le pétrole représente la ressource énergétique la plus utilisée dans le monde, devant le charbon, puis le gaz naturel et enfin l'électricité (qu'elle soit d'origine nucléaire ou hydraulique).

a Le « géant » pétrole, première ressource énergétique.

Les centrales nucléaires utilisent l'uranium comme source d'énergie pour produire de l'électricité. La plupart des gisements français riches en uranium ayant été exploités, il est, pour le moment, plus économique d'importer l'uranium de l'étranger plutôt que d'exploiter des gisements français à faible teneur.

b Le « nucléaire », première source d'électricité en France.

Le pétrole fournit 39 % de l'énergie consommée en France

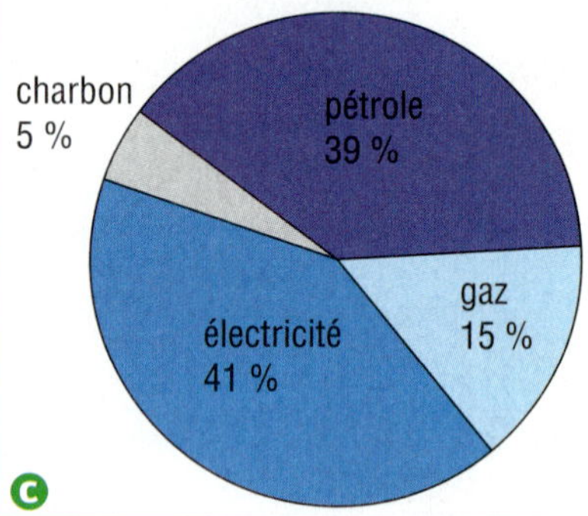

c

Utilisation du pétrole en France par secteurs d'activité

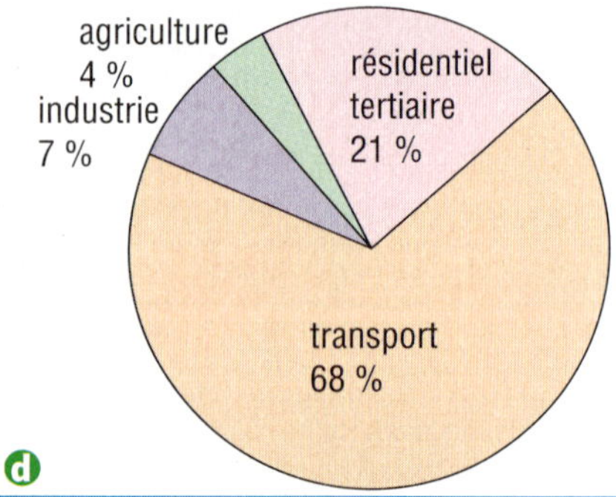

d

Les différentes sources d'énergie utilisées en France pour produire de l'électricité

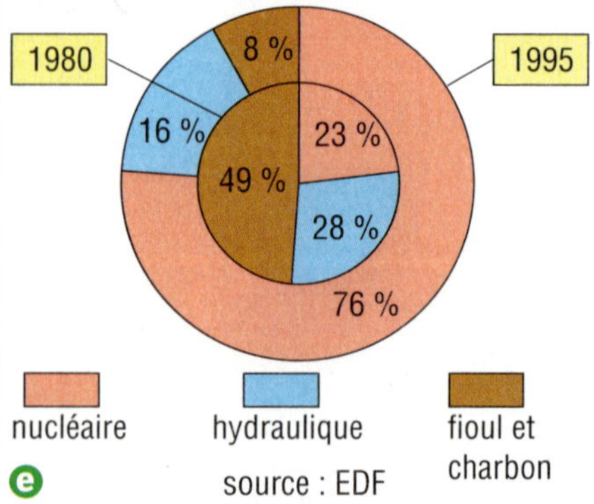

e source : EDF

2 Les matériaux de construction et les minerais*

Outre les matériaux destinés à la construction et les combustibles fossiles*, l'homme extrait du sous-sol plus de 80 substances différentes.
La majorité sont des métaux : fer, aluminium, cuivre, plomb, zinc... Certains, comme le chrome, le nickel... sont indispensables pour produire des alliages spéciaux. Quant aux métaux précieux (or, argent, platine), s'ils sont utilisés pour la réalisation de bijoux, ils ont aussi bien des usages dans l'industrie.
D'autres substances non métalliques font l'objet d'une extraction importante : diamants, phosphates, potasse...
Dans tous les cas, l'exploitation d'un gisement est précédée d'une étude aussi précise que possible des réserves du gisement, des coûts d'extraction. La décision finale d'exploitation est positive si le prix de vente du produit obtenu est supérieur au prix de revient.

f Une quantité impressionnante de béton et d'acier.

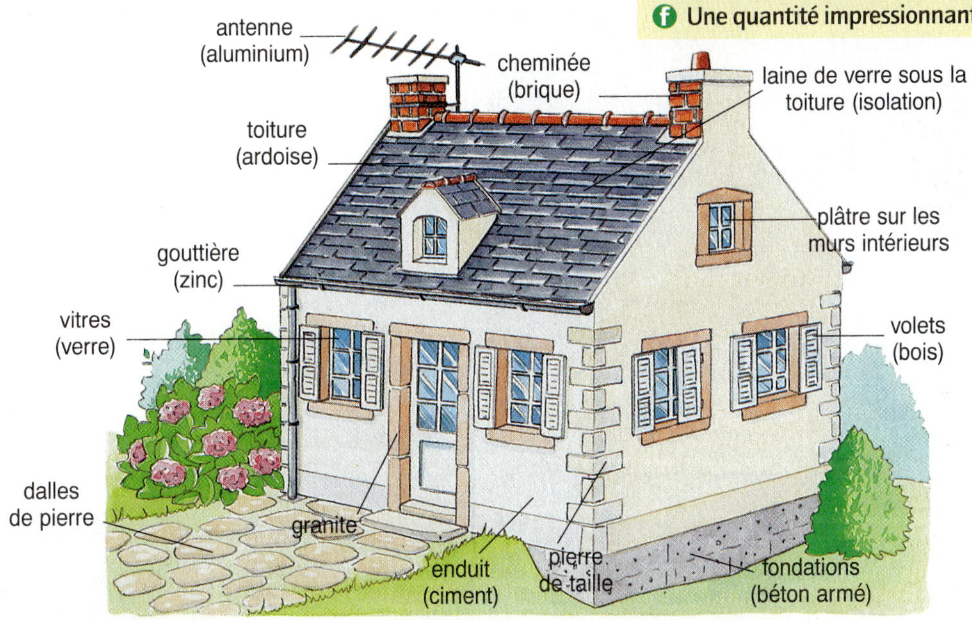

Ressources géologiques
- granite
- ardoise
- argile
- calcaire
- minerais
- gravier
- sable
- gypse

g De très nombreuses ressources géologiques sont utilisées pour la construction d'une maison d'habitation.

LEXIQUE

- **Minerai** : roche contenant des substances utiles (métaux) à une teneur suffisante pour que l'exploitation soit rentable.
- **Energie nucléaire** : énergie extraite de l'uranium dans une centrale nucléaire et utilisée pour produire de l'électricité.
- **Combustible fossile** : On désigne sous ce nom les ressources géologiques comme les charbons et pétroles qui proviennent de la fossilisation d'êtres vivants.

Activités

1. En France, quel secteur d'activité consomme la plus grande quantité de pétrole ?

2. Quelle part de l'énergie consommée en France est produite directement à partir des combustibles fossiles ? Une part est-elle assurée indirectement à partir de ces mêmes combustibles ?

3. Regardez autour de vous ; quels objets, dans la pièce où vous vous trouvez, ne contiennent rien qui ne provienne plus ou moins directement d'une ressource géologique.

DOCUMENTS 2

Les granulats, première des matières premières

Les granulats sont de petits fragments de roches. Leur utilisation a pris son essor au XXᵉ siècle avec l'invention du ciment et du béton, le développement des réseaux de communication et des villes. Quelle est l'importance des granulats aujourd'hui ?

1 Quelle est l'origine des « granulats » ?

a Des granulats « tout prêts ».

Les granulats peuvent être obtenus :

- soit directement en exploitant des alluvions non consolidées, comme les sables ou les graviers puisés dans le lit d'une rivière (photo a) ;
- soit par concassage de roches cohérentes extraites en carrière, comme les granites, les calcaires, etc. (photo c).

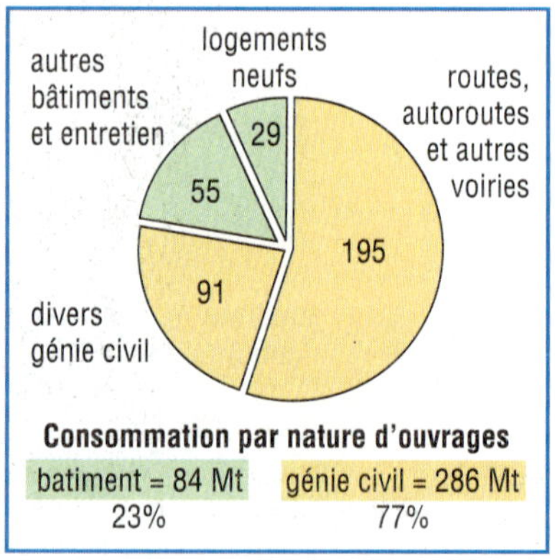

b

Une définition officielle

On appelle granulats un ensemble de grains de dimensions comprises entre 0 et 80 mm destinés notamment à la confection de mortiers, de bétons, de couches de fondation, de base et de roulement des chaussées et des voies ferrées. Cette définition signifie qu'un matériau qui, pour être utilisable dans l'un ou l'autre des emplois mentionnés, nécessite une préparation (criblage, lavage, concassage, etc.) n'est pas encore un granulat. Il ne le devient qu'après cette élaboration.

c Souvent un concassage des roches est nécessaire.

2 Des besoins considérables.

On utilise chaque année en France près de **400 millions de tonnes de granulats** pour l'ensemble des activités du bâtiment et des travaux publics. Plus de la moitié de cette masse est consommée pour réaliser les routes, autoroutes et autres voies. Si on divise la valeur totale ci-dessus par le nombre d'habitants en France, on obtient un chiffre d'environ **7 tonnes par personne et par an** (ou encore 19 kg par habitant et par jour !).

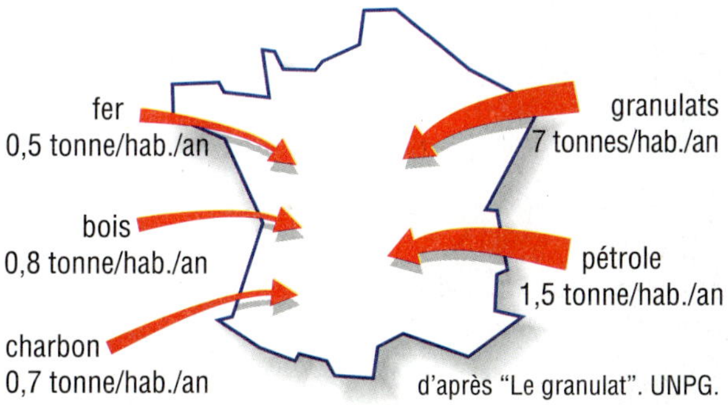

d'après "Le granulat". UNPG.

d Une comparaison intéressante : la consommation des granulats par rapport à celle d'autres matières premières.

e La réalisation d'une voie de chemin de fer nécessite l'utilisation d'énormes quantités de granulats mais aussi celle d'autres ressources géologiques.

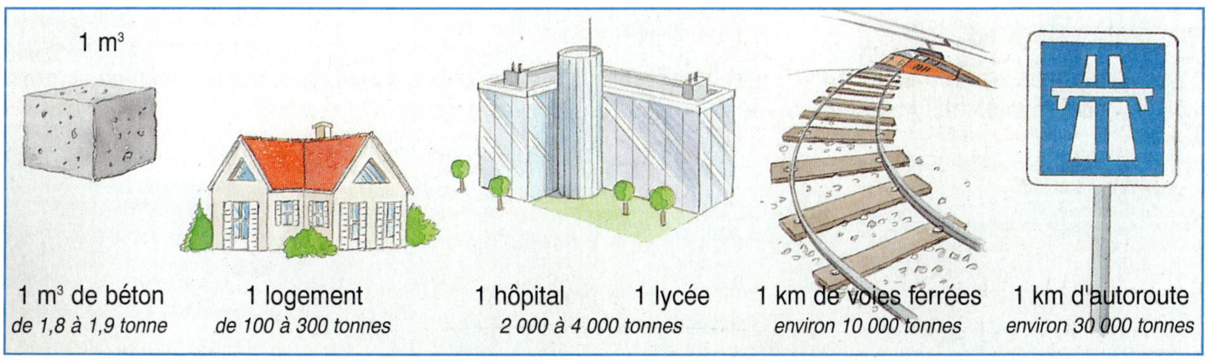

f Des chiffres surprenants : combien faut-il de tonnes de granulats pour faire... ?

Activités

1. Pourquoi dit-on que les granulats sont la première des matières premières ?

2. Recherchez sur la photographie **e** dans quelles parties des différents ouvrages des granulats ont été utilisés.

3. Dans votre environnement, quelles sont les différentes réalisations qui ont nécessité l'utilisation de granulats ?

4. Expliquez comment on « fabrique » du granulat.

DOCUMENTS 3

Le béton : des granulats et du ciment

Chacun sait que le ciment est une poudre grise qui a la propriété de durcir en présence d'eau : il permet ainsi de souder des granulats en une substance cohérente, le béton, dont l'utilisation a véritablement révolutionné « l'art de construire ».

1 Le béton : une véritable pierre reconstituée.

Pour obtenir du béton, il faut...

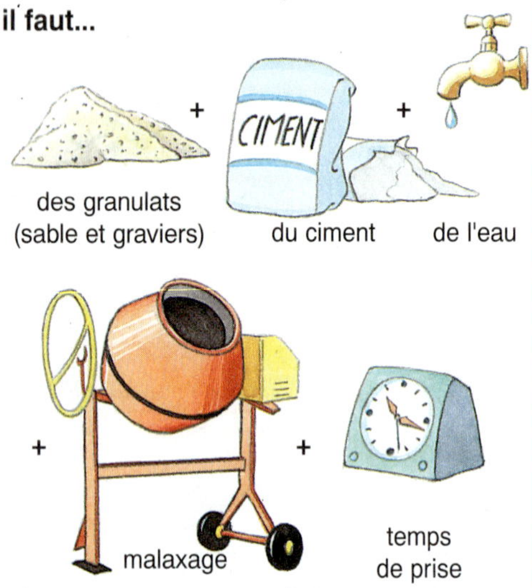

La plupart du temps, on augmente la résistance du béton en « noyant » une armature de barres d'acier : c'est le ferraillage. On obtient ainsi du **béton armé**.

a Le béton est le produit industriel le plus utilisé dans le monde à l'heure actuelle. C'est un mélange en proportions convenables de granulats (sables et graviers), de ciment et d'eau.

b Dans un morceau de béton (observé ici à deux grossissements différents), les granulats apportent le volume et la résistance. Le ciment sert de liant à l'ensemble.

2 La fabrication du ciment.

ⓒ Les cimenteries sont installées à côté d'une carrière de calcaire.

En France, la production des ciments a représenté **20 millions de tonnes** en 1995.
Le ciment est obtenu à partir d'un mélange de **calcaire** (80 %) et d'**argile** (20 %) broyé finement. Ce mélange est alors cuit à 1 450 °C. Le produit qui sort du four, appelé « **clinker** », est mélangé éventuellement à certains additifs et broyé à nouveau : on obtient ainsi une poudre minérale très fine (grains inférieurs à 100 μm), le **ciment**.

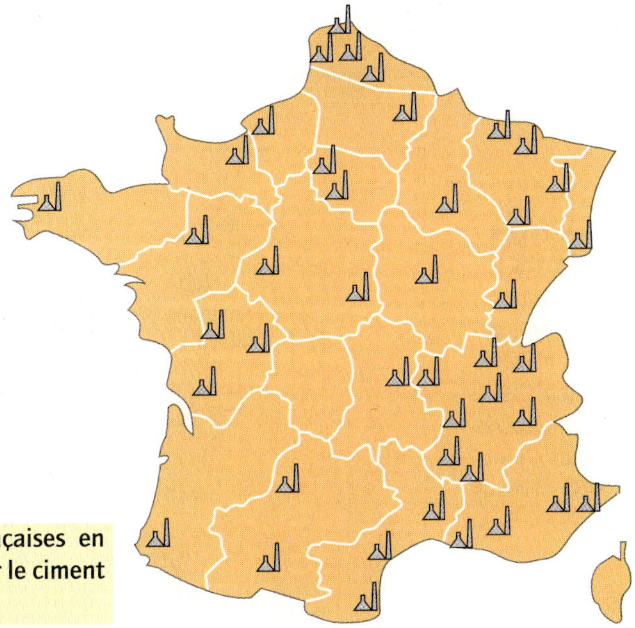

ⓓ Localisation des cimenteries françaises en 1995 (d'après Centre d'Information sur le ciment et ses applications).

Activités

1. En utilisant les informations de la page 66, expliquez en quelques mots la « recette » du béton.

2. Qu'appelle-t-on « béton armé » ? Quel avantage présente-t-il par rapport au béton non armé ?

3. Pourquoi dit-on que le béton a révolutionné l'art de construire ?

4. Pourquoi la cimenterie (ⓒ) est-elle installée à proximité d'une carrière de calcaire ?

5. Comment expliquez-vous la répartition des cimenteries en France ?

DOCUMENTS 4

Gestion des ressources et respect de l'environnement

Au cours des dernières décennies, il s'est consommé beaucoup plus de combustibles minéraux que pendant les quelques centaines de millénaires précédents. De même, la consommation des autres ressources géologiques a « explosé » avec la révolution industrielle. Le problème de la gestion de ces ressources se pose désormais avec de plus en plus d'insistance.

1 Les ressources ne sont pas inépuisables.

Le pétrole est une réserve énergétique (et une matière première pour la pétrochimie) épuisable. En effet, le rythme d'exploitation est infiniment rapide par rapport aux millions d'années qu'a nécessité la mise en place des gisements pétroliers. Une telle situation se retrouve pour la plupart des ressources géologiques. Même des ressources comme les granulats, qui paraissent inépuisables à l'échelle humaine, peuvent poser des problèmes : c'est ainsi qu'en France, la production de granulats à partir d'alluvions diminue, notamment à cause d'un épuisement des réserves ; cette baisse est compensée par le concassage de matériaux extraits de carrières.

a Une exploitation pétrolière.

Deux chiffres importants :
- **Consommation mondiale de pétrole** : 3,1 milliards de tonnes (en 1990).
- **Total des réserves géologiques prouvées** : 97,6 milliards de tonnes.

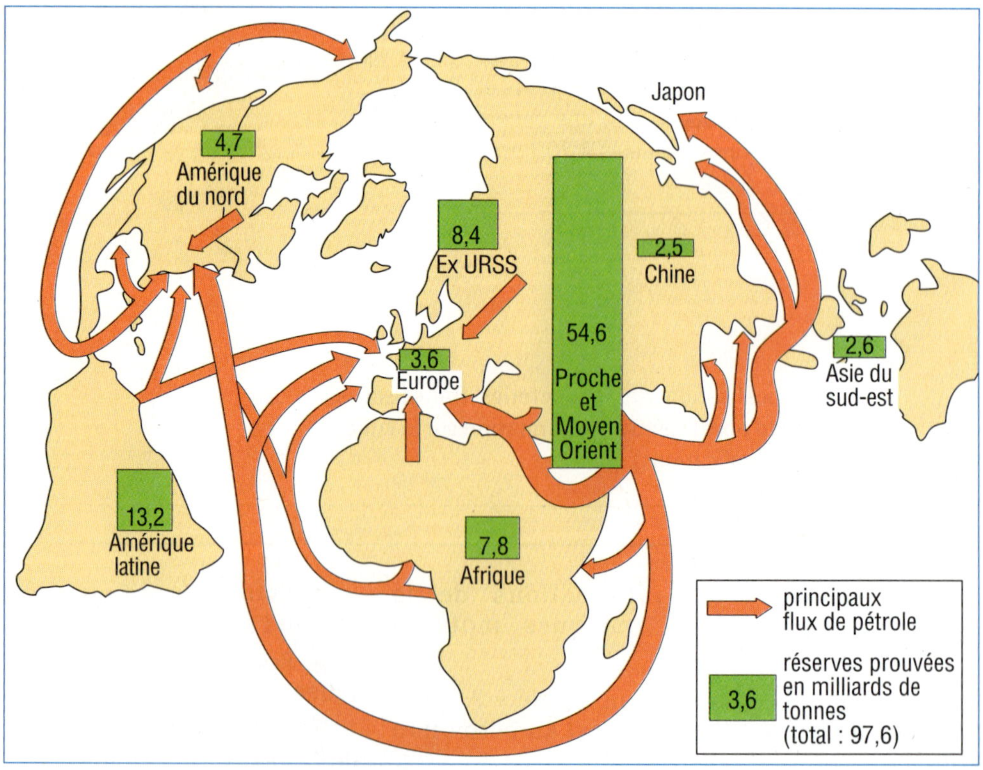

b Une répartition inégale de la ressource qui impose des transports « dangereux » pour l'environnement.

2 Une prise en compte de l'environnement.

Exploiter les ressources géologiques est indispensable à l'industrie moderne. Mais cette exploitation intensive est source de nuisances pour l'environnement : pollutions diverses, modifications des paysages... Ayant pris conscience de ces nuisances, l'homme tente aujourd'hui d'en limiter les effets en préservant :

- la pureté de l'air (par exemple, en installant des filtres sur les cheminées d'usines) ;
- la pureté de l'eau (par exemple, en laissant décanter dans des bassins les eaux de lavages des sables de gravières avant de les rejeter à la rivière) ;
- les paysages (par exemple, en réhabilitant les carrières à la fin de l'exploitation).

c Les cheminées de nombreuses usines sont équipées de filtres qui récupèrent les poussières.

d Un bel exemple de réhabilitation : 1– Mine d'uranium à ciel ouvert en cours d'exploitation. 2 – Mine après réhabilitation (un lac est installé dans l'ancienne excavation, le front de taille a été remblayé et replanté).

Activités

1. Recherchez sur la carte où se trouvent les principales réserves de pétrole.

2. Pourquoi le pétrole doit-il être transporté ? Expliquez pour quelles raisons ces transports peuvent être dangereux.

3. En comparant la consommation mondiale annuelle de pétrole et les réserves prouvées, dites pourquoi ces réserves ne sont pas inépuisables.

4. Comment l'homme tente-t-il de limiter les nuisances liées à l'exploitation intensive des ressources ?

Des outils ... pour mettre en relation les

De l'argile à la brique

Tuilerie artisanale : préparation des tuiles avant la cuisson

L'argile est un des plus anciens matériaux utilisés par l'homme. Pétrie avec de l'eau, elle donne une pâte plastique qui peut être facilement moulée ou mise en forme. Après cuisson, elle donne un objet résistant et imperméable.

Ces propriétés remarquables sont à l'origine de son utilisation très ancienne pour réaliser des objets en céramique, en porcelaine...

Briques et tuiles sont également fabriquées à partir d'un mélange d'argile et d'eau moulé sous pression et cuit à température suffisamment élevée (1 000 à 1 200 °C).

Du gypse au plâtre

Plâtrier au travail

Le gypse est une roche qui a été exploitée de façon intensive dans le sous-sol parisien (photo ci-dessus). Après broyage et chauffage à 200 °C, elle fournit un matériau de construction très courant : le plâtre. Le plâtre est une poudre blanche très fine. Mélangé à une quantité convenable d'eau, il donne une pâte plastique qui, en séchant, « prend », c'est-à-dire devient compacte.

propriétés des roches et leur utilisation

Isolation avec de la laine de verre

Du sable au verre

Tout le monde connaît le verre. On sait peut-être moins qu'il est fabriqué à partir de sable très pur (99 % de grains de quartz). Ce sable est mélangé à des produits (fondants) qui lui permettent de fondre à 1 500 °C (alors que, seul, il ne fondrait qu'à 1 800 °C).
C'est aussi de cette façon qu'est fabriquée la laine de verre destinée à l'isolation des immeubles : le verre fondu est alors « fibré », c'est-à-dire dispersé en un feutrage de fils très fins.

Du schiste à l'ardoise

Certains schistes ont une propriété remarquable : la roche est clivable, c'est-à-dire qu'elle peut être débitée en lames fines, d'épaisseur régulière. Les ardoises ainsi obtenues, imperméables, sont utilisées dans de nombreuses régions pour réaliser des couvertures d'immeubles.
D'autres roches sont, comme le schiste, utilisées directement, sans transformation complexe, en raison de leurs propriétés : roches résistantes à l'écrasement pour la construction, roches utilisées pour la réalisation de pavages, pour la décoration des façades, etc.

Préparation des ardoises après clivage du schiste

J'ai découvert

DOC 1 Une utilisation variée des ressources géologiques.

Depuis toujours l'homme a utilisé des matériaux extraits du sous-sol soit directement, soit après diverses transformations. Ces ressources peuvent être utilisées pour produire de l'énergie (pétrole, uranium, charbon...), comme matériaux de construction (granite, calcaire, argile, sable...) ou encore comme matières premières pour l'industrie (minerais...).

Pour être rentable, l'exploitation d'une ressource doit prendre en compte les quantités disponibles et le coût de l'extraction.

A l'échelle mondiale, le pétrole est encore aujourd'hui la première source d'énergie. En France, c'est l'électricité, dont plus des trois-quarts sont d'origine nucléaire, qui est l'énergie la plus consommée, juste devant le pétrole.

DOC 2 DOC 3 Un exemple d'utilisation des ressources géologiques.

Le béton a révolutionné « l'art de construire ». Ce dernier, formé de granulats et de ciment, est une véritable « pierre reconstituée ».

Les granulats, matière première la plus extraite en France, sont un matériau peu transformé, constitué de fragments de roches obtenus soit directement à partir d'alluvions meubles (sables et galets), soit par concassage de roches cohérentes (granite, calcaire, etc.).

Le ciment, fabriqué dans des cimenteries, est une poudre grise obtenue par « cuisson » à haute température d'un mélange de calcaire et d'argile.

DOC 4 Gestion des ressources et respect de l'environnement.

Au cours des dernières décennies, la consommation des ressources géologiques a considérablement augmenté avec les besoins sans cesse croissants de l'humanité. La plupart des ressources (charbon, pétrole, minerais...) ont nécessité des millions d'années pour se mettre en place alors que leur rythme d'exploitation est infiniment plus rapide. A l'échelle humaine, ce sont des ressources non renouvelables et leur épuisement prévisible doit être pris en compte pour éviter tout gaspillage.

L'essentiel

Ce qu'il faut savoir

L'homme exploite les ressources géologiques du sous-sol en raison de leurs propriétés. Elles sont utilisées soit pour produire de l'énergie, soit comme matériau de construction, soit pour l'industrie...

Parmi ces ressources, certaines sont utilisées directement sans être transformées (granulats, ardoise,...), d'autres après des transformations plus ou moins complexes (ciment, plâtre, verre, brique,...). Du fait d'une exploitation intensive, ces ressources ne sont pas inépuisables à l'échelle humaine ; l'homme doit donc apprendre à mieux les gérer et à préserver la qualité de son environnement.

Les mots-clés

- ressource géologique
- ressource énergétique
- ressource non renouvelable
- granulats
- minerai
- gestion des ressources
- protection de l'environnement

Le schéma bilan

Une utilisation variée des ressources géologiques

L'extraction. Un exemple.

Une prise en compte de l'environnement. Exemple : réaménagement de carrière.

Prévenir la dégradation

Erosion du sol à la suite d'un déboisement en montagne

Ruissellement et érosion des sols

La forêt d'altitude protège les pentes de l'érosion. Elle stabilise les sols, empêche le ravinement et, comme une véritable éponge, met en réserve l'eau de fonte des neiges ou l'eau de pluie. Ainsi, cette forêt joue un rôle très important pour prévenir de manière efficace les inondations et la sécheresse.
Conscients de ces problèmes, les gestionnaires de la forêt de montagne n'effectuent plus de vastes « coupes rases » comme sur la photographie ci-contre, mais prélèvent de façon raisonnée les arbres à maturité. Par ailleurs sont mis en œuvre de vastes programmes de reboisement de pentes dénudées préalablement soumises à l'érosion (photographie ci-dessous).

Dans les Cévennes, il y a un siècle, l'Aigoual a été reboisé.
A la fin du siècle dernier, avec la maladie du ver à soie, les vallées cévenoles connaissent la misère. Pour survivre, les habitants s'installent dans la montagne avec leurs maigres troupeaux. Par suite du surpâturage des chèvres et du prélèvement excessif de bois de chauffage par l'homme, l'Aigoual, qui culmine à 1 567 mètres, se retrouve bientôt chauve. Les pluies d'automne, qui peuvent atteindre une violence exceptionnelle (jusqu'à 1 mètre d'eau en douze heures), ont des effets désastreux. En contrebas, ravinements, inondations et glissements de terrain se multiplient dans le Gard et l'Hérault. Entre 1875 et 1908, un vaste programme de reboisement a permis de reconstituer ce qui est aujourd'hui le « poumon vert » du Parc National des Cévennes.

(D'après la revue « Géo »)

Reboisement à l'Alpe d'Huez

des sols et les inondations

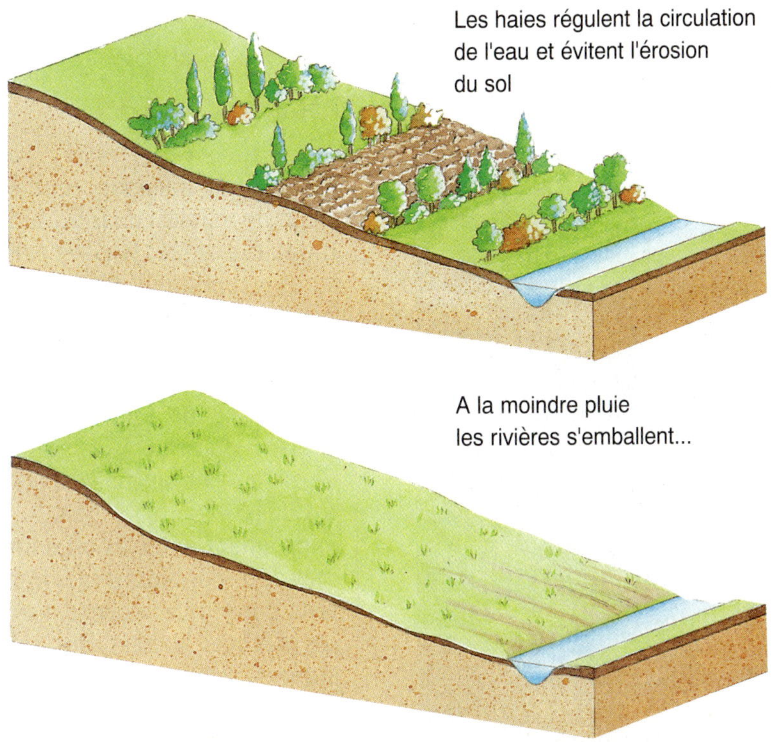

Obstacle naturel à l'écoulement des eaux, une haie diminue l'érosion par ruissellement et permet aux eaux de pluie de s'infiltrer. Les inondations catastrophiques de 1974 à Morlaix et Quimper en Bretagne sont une conséquence de l'arasement du bocage dans cette région.

Le rôle « anti-ruissellement » des haies

Ruissellement et inondations

Les crues des rivières et les inondations ont toujours existé ; cependant, des pratiques humaines peuvent en augmenter l'amplitude ou en aggraver les conséquences : en voici trois exemples.

La construction de pavillons ou l'installation de campings dans le lit majeur d'une rivière (c'est-à-dire la zone inondable en cas de crue) peut conduire à des catastrophes comme celles de Nîmes en 1988 ou de Vaison-la-Romaine en 1992.

L'urbanisation, avec son cortège de béton et de bitume, augmente l'amplitude des crues : en effet, dans les villes, l'eau ne s'infiltre plus mais ruisselle très rapidement vers les rivières.

La destruction des haies (voir dessin ci-contre).

Chaque année, les inondations dans le monde représentent 40 % des cataclysmes naturels. Des centaines de milliers, parfois des millions de personnes sont sinistrées et on déplore des dizaines de milliers de victimes. La France n'est pas à l'abri de ce type de catastrophe : les inondations de Nîmes en octobre 1988 ont fait dix morts ; les dégâts ont été chiffrés à quatre milliards de francs environ.

Les inondations catastrophiques qu'a connues la France au cours de ces dernières années ont montré l'urgence de prendre des mesures pour réduire l'exposition au risque.

Inondations de Nîmes en octobre 1988

Les activités humaines

La pollution par des substances toxiques

La pollution des eaux souterraines

Les déchets ménagers contiennent de faibles quantités de produits toxiques (vieilles peintures, produits d'entretien, piles, etc.), mais les plus gros producteurs sont de loin les industriels : chaque année, 18 millions de tonnes de déchets « spéciaux » polluants, dont deux à trois millions sont toxiques.
Simplement entassés ou enfermés dans des bidons (qui finissent par rouiller et se percer), ces déchets libèrent des substances toxiques qui, tôt ou tard, gagnent les eaux souterraines à partir desquelles nous tirons une grande partie de notre eau de boisson.

Dans certains départements, on constate depuis une vingtaine d'années une augmentation de la teneur en nitrates des eaux souterraines à partir desquelles est tirée l'eau du robinet. Le taux de 50 milligrammes de nitrates par litre, considéré comme la limite supérieure au-delà de laquelle l'eau est impropre à la consommation, est dépassé dans de nombreuses communes.
Les deux causes principales de la pollution des eaux souterraines par les nitrates sont liées aux pratiques agricoles : épandage excessif d'**engrais « azotés » (1)** ou de **lisier (2)**, tous deux très riches en nitrates. Le lisier est un mélange de « crottes » et d'urine d'animaux, il est surtout produit dans les élevages industriels.

La pollution par les nitrates

peuvent polluer l'eau

Un objectif : faire disparaître ce type de rejet

La pollution des eaux superficielles

La principale source de pollution des eaux superficielles (rivières, fleuves et lacs) résulte du rejet de matières organiques dans les eaux usées domestiques ou industrielles (laiteries, papeteries, abattoirs, élevages industriels...).
Dans l'eau des rivières vivent de nombreux microorganismes qui se nourrissent de cette matière organique et la transforment en matière minérale non polluante. Il n'y a donc réellement « pollution » que si les rejets sont trop importants, c'est-à-dire supérieurs à la capacité d'épuration naturelle assurée par les bactéries.

Dans une station d'épuration, les eaux usées subissent essentiellement deux traitements successifs :

- un **traitement physique** qui permet d'éliminer les matières en suspension (déchets grossiers, sables, huiles, graisses...) ;
- un **traitement biologique** qui favorise l'action des bactéries et transforme donc les matières organiques en matières minérales (nitrates, phosphates...).

L'eau est ainsi progressivement débarrassée des substances qui l'avaient polluée.
Les **boues** obtenues à l'issue de ces différents traitements sont déshydratées puis éliminées par incinération. Elles peuvent aussi être utilisées comme engrais en agriculture.

Une station d'épuration

L'évolution des paysages : effets de l'activité interne du globe

1. Les séismes

2. Les éruptions volcaniques

3. Le volcanisme dans le monde

L'évolution des paysages : effets de l'activité interne du globe

Extrait du PROGRAMME
(B.O. du 13 février 1997)

EFFETS DE L'ACTIVITÉ INTERNE DU GLOBE
(Durée conseillée : 12 heures)

1. Les séismes résultent d'une rupture brutale des roches en profondeur et se manifestent par des déformations à la surface de la Terre.
Les séismes sont particulièrement fréquents dans certaines zones de la surface terrestre.

Compétences :

- Relier les manifestations d'un séisme à des phénomènes qui se déroulent en profondeur.
- Décrire et expliquer les différents phénomènes observés lors d'un séisme.
- Situer les zones sismiques à l'échelle mondiale et à celle de la France.

2. Le volcanisme est l'arrivée en surface de matière minérale en fusion : le magma.
Les volcans actifs sont répartis de façon irrégulière à la surface du globe, sur les continents et dans les océans.
L'existence de roches ou d'édifices volcaniques anciens atteste une activité volcanique dans le passé.

Compétences :

- Décrire le déroulement d'une éruption volcanique et expliquer la formation d'une roche volcanique.
- Déterminer qu'une roche est d'origine volcanique d'après l'étude de sa structure.
- Relier le type d'éruption à la plus ou moins grande fluidité de la lave.
- Situer les zones volcaniques à l'échelle du globe.
- Établir l'existence d'un volcanisme ancien dans une région donnée.

3. L'activité de la planète engendre des risques pour l'Homme.

Séisme de Kobé
(5 janvier 1995).

CHAPITRE 1
Les séismes

Les problèmes à résoudre :

- Quelles sont les principales caractéristiques des tremblements de terre ?
- Comment les secousses sont-elles étudiées ? Quelles informations fournissent les enregistrements réalisés ?
- Quelles sont les causes des séismes ? Comment les séismes sont-ils répartis à la surface du globe ?

DOCUMENTS 1

Un événement brutal et localisé

Il est rare qu'une année se passe sans que la télévision et la presse ne fassent part d'un ou plusieurs séismes destructeurs. Parfois, le nombre de victimes est impressionnant. Pourquoi y a-t-il tant de victimes ? Quelles sont les principales caractéristiques de ces tremblements de terre ?*

1 Des villes peuvent être détruites en quelques secondes.

Un violent séisme ravage l'ouest de l'Inde

« Jamais l'Inde n'avait enduré de tremblement d'une telle violence depuis plus d'un demi-siècle. On recensait hier soir 16 000 morts selon l'agence indienne UNI, et des milliers de blessés souvent dans un état grave.

Il était 3 h 56 du matin, heure locale (23 h 26 heure de Paris), lorsque les sismologues ont enregistré une magnitude 6,4 sur l'échelle de Richter. C'est le district d'Osmanabad et la région de Latur, située à environ 450 km de Bombay et qui compte 947 villages, qui ont le plus souffert. Cinquante villages au moins ont été totalement rasés, et l'on comptait hier soir plus de 3 000 morts, rien que dans la petite ville de Khillari (10 000 habitants).

D'après les premiers témoignages, les habitants de la région, surpris en plein sommeil, ont été engloutis sous les débris de leurs maisons, faites de terre et de boue. Killari, où les maisons sont plus robustes (briques et pierres) n'a pas davantage résisté au séisme et ne serait plus qu'un champ de ruines, d'après les premiers témoignages. »

« Libération ». Vendredi 1er octobre 1993.

Séisme meurtrier à Los Angeles

« Un tremblement de terre de magnitude 6,6 sur l'échelle de Richter a frappé la ville de Los Angeles (États-Unis) lundi 17 janvier vers 17 h 30 (heure de Paris). Ce séisme est le plus violent enregistré dans la ville depuis plus de vingt ans. Ressenti jusqu'à San Diego (200 km au sud) et à Las Vegas (450 km au nord-est).

Selon un bilan publié mardi 18 janvier à 8 h 30 (heure de Paris) ce séisme a fait au moins 30 morts et plus d'un millier de blessés. A Northridge, localité proche de l'épicentre, 14 personnes ont péri dans l'effondrement d'un immeuble. Plusieurs autoroutes se sont écroulées. De nombreux dégâts matériels ont été estimés à plusieurs centaines de millions de dollars. »

« Le Monde ». Mercredi 19 janvier 1994.

Bilan final : 65 morts, 3 000 blessés. 25 millions de dollars de dégâts.

Un séisme fait des milliers de morts dans l'est de l'Iran

« Un violent tremblement de terre, atteignant 7,1 sur l'échelle de Richter, a frappé samedi vers midi l'est de l'Iran, faisant 2 400 morts et des dizaines de milliers de blessés, selon le dernier bilan rendu public par le Croissant Rouge iranien.

L'organisation précise que 2 000 villages ont été entièrement rasés dans la région de Ghaen et de Birjand, épicentre du séisme.

L'Iran a lancé un appel à l'aide internationale pour faire face à ce troisième tremblement de terre meurtrier depuis le début de l'année. »

« Libération ». Lundi 12 mai 1997.

Bilan final établi par « Médecins sans frontières » : 1 568 morts, 2 600 blessés, 72 000 sinistrés, 147 villages gravement endommagés.

Un séisme meurtier a frappé le centre du Japon

« Le tremblement de terre qui a frappé, mardi 17 janvier au petit matin, le Kansaï, grande région industrielle et zone très peuplée située à 400 kilomètres au sud-ouest de Tokyo, a particulièrement éprouvé la ville de Kobé, le deuxième port de l'archipel, qui restait isolé en fin de matinée. Il a suffi de 40 secondes accompagnées d'un grondement de tonnerre pour transformer Kobé, un port de 1,4 million d'habitants, en zone sinistrée privée d'électricité, de gaz, de téléphone, parfois d'eau et quasiment coupée du reste du Japon.

Le séisme, d'une magnitude de 7,2 sur l'échelle de Richter, a fait plus d'un millier de morts, au moins 500 disparus et plus de 3 000 blessés. Il a provoqué des effondrements d'immeubles et de maisons. Un pont et un toboggan sur une route nationale se sont aussi rompus. Des voies de chemin de fer ont été tordues. De nombreux incendies se sont déclarés. Le centre de Kobé a été en partie dévasté. »

« Le Monde ». Mercredi 18 janvier 1995.

Bilan final : 5 375 morts, 260 815 blessés. Plus de 80 000 bâtiments détruits ou gravement endommagés.

a Quelques coupures de presse.

2 Des modifications parfois visibles dans les paysages.

Le séisme de Spitak (Arménie) du 7 décembre 1988 (magnitude* 6,9) a fait plus de 50 000 morts. Les photographies ne présentent pas les habitations détruites mais montrent la **faille** responsable de ce séisme meurtrier. Elle peut être suivie (flèche rouge) à la surface du sol sur 10 km et se prolonge sous les sédiments sur 10 km supplémentaires. La hauteur du déplacement vertical est de 1,60 m environ.

b Cette longue « fracture » révèle en surface la faille dont la rupture est à l'origine du séisme.

c Une curieuse déformation visible après le séisme de Kobé du 17 janvier 1995.

LEXIQUE

- **Séisme** (du grec *seismos* = secousse) : série de secousses plus ou moins violentes du sol. Synonyme : tremblement de terre.
- **Magnitude** : notion introduite par le sismologue américain Richter afin d'estimer la puissance d'un séisme. La magnitude correspond à l'énergie libérée lors d'un séisme.

Activités

1. Pourquoi un séisme fait-il des victimes ? Justifiez votre réponse par des arguments tirés des articles de presse a.

2. Parmi les séismes présentés, lequel a la magnitude* la plus élevée ? la magnitude la plus faible ? A quoi correspond la magnitude ?

3. D'après le document b, expliquez ce qu'on appelle une faille ?

4. Quels mouvements du sol peuvent expliquer les déformations visibles sur la photographie c ?

DOCUMENTS 2

Les appareils à l'écoute des séismes

Les sismologues étudient les séismes à l'aide d'appareils (les sismographes) qui enregistrent de façon continue les secousses du sol.*
Comment les enregistrements sont-ils réalisés ?
Quelles informations fournissent-ils ?

1 Des stations dispersées aux « quatre coins » du globe.

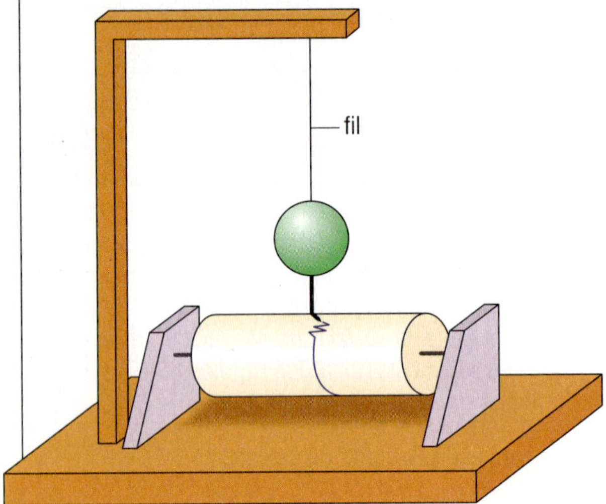

Principe du fonctionnement

- Un sismographe classique (ci-contre) comprend :
- un socle, solidaire du sol, sur lequel est fixé le cylindre enregistreur ;
- un pendule qui, à cause de sa masse, a tendance à rester immobile lorsque le sol bouge.

- Bien que le principe général soit le même, les sismographes modernes (sismomètres) fonctionnent autrement : le déplacement d'un pendule est converti en courant électrique. Les signaux ainsi produits sont transmis et enregistrés. Les enregistrements de l'ensemble des stations d'un réseau de surveillance convergent ensuite vers un centre de calcul qui les interprète.

a Les sismographes* fonctionnent tous sur le même principe. Les plus sensibles peuvent enregistrer des mouvements du sol dont l'amplitude ne dépasse pas le cent millième de millimètre.

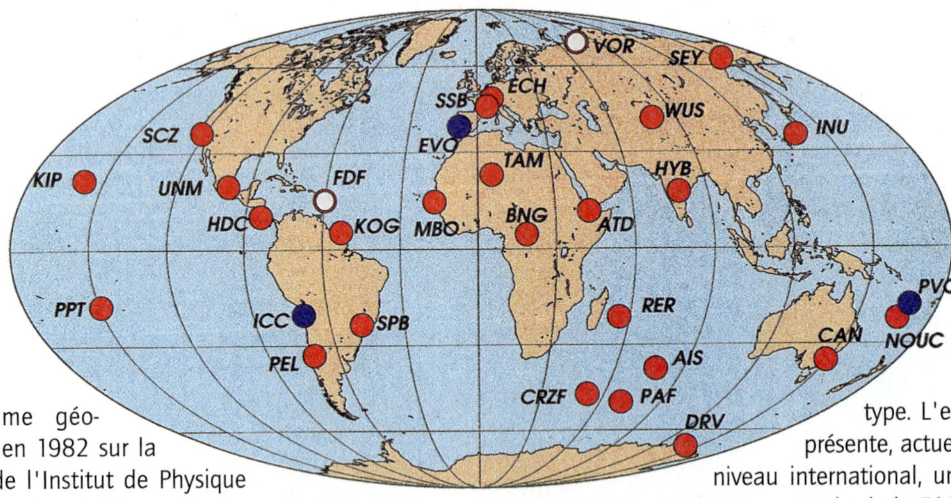

Le programme géoscope, lancé en 1982 sur la proposition de l'Institut de Physique du globe de Paris, a été le premier à entreprendre l'implantation d'un réseau mondial de stations sismiques. Il comprend 30 stations bien réparties à la surface du globe.
Depuis, plusieurs pays ont installé des réseaux de même type. L'ensemble représente, actuellement, au niveau international, une centaine de stations coordonnées au sein de la Fédération des réseaux sismologiques numériques.
Par ailleurs, certains pays ont, pour surveiller des régions particulières, installé de nombreux autres sismographes ; c'est le cas de la France (voir p. 97).

b Un vaste réseau de stations couvre l'ensemble du globe.

2 Les sismogrammes.

Un séisme fait des milliers de morts dans l'est de l'Iran

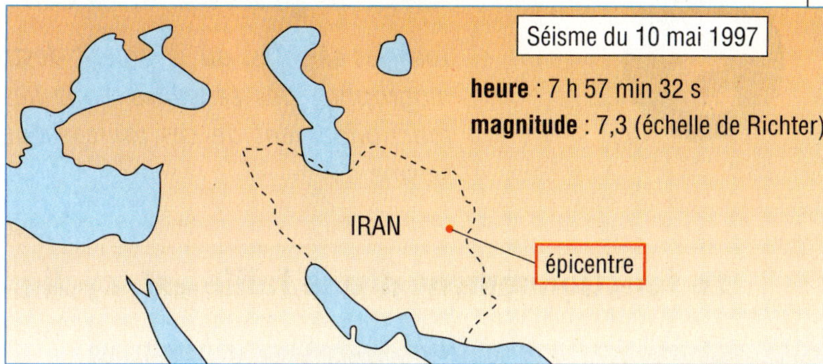

Stations du réseau géoscope (voir carte ⓑ)

- Heure d'arrivée à la station des premières vibrations (P).
- Temps écoulé entre l'heure du séisme et l'heure d'arrivée des ondes sismiques P.
- Distance, en km, entre la station et le lieu du séisme.

ECH (Echery, France)
- 8 h 05 min 18 s.
- 7 min 46 s.
- 4 611 km.

SSB (St Sauveur, France)
- 8 h 05 min 33 s.
- 8 min 01 s.
- 4 825 km.

RER (La Réunion)
- 8 h 06 min 59 s.
- 9 min 27 s.
- 6 071 km.

INU (Japon)
- 8 h 07 min 52 s.
- 10 min 20 s.
- 6 905 km.

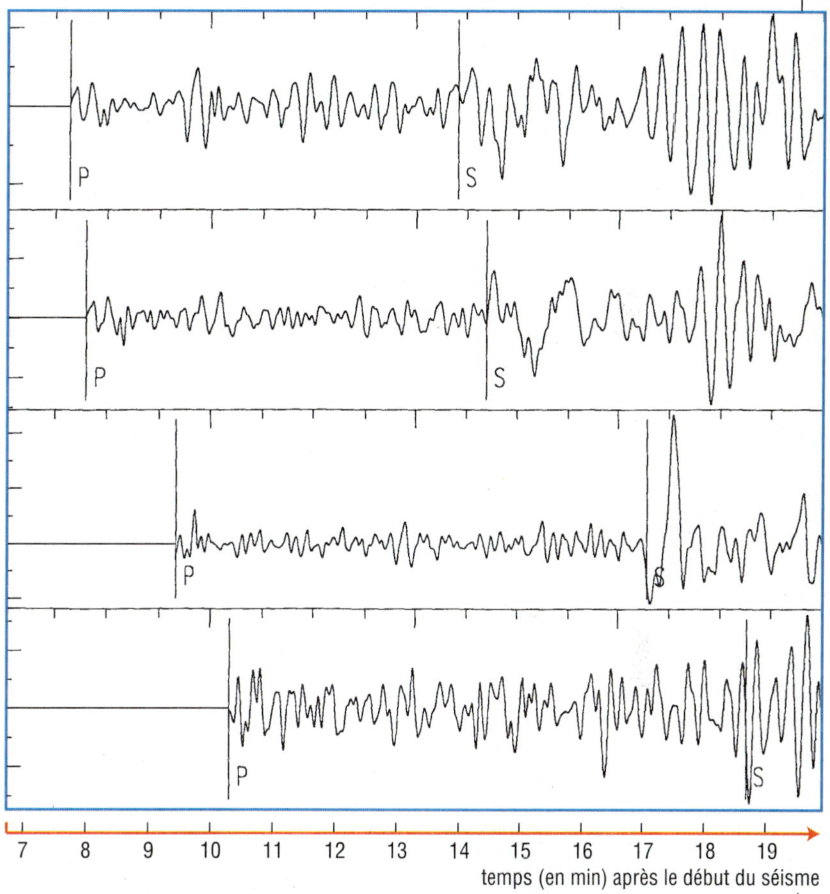

ⓒ Le séisme d'Iran du 10 mai 1997 enregistré dans quatre stations du réseau géoscope.

LEXIQUE

- **Sismographe** (de *graphein* = écrire) : appareil servant à enregistrer les ondes sismiques.
- **Sismogramme** : enregistrement obtenu avec un sismographe.

Activités

1. Reproduisez le schéma ⓐ et à l'aide du texte indiquez les légendes suivantes : cylindre enregistreur, stylet, pendule, socle.

2. Relevez les principales caractéristiques du réseau géoscope ⓑ.

3. Pourquoi, d'après vous, le début de l'enregistrement dans les différentes stations, (doc. ⓒ), n'a pas lieu au même instant ?

4. Calculez, en km/s, la vitesse de déplacement des premières ondes sismiques enregistrées à Echery.

DOCUMENTS 3

A l'origine d'un séisme : la rupture brutale d'une faille

Tous les séismes, qu'ils soient destructeurs ou seulement perçus par les sismographes très sensibles, sont liés à l'existence de failles. Comment le fonctionnement de ces failles peut-il, à un moment donné, déclencher un séisme ?*

1 Le fonctionnement d'une faille est cyclique.

a 150 séismes se produisent chaque année au niveau de la faille de San Andreas, en Californie (U.S.A.), considérée comme l'une des plus actives du globe.

Un séisme est provoqué par la **rupture brutale** d'une faille, c'est-à-dire par le déplacement brusque de deux blocs rigides l'un par rapport à l'autre. Ainsi que nous le verrons ultérieurement, les forces responsables du déplacement s'exercent **de façon continue** sur chacun des deux blocs, mais la faille reste bloquée pendant de longues périodes. Au voisinage de la faille bloquée, les roches se déforment de manière élastique, sans rompre. A un moment donné, une rupture brutale se produit : elle relâche en quelques secondes les contraintes accumulées parfois pendant plusieurs siècles. Puis la faille est de nouveau bloquée et le cycle recommence. Chaque rupture est la cause d'un séisme.

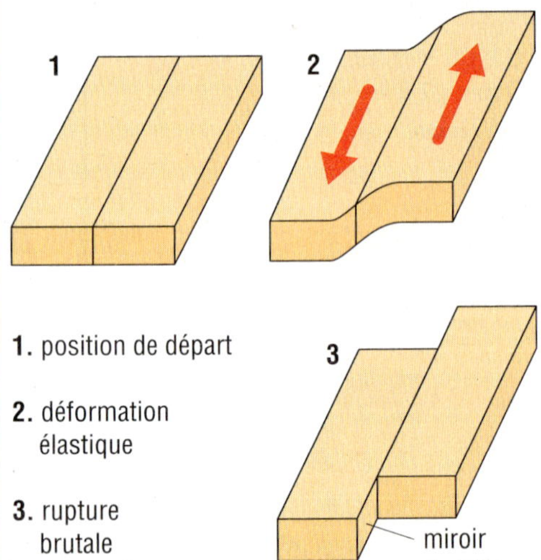

1. position de départ

2. déformation élastique

3. rupture brutale de la faille

La répétition du glissement sismique sur une même faille pendant des millénaires ou même des millions d'années peut entraîner, pour une faille coulissante, des décalages horizontaux de plusieurs dizaines de kilomètres. Ainsi, pour la faille de San Andreas, on a calculé, par différentes méthodes, un déplacement de 4 à 6,5 cm par an soit un déplacement cumulé de 1 200 km en 30 millions d'années !

2 Un modèle simple pour comprendre.

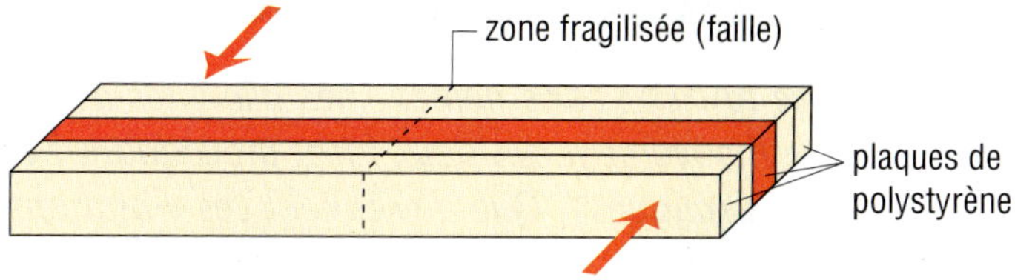

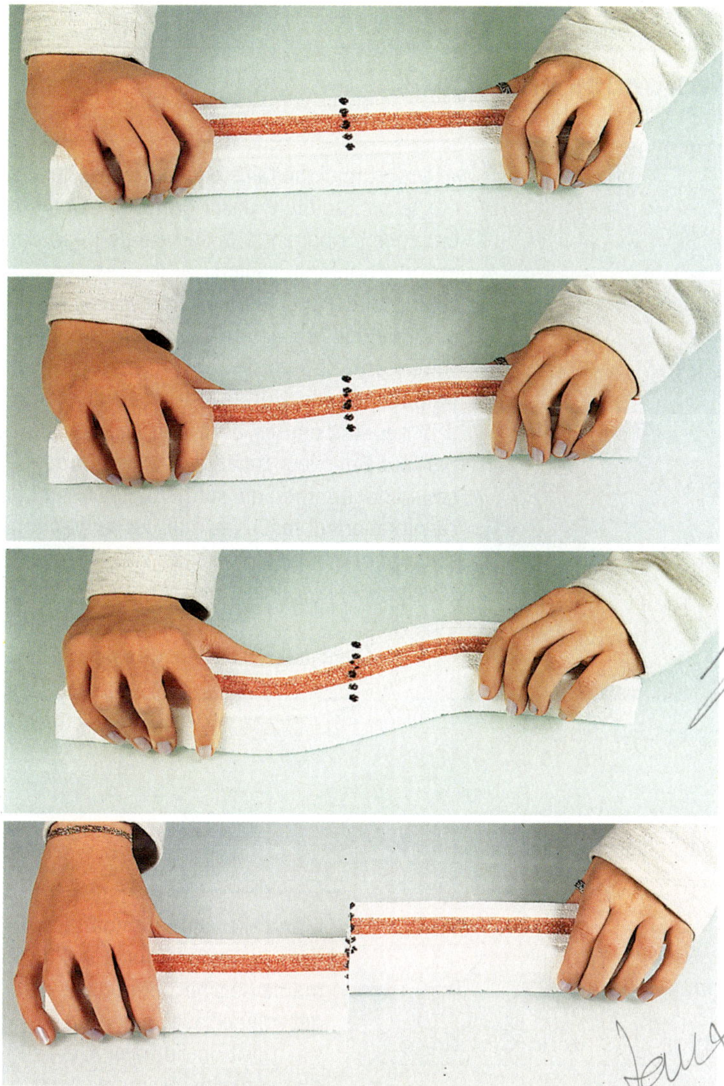

ⓑ Une lente déformation, puis une rupture brutale.

• Les failles responsables des tremblements de terre sont actuellement connues et répertoriées. Leurs longueurs s'échelonnent entre quelques dizaines de mètres et le millier de kilomètres.

• La **magnitude** (M) du séisme dépend de la longueur de la faille et de l'importance du coulissage*.

• Pour les grands séismes, la rupture commence vers 10 à 20 km de profondeur et se propage jusqu'en surface. En revanche, les petites failles de dimension inférieure à quelques kilomètres sont en profondeur et ne sont donc pas visibles en surface.

ⓒ Des failles de toutes les dimensions.

Un drame en quelques secondes

Il suffit de 7 secondes pour qu'une faille se fracture sur une longueur de 20 km et provoque un glissement de 1 mètre entre les deux blocs.

Il existe plusieurs types de failles. Certaines produisent des escarpements : le bloc d'un côté de la faille se soulève, l'autre s'affaisse. Ces escarpements peuvent former de véritables murs de plusieurs mètres de hauteur.

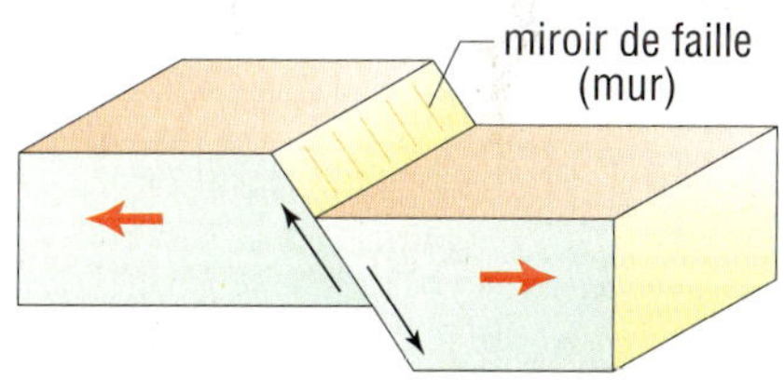

ⓓ Il existe plusieurs types de failles.

LEXIQUE

• **Faille :** cassure de l'écorce terrestre qui partage un ensemble rocheux en deux compartiments décalés.

• **Coulissage :** mouvement horizontal de part et d'autre d'une faille.

Activités

1. Décalquez la photographie ⓐ. Indiquez l'emplacement de la faille. Ajoutez sur votre dessin des flèches pour préciser le sens de déplacement des deux compartiments séparés par la faille.

2. A l'aide du texte ⓐ, expliquez pourquoi une même faille est la cause de séismes « à répétition ».

3. Faites des schémas pour présenter les résultats de l'expérience ⓑ.

4. Pourquoi les séismes n'ont-ils pas tous la même magnitude ?

De la rupture de faille aux tremblements de terre

La rupture d'une faille ne se fait pas sans heurts : des aspérités de toutes tailles bloquent ou gênent le mouvement des deux faces provoquant l'émission de vibrations : les ondes sismiques. Que deviennent ces vibrations ?*

1 Naissance et propagation des ondes sismiques.

ⓐ Une image simple pour comprendre la propagation des ondes.

« La rupture d'une faille engendre des vibrations qui se propagent, à partir du foyer, comme des ondes se propagent à la surface de l'eau après qu'on y a jeté un caillou.
La rupture d'une faille est brutale et ne dure que quelques secondes. La vibration qui en résulte « s'étale » au fur et à mesure qu'elle se propage. Si elle s'étale, c'est que divers types d'ondes sont émises, avec leurs caractéristiques particulières : leur trajet, leur vitesse propre.
Les sismogrammes, qui sont l'enregistrement de ces vibrations obtenues à l'aide des sismographes, sont donc de plus en plus longs à mesure que l'on s'éloigne de la source d'un séisme. »

D'après Claude Allègre.
« Économiser la planète ». Le livre de Poche.

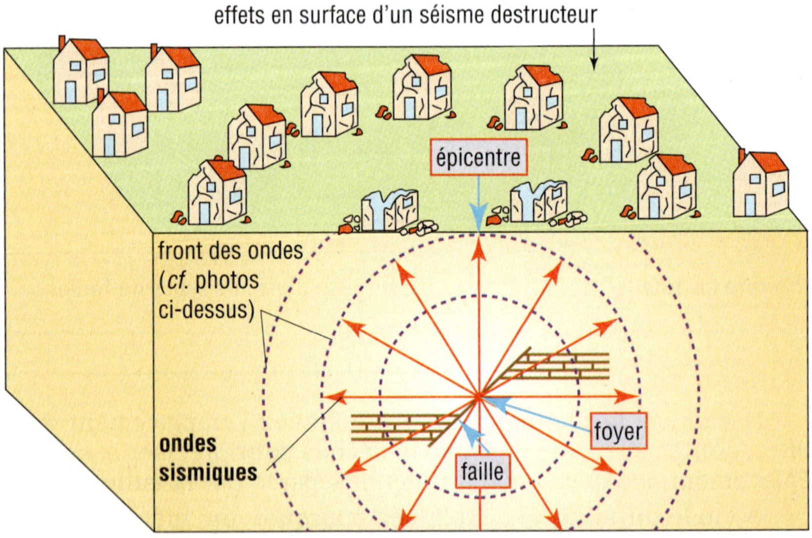

Les foyers des séismes sont situés entre 1 et 700 km de profondeur, le plus souvent à moins de 30 km. *Rappel* : rayon de la Terre = 6 400 km.

ⓑ A partir du foyer*, les ondes se propagent dans toutes les directions.

L'analyse et la comparaison des sismogrammes d'un même séisme permettent de déterminer avec précision :
- la position du foyer, c'est-à-dire son emplacement exact, sa profondeur (même si le séisme a lieu au milieu d'un océan !) ;
- la magnitude du séisme.

A ce sujet, précisons que l'échelle de Richter n'est pas linéaire.
Ainsi, un séisme de magnitude 9 libère 100 000 fois plus d'énergie qu'un séisme de magnitude 4.

2 Ne pas confondre magnitude et intensité.

Magnitude et intensité

- **L'intensité** d'un séisme est estimée à partir des effets produits en surface. L'échelle d'évaluation actuellement utilisée est l'échelle M.S.K. ci-contre (initiales du nom de trois sismologues).
- **La magnitude** (ainsi que nous l'avons vu précédemment) évalue l'énergie libérée au foyer du séisme. Elle dépend de la longueur de la faille activée et de l'importance du déplacement.
- **Une image pour mieux comprendre** : une lampe de 100 watts éclaire davantage si l'on est près de la lampe que si l'on en est éloigné. La puissance de la lampe (100 watts) est la magnitude ; l'intensité est l'éclairement à une distance donnée.

On obtient une bonne image de l'étendue des effets des séismes en joignant par des lignes les points où le séisme a été ressenti par les habitants avec la même intensité. On trace ainsi les isoséistes (carte ci-dessous).

L'échelle M.S.K.

- **Degré I** : seuls les sismographes très sensibles enregistrent les vibrations.
- **Degré II** : secousses à peine perceptibles ; quelques personnes au repos ressentent le séisme.
- **Degré III** : vibrations comparables à celles provoquées par le passage d'un petit camion.
- **Degré IV** : vibrations comparables à celles provoquées par le passage d'un gros camion.
- **Degré V** : séisme ressenti en plein air. Les dormeurs se réveillent.
- **Degré VI** : les meubles sont déplacés.
- **Degré VII** : quelques lézardes apparaissent dans les édifices.
- **Degré VIII** : les cheminées des maisons tombent.
- **Degré IX** : les maisons s'écroulent. Les canalisations souterraines sont cassées.
- **Degré X** : destruction des ponts et des digues. Les rails de chemin de fer sont tordus.
- **Degré XI** : les constructions les plus solides sont détruites. Grands éboulements.
- **Degré XII** : les villes sont rasées. Bouleversements importants de la topographie.

A	B
Séisme d'El Asnam (Algérie) en 1980. Magnitude 7,3. Profondeur du foyer : 10 km.	Séisme de Vrancea (Roumanie) en 1977. Magnitude 7,2. Profondeur du foyer : 100 km.

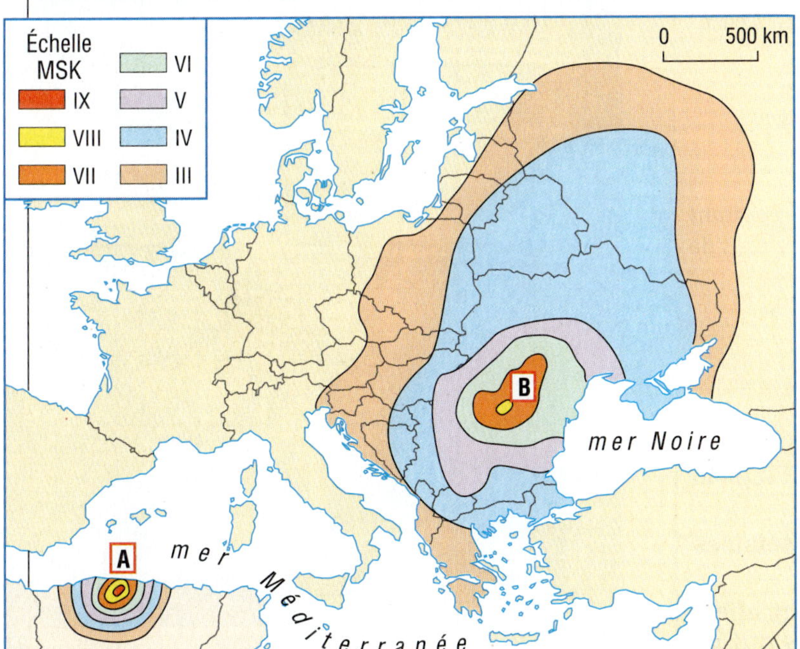

D'après J. Lambert « Les tremblements de terre en France ». Ed. BRGM.

c Les effets de deux séismes de magnitude équivalente mais dont la profondeur du foyer est différente.

Activités

1. Les photographies et le texte **a** présentent une image très parlante. Expliquez la comparaison proposée.

2. Où se situe l'épicentre par rapport au foyer ?

3. Comment peut-on expliquer que c'est au voisinage de l'épicentre que l'intensité d'un séisme est la plus forte ?

4. Comparez les courbes isoséistes des deux tremblements de terre présentés sur la carte **c**.

LEXIQUE

- **Foyer** : le foyer correspond à la zone où se produit la rupture de faille à l'origine du séisme.
- **Épicentre** : point de la surface du sol situé à la verticale du foyer.
- **Ondes sismiques** : vibrations produites par un séisme.

DOCUMENTS 5

La répartition des séismes dans le monde

En dehors des séismes meurtriers dont la presse et la télévision se font l'écho, les sismographes sensibles décèlent chaque jour des milliers de séismes bénins. Où sont situés les foyers des séismes ? Quelles informations peut-on en dégager ?

1 Un million de séismes par an.

De nombreux frissons

Chaque année, sur la Terre, il se produit un million de séismes, soit en moyenne deux par minute ! Parmi ces séismes 20 ont une magnitude qui dépasse 7 ; 100 dépassent 6 ; 3 000 dépassent 5 ; 15 000 dépassent la magnitude 4. Les quelques grands séismes libèrent, à eux seuls, 96 % de l'énergie sismique totale, soit beaucoup plus que les 800 000 à 1 000 000 autres petits séismes annuels.

Une semaine de séismes en France en 1997

Date	Heure	M	Région
19-06	04.34.54	1,8	Briançon
20-06	02.29.57	2,3	St-Jean-de-Maurienne
20-06	08.16.49	2,7	Pau
20-06	19.06.10	1,8	Barcelonnette
20-06	21.45.34	2,7	Les Sables-d'Olonne
23-06	02.55.07	3,2	Ajaccio
23-06	02.58.03	2,2	Nice
23-06	08.09.24	2,7	Saint-Gaudens
23-06	09.40.05	2,5	Moulins

a Des séismes dont on ne parle pas et pourtant les appareils sensibles du L.D.G. (réseau français de surveillance) les ont décelés.

b Carte mondiale des régions sismiques.

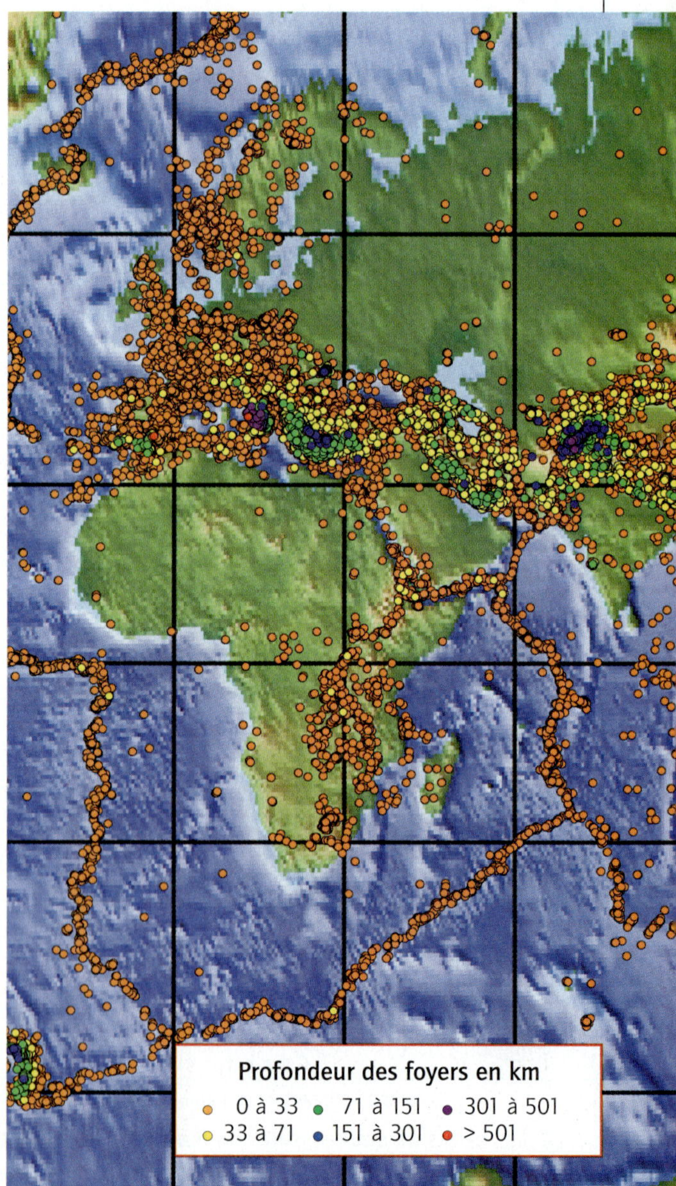

Activités

1. Que révèle le document **a** ?

2. Que représentent les points sur la carte **b** ?

3. Précisez la localisation des séismes situés dans l'océan Atlantique.

4. Citez des régions fréquemment affectées par des séismes et des régions qui ne le sont pas.

5. Comparez le document **c** et la carte **b**. Que constatez-vous ?

2 Des zones de fragilité.

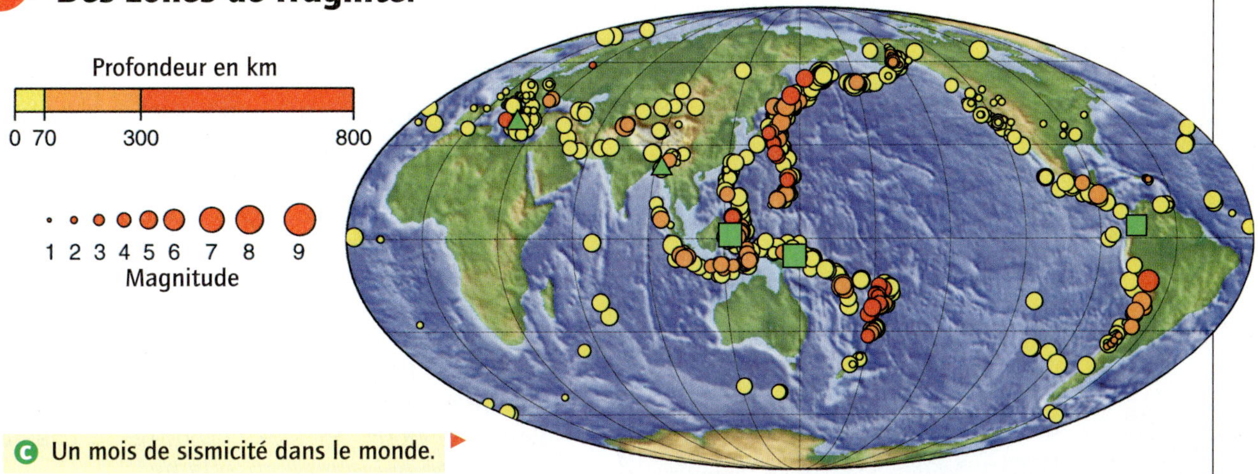

C Un mois de sismicité dans le monde.

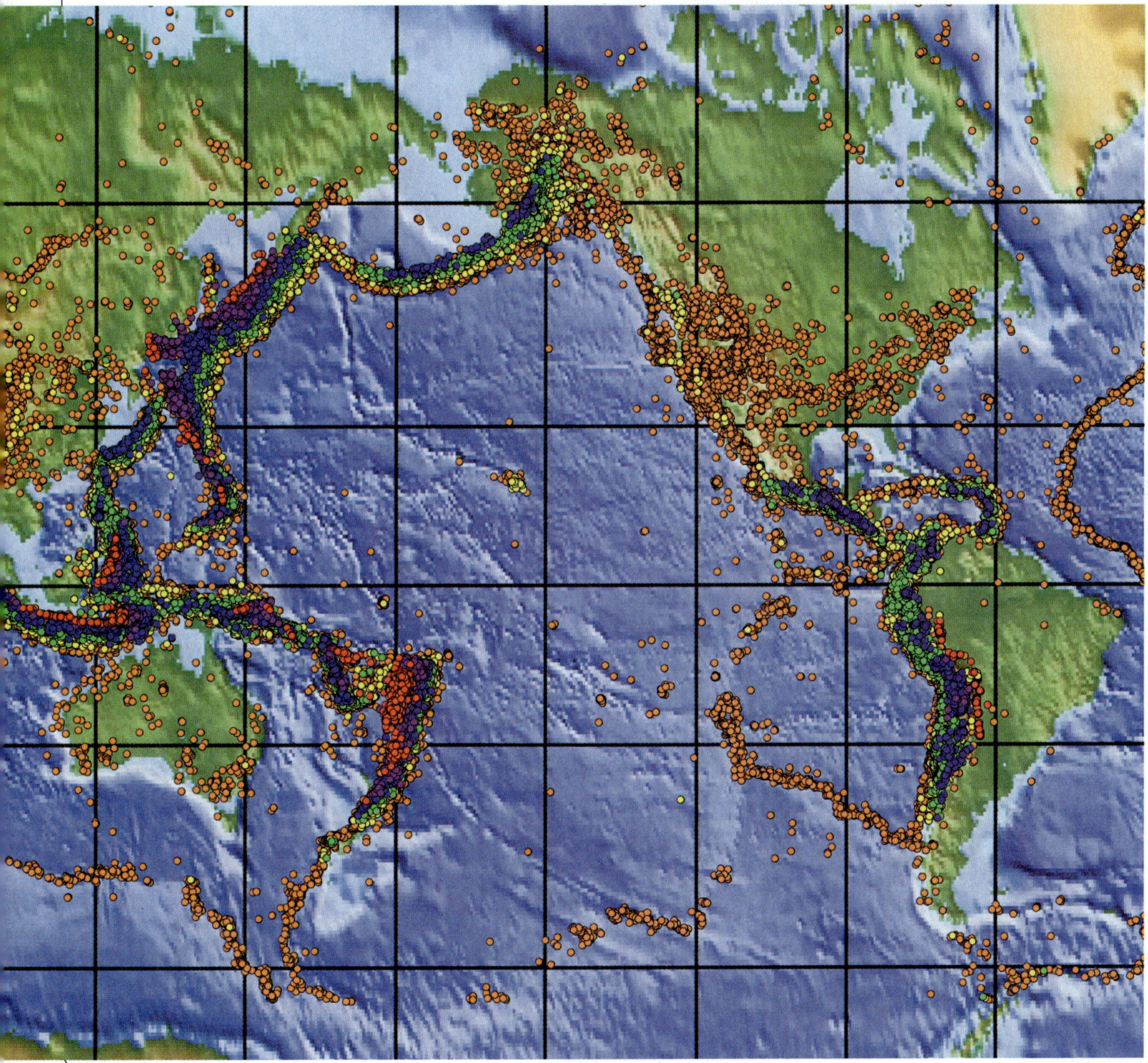

DOC 1 DOC 2 Des appareils à l'écoute des séismes.

Hôtel d'Agadir : avant et après le séisme de 1960.

Les géologues étudient les séismes à l'aide d'appareils (les sismographes) convenablement répartis à la surface du globe. Ces appareils enregistrent, de façon continue, les secousses sismiques. L'analyse des tracés (sismogrammes) permet aux spécialistes de déterminer :

– la magnitude du séisme, c'est-à-dire l'énergie libérée par le séisme (elle est exprimée sur l'échelle de Richter graduée de 0 à 9) ;

– l'endroit exact où s'est produite la cassure qui a donné naissance au séisme.

DOC 3 DOC 4 Pourquoi le sol tremble-t-il ?

Un séisme a pour origine la rupture brutale d'une faille au niveau du foyer. Celle-ci donne naissance à des vibrations (les ondes sismiques) qui se propagent dans toutes les directions et peuvent en surface produire les effets destructeurs présentés à la page 82.

Il existe plusieurs types de failles, de toutes dimensions, du mètre au millier de kilomètres. La cartographie de ces failles et l'étude de leur sismicité historique fournissent la principale clé pour la prévision des séismes.

La magnitude d'un séisme caractérise la dimension de la faille activée alors que l'intensité d'un séisme (échelle M.S.K.) caractérise les effets ressentis en surface. Pour un séisme donné, l'intensité observée est maximale à l'aplomb de la faille (c'est-à-dire à l'épicentre) et décroît avec la distance.

DOC 5 La répartition des séismes et la prévention.

75 à 80 % des séismes surviennent dans le pourtour du Pacifique et 15 à 20 % sur une bande qui s'étend de la Méditerranée à la Chine. Le reste se produit selon des lignes qui serpentent au milieu des océans. Les séismes ne se produisent donc pas n'importe où. Les zones à risques sont donc bien identifiées. Elles correspondent, ainsi que nous le verrons ultérieurement, à des zones très précises que nous définirons.

Dans le bassin méditerranéen, la France paraît privilégiée en comparaison de la Grèce et de l'Italie.

Cependant, bien que la sismicité y soit modérée, les risques de séismes destructeurs ne sont pas nuls. Des régions à risques ont pu être délimitées : les Pyrénées, les Vosges et l'Alsace, les Alpes, la Provence, la vallée du Rhône et la côte d'Azur.

L'essentiel

Ce qu'il faut savoir

Un séisme est provoqué par la rupture brutale d'une faille de la croûte terrestre, c'est-à-dire par le déplacement brutal de deux blocs rocheux rigides l'un par rapport à l'autre. Cette rupture se manifeste parfois par des déformations visibles à la surface. Le foyer du séisme est le lieu où se produit la rupture. A partir de ce foyer, des vibrations (les ondes sismiques) se propagent dans toutes les directions, à la surface comme à l'intérieur de la Terre. Les mouvements de surface liés à la transmission des ondes peuvent être enregistrés par des sismographes et être analysés.

Les séismes ne se produisent pas n'importe où. Ils sont particulièrement fréquents dans certaines zones.

Les mots-clés

- séisme
- magnitude
- intensité
- faille
- onde sismique
- sismographe
- sismogramme

Le schéma bilan

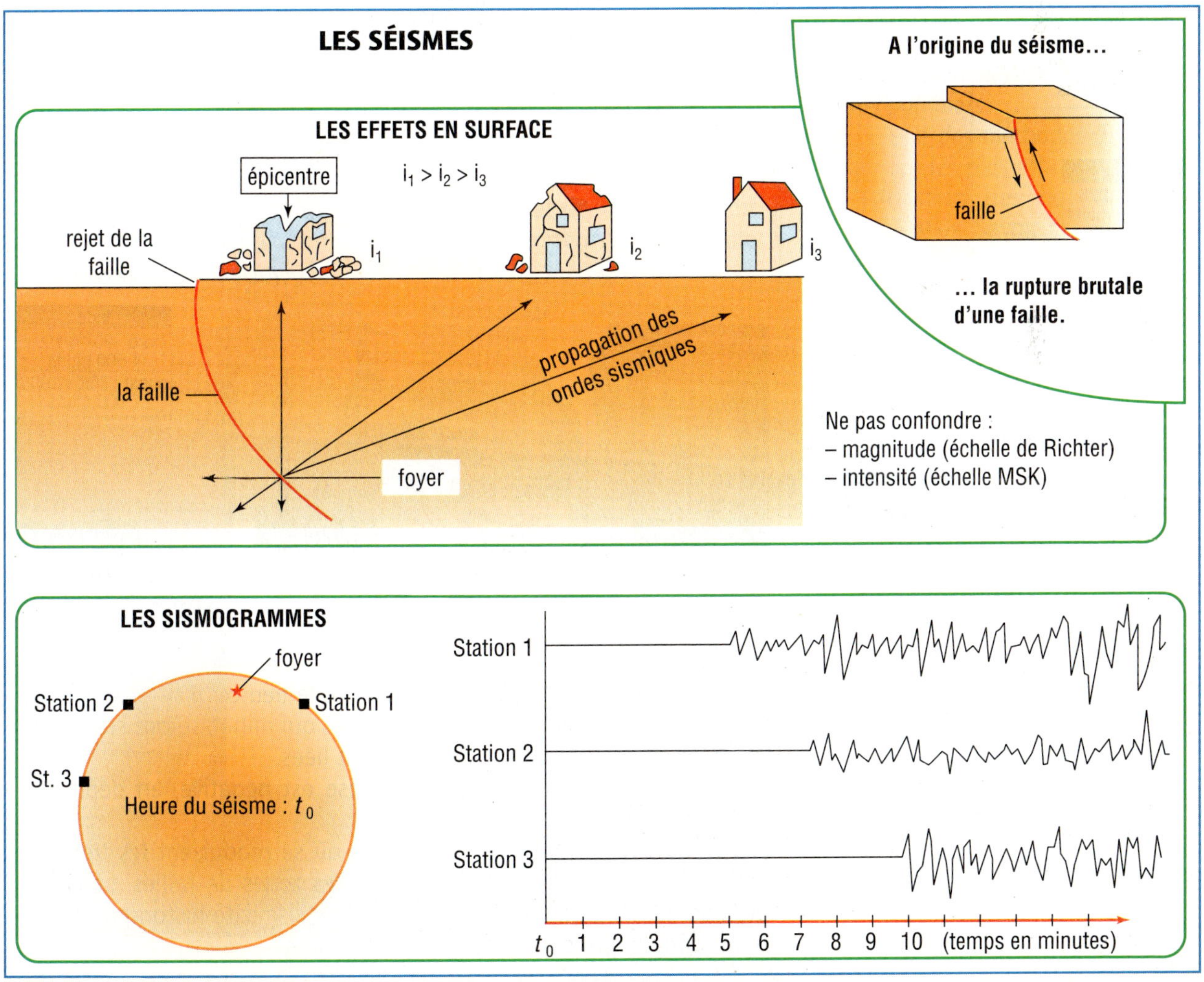

Des outils ... pour évaluer les risques

Des risques sismiques modérés

Vernègues (Provence)
11 juin 1909

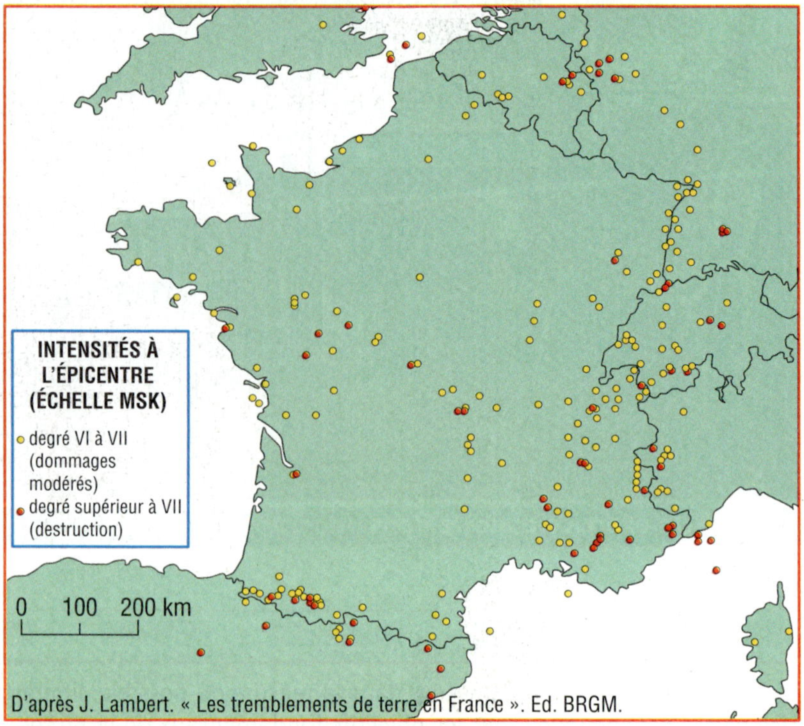

Les tremblements de terre majeurs de 1200 à 1994

La France métropolitaine est un pays à sismicité modérée. Cependant, les risques sismiques existent.

Depuis le début du siècle, deux tremblements de terre (1909 à Lambesc en Provence ; 1967 à Arette dans les Pyrénées) ont fait une cinquantaine de morts. A partir d'archives diverses, les chercheurs du BRGM ont, par ailleurs, montré que plus de 4 000 séismes, petits ou grands, ont eu lieu depuis le XIVe siècle ; parmi ces derniers, 24 séismes d'une intensité supérieure à VII ou VIII (échelle M.S.K.) soit en moyenne 4 par siècle. En 1564, dans l'arrière-pays niçois, un séisme a atteint une intensité supérieure à IX (destruction généralisée).

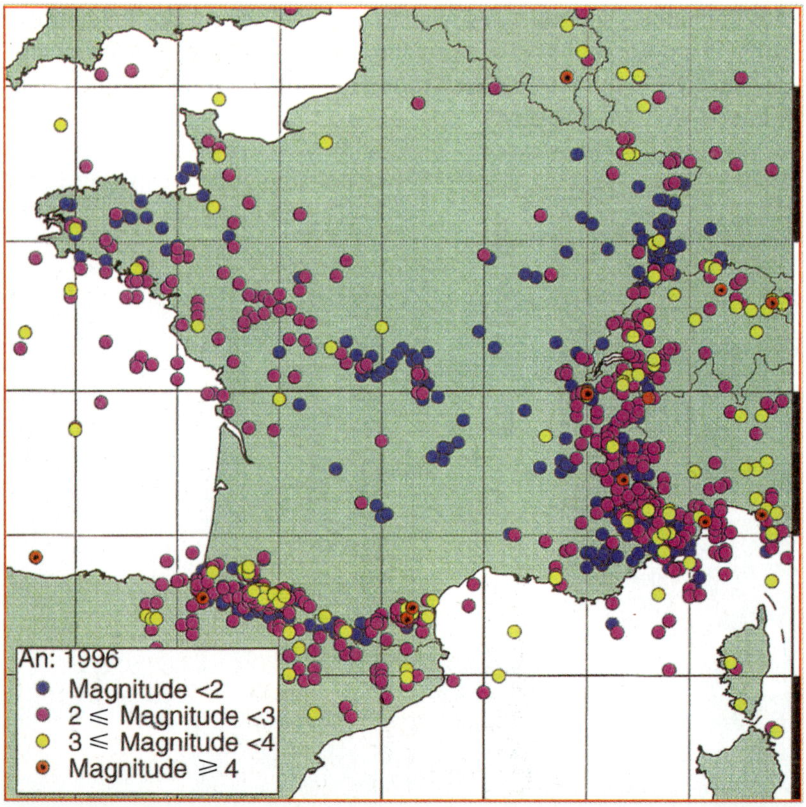

Les séismes au cours d'une année (RéNass de Strasbourg)

sismiques en France

Que se serait-il passé si le séisme de Lambesc (Provence) du 11 juin 1909, d'intensité IX (échelle M.S.K.), avait eu lieu le 11 juin 1982 ? Les chiffres donnent un ordre de grandeur et une idée des moyens de secours qui seraient nécessaires si le séisme le plus catastrophique que la France a connu durant ce siècle se reproduisait à l'identique.

SIMULATION 1982 (estimation)	1909 (réalité)
Victimes	
400 à 970 morts 1 850 à 5 650 blessés	46 morts 250 blessés
Dommages aux habitations	
Sur les 25 420 bâtiments de la zone étudiée : 450 environ seraient entièrement détruits 21 850 endommagés. 315 seulement seraient intacts.	Plusieurs milliers de logements ont été détruits ou endommagés gravement
Coûts directs (reconstruction ou réparation)	
Habitations : 2 750 MF Autres bâtiments : 1 600 MF Équipements et infrastructures : 180 MF Mobilier : 130 MF Total : 4 660 MF	1 500 à 2 250 MF (Estimation : valeur 1982)
Coûts indirects (incidence sur l'activité économique)	
Perte de production : 400 à 500 MF Mise hors service de certains grands ouvrages : 50 à 60 MF	L'estimation précise est impossible faute de données suffisantes

D'après « Les tremblements de terre en France ». J. Lambert. Ed. BRGM.

Une simulation riche d'enseignement

Des mesures de prévention s'imposent

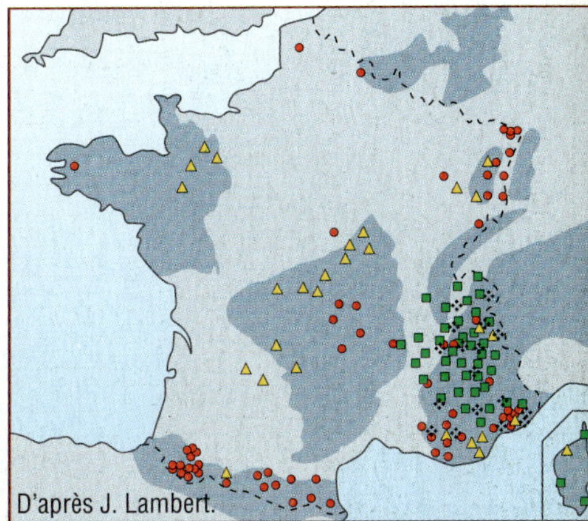

△ Stations du LDG/CEA (Laboratoire de Détection et de Géophysique du Commissariat à l'Énergie Atomique).
● Stations RéNass (Réseau National de Surveillance Sismique sous la responsabilité de l'École et de l'Observatoire de Physique du Globe de Strasbourg).
■ Stations SismAlp sous la responsabilité de l'Observatoire de Grenoble.
✣ Stations RAP (université de Grenoble).

Plusieurs réseaux de stations sismologiques

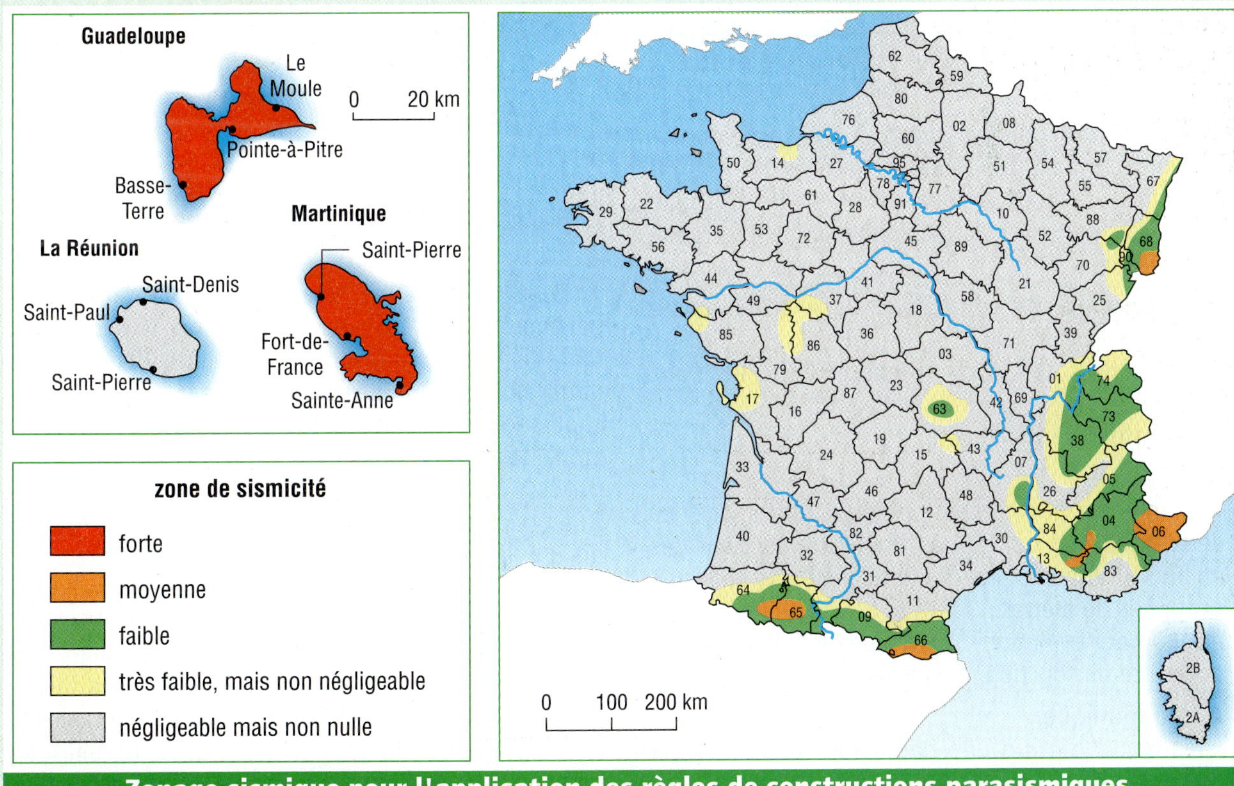

Zonage sismique pour l'application des règles de constructions parasismiques

J'apprends à faire un exercice

Comparer des schémas pour analyser un paysage.

La photographie présente la faille de Géroliminas en Grèce.

1 • Comparez le schéma ci-dessous avec le schéma de la faille de San Andreas (p. 86). Quelles sont les ressemblances ? Quelles sont les différences ?

2 • Comparez la photographie et le schéma. Dans quel compartiment sont situés d'une part la falaise, d'autre part le village ? Quelle structure géologique les sépare ?

3 • A quoi correspond la falaise et comment s'est-elle édifiée ?

4 • Expliquez pourquoi le village sera sous l'eau dans quelques milliers d'années.

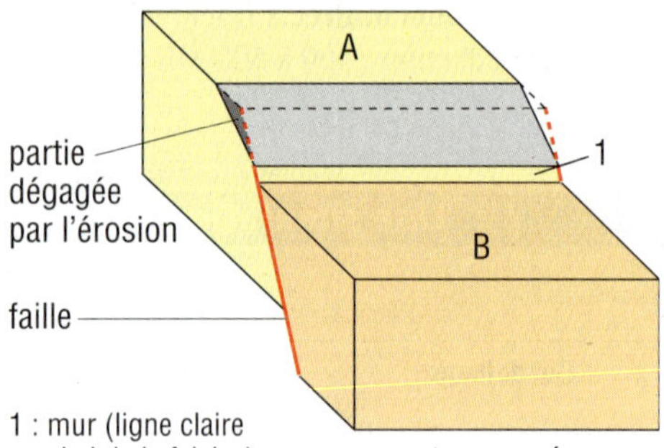

1 : mur (ligne claire au pied de la falaise) = escarpement provoqué lors du dernier séisme

Pour répondre aux questions, je dois...

1. utiliser des connaissances
- savoir ce qu'est une faille ;
- connaître le fonctionnement d'une faille et les raisons pour lesquelles ce fonctionnement est la cause des séismes.

2. m'informer en comparant deux schémas de failles
- dégager les caractères communs entre les deux schémas ;
- constater les différences.

3. raisonner
- comprendre que la répétition du déplacement des deux blocs l'un par rapport à l'autre, pendant des milliers d'années, produit des reliefs de plusieurs centaines de mètres ;
- imaginer l'évolution du paysage en liaison avec la poursuite du fonctionnement de la faille.

4. communiquer
- réaliser, à partir d'une photographie, un schéma du paysage.

Réponses attendues

1. Dans les deux cas, une faille sépare deux compartiments rocheux ; des déplacements des deux blocs se produisent le long de ces failles. Cependant, dans le cas de la faille de San Andreas il s'agit d'un coulissage horizontal, alors qu'en Grèce, le déplacement des compartiments se fait dans le sens vertical.
2. La falaise est située dans le compartiment A tandis que le village est situé dans le compartiment B. La falaise et le village sont séparés par une faille.
3. La falaise correspond au plan de faille ; elle s'est édifiée, progressivement, lors de chaque séisme.
4. A chaque séisme, le compartiment B de la faille sur lequel se trouve le village s'affaisse un peu plus ; le village devrait donc, si l'activité de cette faille se poursuit, être englouti dans la mer.

EXERCICES

Je teste mes connaissances

A • Définissez les mots ou expressions :
Séisme, sismographe, foyer, épicentre, faille.

B • Vrai ou faux ?

a. La magnitude d'un séisme est évaluée à l'aide des sismogrammes.
b. L'échelle M.S.K. exprime la magnitude d'un séisme.
c. Un séisme a pour origine le fonctionnement d'une faille.
d. Les courbes isoséistes sont établies grâce à l'échelle de Richter.
e. Les failles sont toutes visibles à la surface du sol.

C • Questions à réponses courtes.

a. Où sont situés les foyers des séismes ?
b. A quoi correspond l'épicentre d'un séisme ?
c. Quelles sont les principales mesures préventives permettant de limiter les dégâts provoqués par un séisme ?

D • Expliquez pourquoi...

a. l'intensité d'un séisme ne dépend pas uniquement de sa magnitude ;
b. on obtient plusieurs sismogrammes d'un même séisme en différents points du globe.

J'utilise mes connaissances

1 Lire un tableau.

Loi d'échelle des ruptures sismiques (Lambert)

Magnitude	Longueur de la faille	Coulissage moyen	Durée de rupture
9	800 km	15 m	250 s
8	200 km	5 m	60 s
7	50 km	1 m	15 s
6	10 km	20 cm	3 s
5	3 km	5 cm	1 s
4	1 km	1 cm	0,3 s

1 • Quelle magnitude atteignent les séismes provoqués par la rupture d'une faille de 50 km de longueur dont le coulissage est de 1 m ?

2 • Même question pour une faille de 200 km de long avec un coulissage de 5 m.

3 • Quelle relation pouvez-vous établir entre la magnitude d'un séisme et les caractéristiques de la faille ?

4 • En combien de temps, exprimé en minutes, une faille de 800 km coulisse-t-elle de 15 m ?

5 • La durée de rupture est-elle la même dans tous les cas ? Précisez votre réponse.

2 Retrouver du vocabulaire.

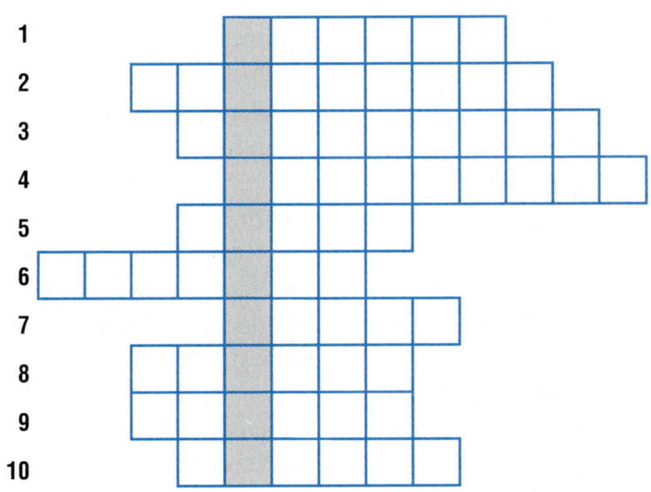

1. Ébranlement brutal du sol.
2. Zone d'intensité maximale.
3. Courbe d'égale intensité.
4. Energie libérée par le séisme.
5. Lieu d'origine des secousses sismiques.
6. Richter a donné son nom à l'une des deux.
7. Se propagent lors d'un séisme.
8. Sur celle de Richter, il en existe neuf.
9. A l'origine de mon premier.
10. Plus l'échelle M.S.K. est élevée, plus ils sont importants.

Que signifie le mot vertical situé dans la bande colorée de la grille ?

3 Comprendre comment les géologues étudient les séismes historiques.

Voici quelques documents extraits de l'étude d'un séisme qui s'est produit le 23 février 1887 (d'après J. Lambert « Les tremblements de terre en France ». Éditions du BRGM).

Parmi les nombreux documents d'archives, le témoignage d'un curiste installé à Menton (Alpes-Maritimes) :

« Il était 6 heures. Le jour commençait à poindre, lorsqu'un bruit ressemblant à un train infernal roulant sous l'hôtel me réveilla en sursaut et, au même instant, je me sentis secoué dans mon lit ; il me semblait qu'une main de géant avait pris la maison par sa base et la secouait fébrilement. Mes meubles heurtaient la muraille, la vaisselle de toilette se brisait, les plâtres tombaient du plafond, les murs se sillonnaient de lézardes et je m'attendais absolument à les voir s'entrouvrir, car j'eus le temps de faire plusieurs réflexions durant les 18 à 20 secondes que dura la terrible secousse. »

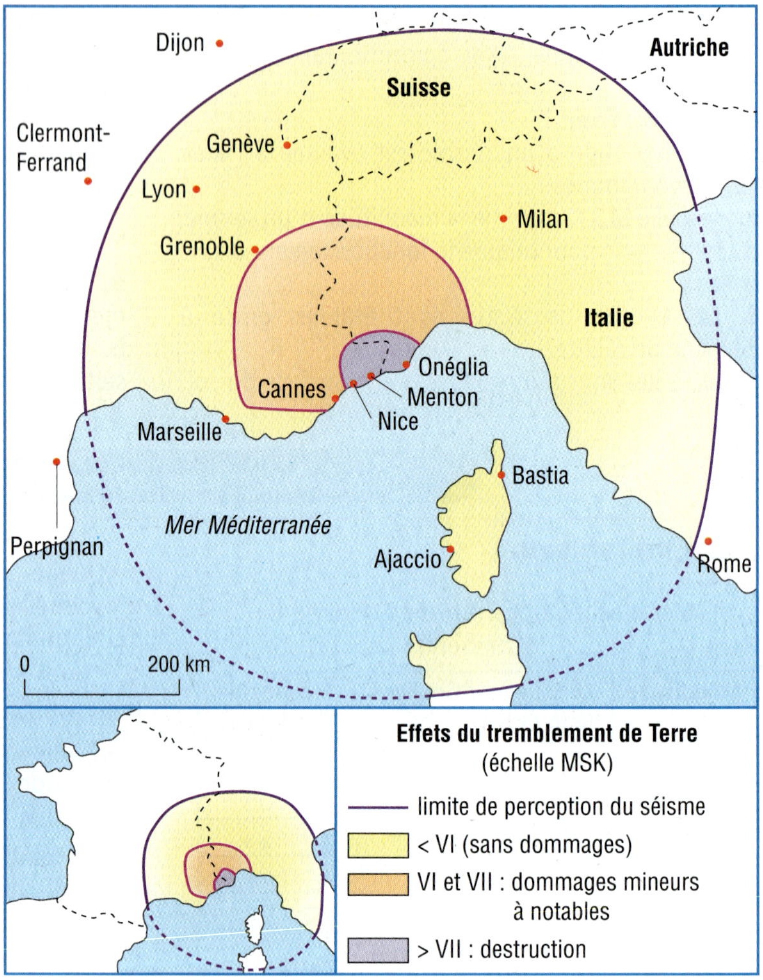

D'après J. Lambert. « Les tremblements de terre en France ». Ed. BRGM.

Quelques caractéristiques du séisme

- **Nombre de victimes :** plus de 600 morts sur la Riviera italienne (dont 217 dans l'effondrement de la voûte d'une église où étaient réunis les fidèles) ; une dizaine du côté français dans le pays niçois.
- **Dégâts matériels :** à Menton, 155 maisons se sont effondrées. Environ 5 % des habitations niçoises sont lézardées. Les villages de l'arrière-pays niçois paraissent avoir souffert davantage que les riches villes touristiques de la côte, les secousses ayant sans doute été amplifiées dans les localités situées sur des reliefs accidentés.
- **Localisation de l'épicentre :** en mer, au large d'Oneglia (côte italienne).
- **Intensité épicentrale** de l'ordre de IX sur l'échelle M.S.K.
- **Estimation probable de la magnitude :** 6 à 6,5.

1. Retrouvez, dans le témoignage présenté, les principales caractéristiques d'un séisme.

2. Expliquez comment on arrive à établir la carte des isoséistes d'un séisme historique.

3. Quelles informations ont permis aux géologues de supposer que le foyer était situé au large de la côte italienne ?

4. Les dégâts sont moindres à Cannes qu'à Menton. Comment peut-on l'expliquer ?

5. Comment, pour les séismes actuels, localise-t-on le foyer ? Comment évalue-t-on la magnitude ? Pourquoi parle-t-on ici « d'estimation » probable de la magnitude ?

6. Au cours des deux derniers siècles, on a dénombré une quinzaine de séismes de magnitude élevée dans la région présentée sur la carte. Comment peut-on expliquer cette répétition ?

Éruption volcanique en Islande (1984).

CHAPITRE 2 Les éruptions volcaniques

Les problèmes à résoudre :

- Qu'est-ce qu'une éruption volcanique ? Comment peut-on expliquer l'existence de différents types d'éruptions ?
- Quelles informations fournit l'étude des roches volcaniques ?
- D'où proviennent les matériaux expulsés au cours d'une éruption ?

DOCUMENTS 1

Les éruptions effusives* du piton de la Fournaise

Le piton de la Fournaise, dans l'île de la Réunion, est un volcan très actif : plus de 80 éruptions depuis le début du siècle. Équipé depuis 1980 de nombreux appareils de surveillance, ce volcan est devenu un véritable « laboratoire volcanologique ». Son étude est donc particulièrement intéressante.

1 Des coulées de roches fondues.

ⓐ Une coulée de lave* (roches fondues dont la température est environ de 1 200°C).

- L'île de la Réunion est formée de deux cônes volcaniques :
  - le plus ancien, le piton des Neiges est actuellement éteint ;
  - le plus récent, le piton de la Fournaise, apparu il y a 350 000 ans, est encore actif actuellement.

- L'ensemble de cet édifice est imposant : 7 500 m de hauteur totale, dont 3 000 m au-dessus de la mer, avec un diamètre de base sur le fond océanique de 240 km.

Durée des éruptions des 150 dernières années
- Moins de 3 jours : 25 %
- De 3 jours à 1 semaine : 14 %
- De 1 semaine à 1 mois : 36 %
- De 1 à 2 mois : 13 %
- Plus de 2 mois : 12 %

ⓑ En se refroidissant, la lave devient une roche volcanique : du basalte.

2 Des éruptions brèves et fréquentes.

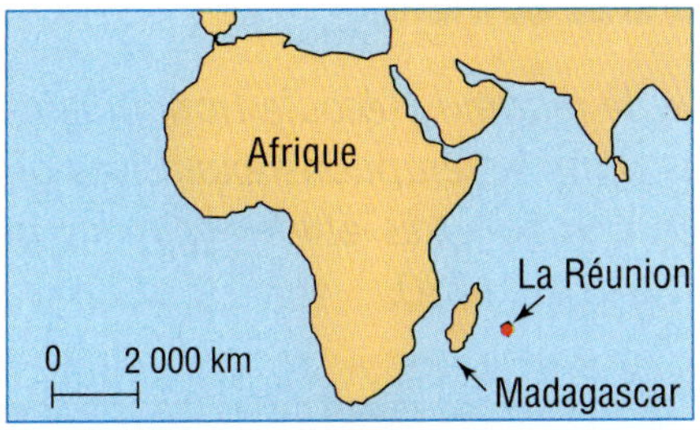

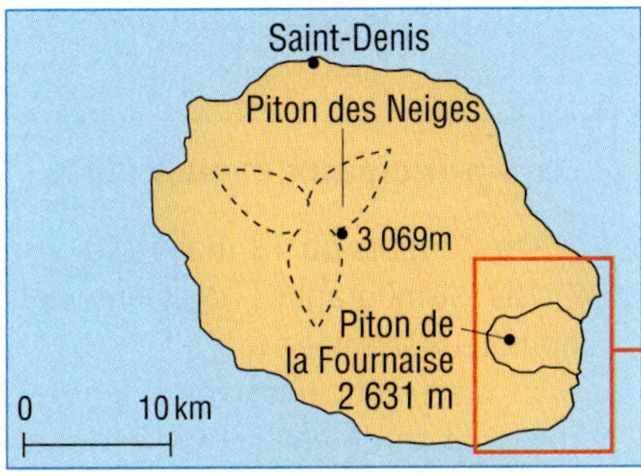

c Les coulées récentes du piton de la Fournaise.

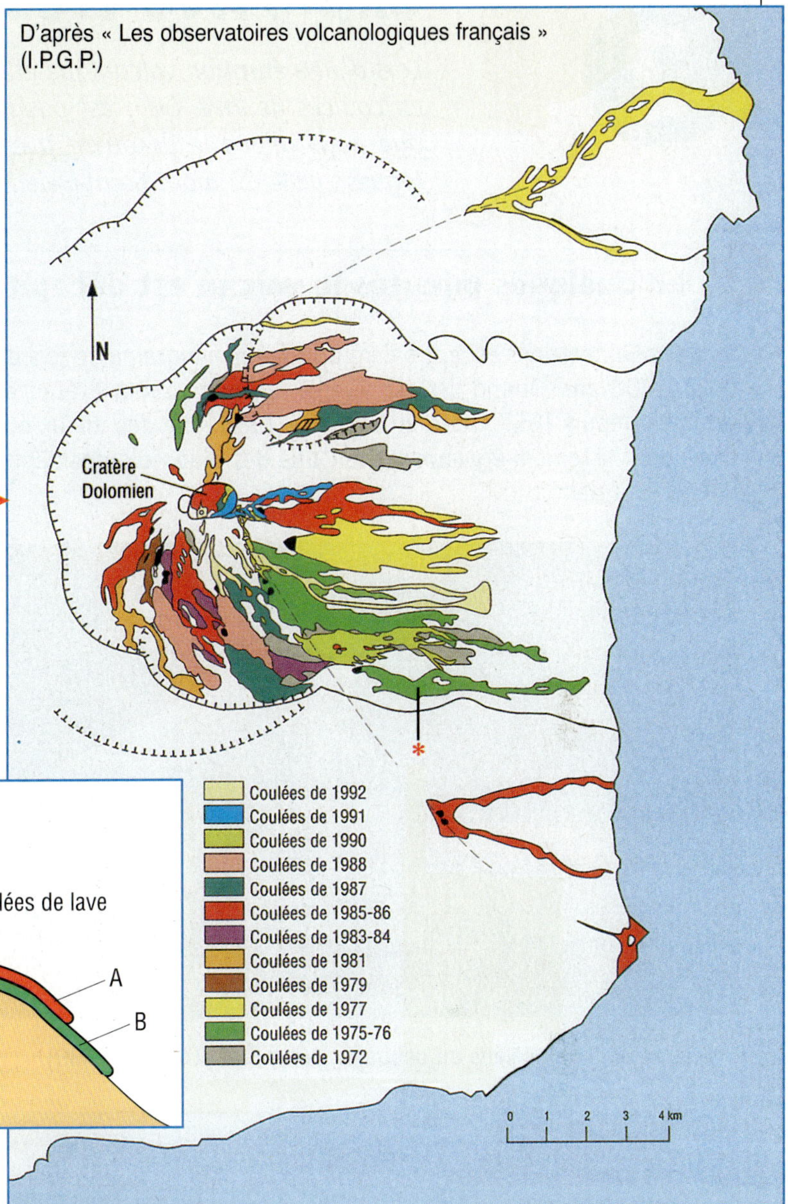

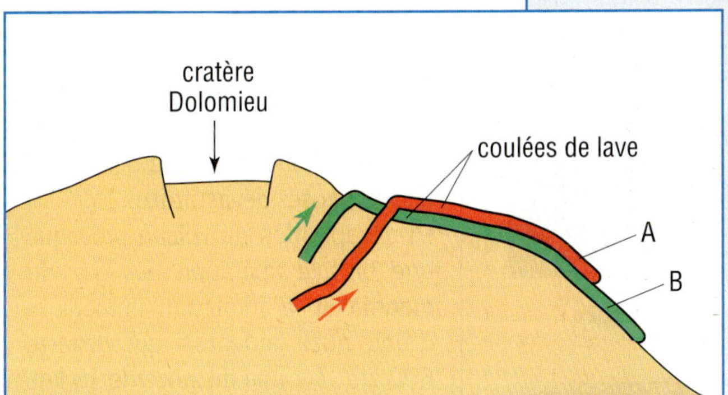

d De ces deux coulées, laquelle est la plus récente, A ou B ?

LEXIQUE

- **Lave** : magma dégazé émis à la surface du globe.
- **Magma** : roches fondues, plus ou moins riche en gaz dissous.
- **Éruption effusive** : éruption caractérisée par des coulées de lave fluide.

Activités

1. Rédigez une phrase pour préciser la situation de l'île de la Réunion.

2. Qu'est-ce que la lave ? Pourquoi coule-t-elle ? Pourquoi, d'après vous, la lave présente-t-elle des couleurs différentes sur la photographie b ?

3. Évaluez la longueur de la coulée repérée par * sur la carte c.

4. Reproduisez le schéma d et ajoutez sur votre dessin une coulée plus récente que celles qui sont représentées. Pourquoi dit-on que l'île de la Réunion est une île volcanique ? Comment s'est-elle construite ?

5. Proposez une définition simple des mots suivants : éruption, coulée, cône volcanique.

Documents 2

Une éruption volcanique explosive très étudiée

Lors d'une éruption volcanique effusive, le magma s'écoule tranquillement en coulées de lave. Ce n'est pas le cas dans les éruptions explosives ainsi que nous allons le découvrir avec une éruption très étudiée par les géologues : celle du mont Saint-Helens (U.S.A.) en 1980.

1 En quelques minutes le volcan est décapité.

Le mont Saint-Helens est entré en éruption une vingtaine de fois depuis 4 500 ans. Quand il s'est réveillé, en mars 1980, il était en sommeil depuis 1857. Cette éruption de 1980, une des mieux étudiées de l'histoire, a également été l'une des plus violentes depuis un siècle et demi.

a Le mont Saint-Helens au début de l'éruption (20 mars 1980).

b Le volcan décapité.

Les principaux événements

- **Du 20 mars au 18 mai 1980.**
  – Les sismographes décèlent de nombreux séismes ;
  – un vaste gonflement de 2 km de diamètre se développe sur le flanc nord du cône volcanique. Il atteint en 2 mois, une hauteur de 100 m.
- **Le 18 mai 1980 à 8 h 32**, sous la poussée des gaz du magma, le volcan est décapité : un gigantesque effondrement de 3 km^3 de roches laisse une profonde dépression en fer à cheval (b).
  L'avalanche de débris entraîne dans sa chute 100 millions de m^3 de glace dont la fusion est à l'origine de coulées boueuses dévastatrices.
  La décapitation du volcan provoque une brutale libération des gaz du magma et la formation immédiate d'une nuée ardente* qui dévaste 600 km^2, sur une distance de 15 km.
- **Le 18 mai vers 11 h**, le conduit d'alimentation étant dégagé, une nouvelle phase explosive commence : avec le dégagement d'une colonne éruptive verticale de plus de 20 km de hauteur, formée de cendres et de gaz.
- **Après le 18 mai :** de nombreuses explosions de moindre ampleur ont lieu. Elles s'accompagnent de l'apparition d'un dôme* de lave visqueuse qui atteint bientôt 300 m de large et 65 m de hauteur. Ce dôme est détruit par l'explosion du 22 juillet.
- Des manifestations de l'éruption se prolongent jusqu'en 1989.

2 D'autres événements caractéristiques.

c Des projections de cendres atteignent parfois 20 km de hauteur.

d Le dôme, 2 jours avant sa disparition.

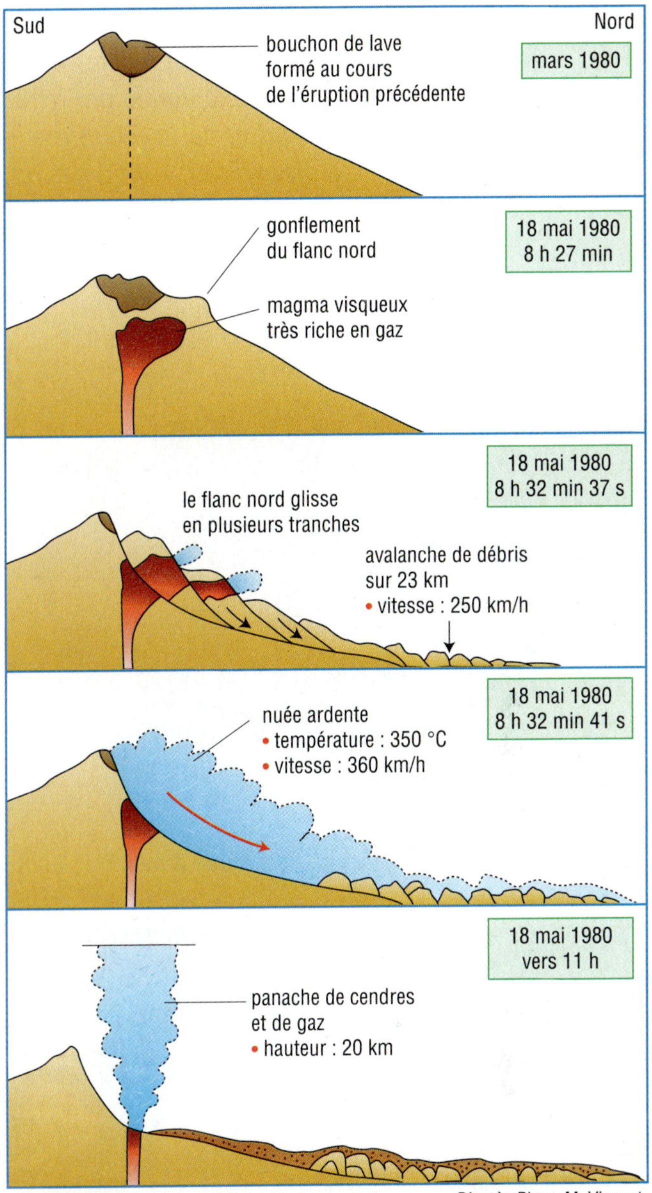

D'après Pierre M. Vincent.

e Le film des principaux événements.

LEXIQUE

- **Nuée ardente :** mélange de gaz et d'éléments solides en suspension (blocs, cendres...), à haute température, se propageant à grande vitesse.
- **Dôme :** quand la lave a une viscosité trop élevée, elle s'accumule sur place et forme un dôme.

Activités

1. Que représentent les photographies **b**, **c** et **d** ? À quelles dates approximatives ont-elles été prises ?

2. À l'aide des schémas **e**, formulez une hypothèse pour expliquer le gonflement du volcan au début de l'éruption.

3. La richesse en gaz du magma est la cause de certains événements qui se sont produits au cours de l'éruption. Lesquels ?

4. Expliquez pourquoi la viscosité du magma entraîne la formation d'un dôme.

5. Construisez un tableau permettant de comparer l'activité volcanique du mont Saint-Helens à celle du piton de la Fournaise (caractères de l'éruption, durée, fréquence des éruptions.

DOCUMENTS 3

Les roches volcaniques fournissent des informations

Les documents ci-dessous présentent deux roches volcaniques différentes : du basalte, formé par refroidissement d'une coulée au cours d'une éruption du piton de la Fournaise, et un trachyte provenant de l'éruption d'un volcan explosif. Y a-t-il des ressemblances entre ces deux roches volcaniques ?

1 Une roche volcanique : le basalte.

a Un échantillon de basalte : **1.** observé à l'œil nu ; **2.** observé à la loupe.

× 2,5

b Une lame mince de basalte observée au microscope.

× 40

LEXIQUE

- **Cristal :** grain visible dans une roche, à l'œil nu ou seulement au microscope.
- **Phénocristal :** cristal de grande taille.
- **Microlite :** petit cristal en forme de baguette allongée, non visible à l'œil nu, mais visible au microscope.
- **Verre :** partie non cristallisée de la roche.
- **Minéral :** constituant d'une roche caractérisé par sa composition chimique. L'olivine et le pyroxène, qui n'ont pas la même composition chimique, sont deux minéraux différents.
- **Structure :** disposition de l'ensemble des constituants d'une roche.

2 Une autre roche volcanique : le trachyte.

Ⓒ Un échantillon de trachyte observé : **1.** à l'œil nu ; **2.** à la loupe ; **3.** au microscope. × 30

3 Une expérience pour comprendre la structure des roches volcaniques.

On a fait fondre du soufre dans trois récipients puis on l'a fait refroidir...

... en le versant sur une plaque froide | ... à la température ambiante | ... dans un bain-marie (40 °C)

Activités

1. Quelle est la couleur du basalte ? Quels minéraux* peut-on repérer dans cette roche Ⓐ **1** en A, B, C et D ?

2. Décalquez la photographie Ⓑ en traçant le contour de quelques cristaux puis indiquez, sur votre schéma, les mots : microlites, phénocristaux, verre. Faites ensuite le même travail avec la photographie Ⓒ **3**.

3. Le trachyte et le basalte ont une structure microlitique. Justifiez cette expression.

4. L'expérience réalisée avec du soufre fondu permet de constater l'importance de la température de refroidissement sur la formation des cristaux. Par analogie pouvez-vous formulez une hypothèse pour expliquer la structure microlitique des roches volcaniques ?

DOCUMENTS 4

Du magma au volcan : une histoire complexe

Nous avons constaté précédemment que les éruptions volcaniques sont très diverses. Pourtant les roches volcaniques présentent une même structure. Comment peut-on expliquer les ressemblances et les différences observées ?

1 Un volcan : un point de sortie du magma.

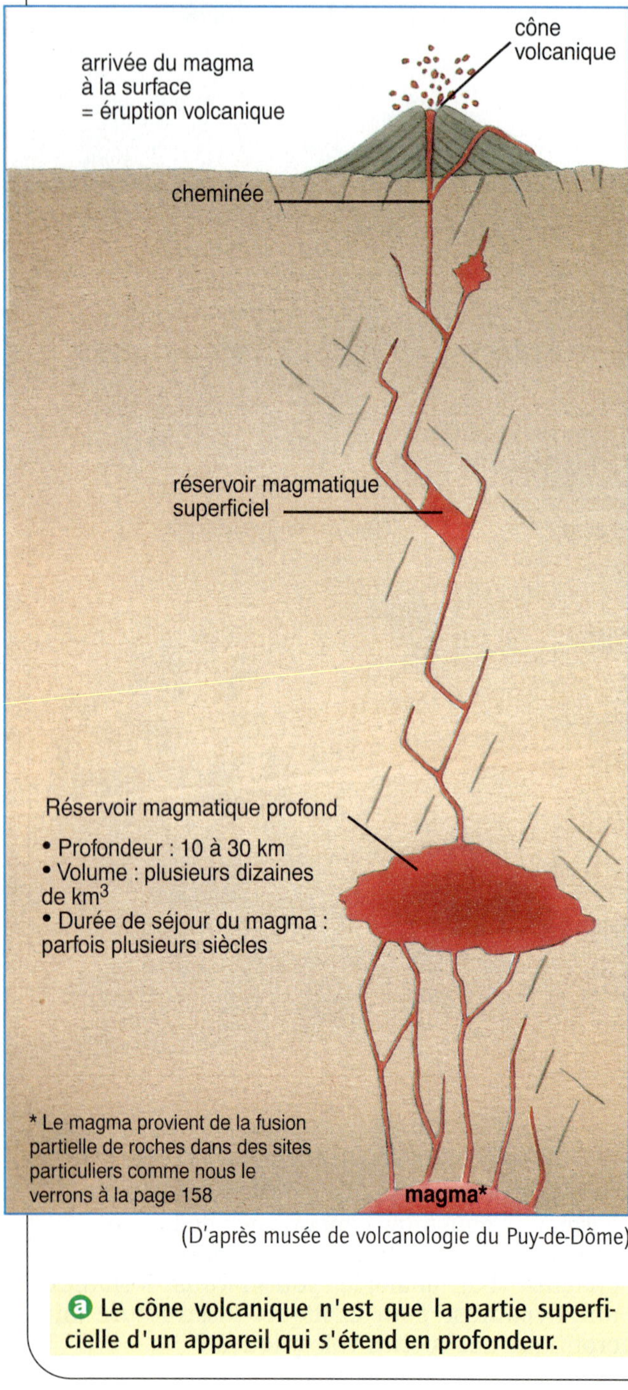

(D'après musée de volcanologie du Puy-de-Dôme)

a Le cône volcanique n'est que la partie superficielle d'un appareil qui s'étend en profondeur.

Sous presque tous les grands volcans, à une profondeur variant entre 10 et 30 km se trouve une chambre magmatique* (réservoir rempli de magma). Le magma, qui prend naissance en profondeur, monte jusqu'à ce réservoir. Il y séjourne un certain temps, parfois plusieurs siècles, avant le déclenchement de l'éruption. Une éruption volcanique correspond donc à la reprise de l'ascension du magma, depuis la chambre magmatique jusqu'à la surface.
À l'intérieur de la chambre magmatique, le magma se refroidit lentement : c'est là que se forment les gros cristaux d'une roche volcanique. Les microlites se forment lors du refroidissement rapide au cours de la montée dans la cheminée* et le verre se forme en surface.

b Une éruption volcanique se caractérise toujours par une sortie de magma.

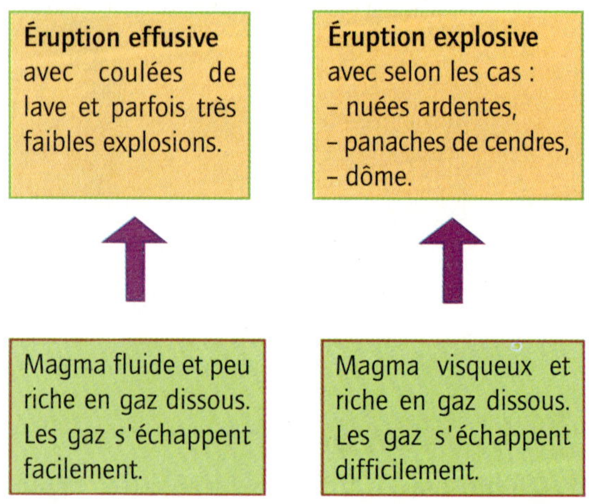

Remarque : La viscosité d'un magma dépend de sa composition chimique, notamment de sa richesse en silice : plus il est riche en silice, plus il est visqueux.

c Les éruptions volcaniques diffèrent selon la nature du magma.

2 Les produits de l'activité volcanique explosive.

d Tous ces matériaux proviennent de la fragmentation du magma et sont projetés lors de la libération des gaz.

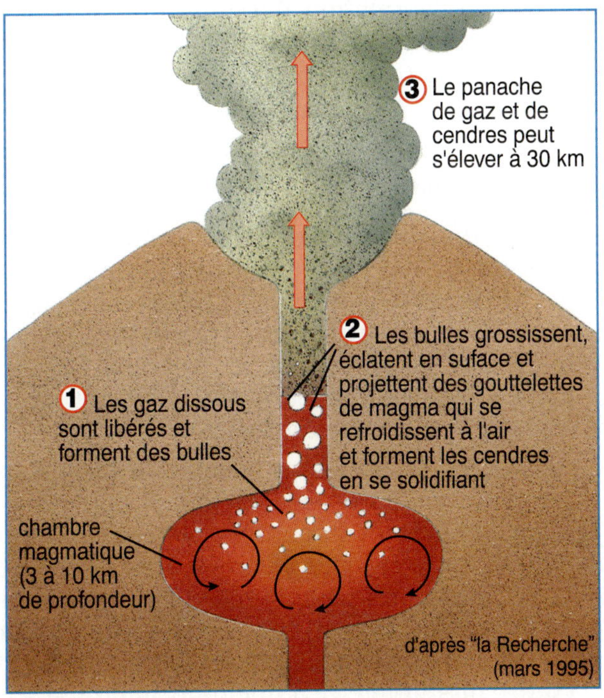

e La formation des cendres volcaniques.

LEXIQUE

- **Chambre magmatique** : réservoir rempli de magma situé à l'aplomb du volcan.
- **Cratère** : point d'arrivée en surface d'une cheminée volcanique.
- **Cheminée** : conduit tubulaire par lequel le magma volcanique gagne la surface.

Activités

1. Expliquez l'expression : l'ascension du magma se fait en deux temps.

2. Rédigez quelques phrases pour préciser les relations entre le type d'éruption et les propriétés du magma.

3. Indiquez, sur un schéma très simple d'appareil volcanique, les lieux de formation des constituants d'une roche volcanique (gros cristaux, microlites, verre).

4. Que devient le magma dans une éruption explosive ? Établissez une relation entre la taille des produits rejetés et leur devenir.

DOC 1 DOC 2 Qu'est-ce qu'une éruption volcanique ?

Une éruption volcanique se caractérise toujours par l'arrivée en surface d'un magma, roches en fusion, dont la température est environ de 1 000 °C. Ce magma contient des gaz dissous (vapeur d'eau surtout, dioxyde de carbone...) en quantité variable.

• Ces gaz s'échappent facilement et presque sans explosion des magmas très fluides. C'est le cas pour le volcan de la Réunion : la montée du magma conduit à une éruption calme avec des coulées de laves brûlantes (éruption effusive).

• À l'inverse, les gaz ne peuvent s'échapper qu'avec difficultés des magmas visqueux. Portés à une température très élevée, ces gaz ont un « pouvoir explosif » énorme. Ils peuvent faire sauter le « bouchon » et provoquer des éruptions avec panaches de cendres de 10 à 40 km de hauteur ou des nuées ardentes qui déferlent sur les flancs à plus de 300 km à l'heure (éruption explosive).

La viscosité du magma dépend de sa composition chimique. Elle augmente avec sa teneur en silice.

DOC 3 Les roches fournissent des informations.

L'observation au microscope de lames minces montre que la très grande majorité des roches volcaniques a une structure microlitique : en plus des cristaux visibles à l'œil nu, on distingue des cristaux microscopiques en forme de baguettes (les microlites) séparés par un verre amorphe (non cristallisé). Quelques roches volcaniques ne sont formées que d'un verre, leur structure est dite vitreuse.

Cette structure microlitique résulte d'un refroidissement en deux temps : un refroidissement lent (formation des gros cristaux) suivi d'un refroidissement rapide (formation des microlites et du verre).

DOC 4 Du magma au volcan : une histoire complexe.

Sous tous les volcans importants, à une profondeur de l'ordre de 10 à 30 km existe une poche remplie de magma : le réservoir magmatique. Le magma qui prend naissance en profondeur monte jusqu'à ce réservoir. Il y séjourne parfois plusieurs siècles avant de reprendre son ascension lors d'une éruption.

Dans les éruptions explosives, le magma est pulvérisé en fragments de tailles diverses ; il est à l'origine des cendres, des lapillis (de la taille d'un pois), des bombes, des blocs. Les gros fragments (quelques centimètres ou quelques décimètres) retombent aux alentours du cratère ; les fragments de taille réduite (de l'ordre du millimètre à quelques microns) sont entraînés par les courants aériens sur des distances importantes.

L'essentiel

Ce qu'il faut savoir

Une éruption volcanique est l'arrivée en surface de matières minérales « liquides » : le magma. Ce dernier provient de la fusion localisée d'un volume restreint de roches à plusieurs kilomètres de profondeur.

Selon que le magma est fluide ou très visqueux, pauvre ou riche en gaz, ces derniers s'échappent plus ou moins facilement et déterminent la nature de l'éruption, effusive ou explosive.

Le refroidissement en deux temps du magma explique la structure microlitique des roches volcaniques.

Les mots-clés

- magma • lave • cône volcanique • cratère • dôme
- éruption effusive • éruption explosive • nuées ardentes
- roche volcanique • cristal • minéral • structure microlitique

Le schéma bilan

LES ÉRUPTIONS VOLCANIQUES

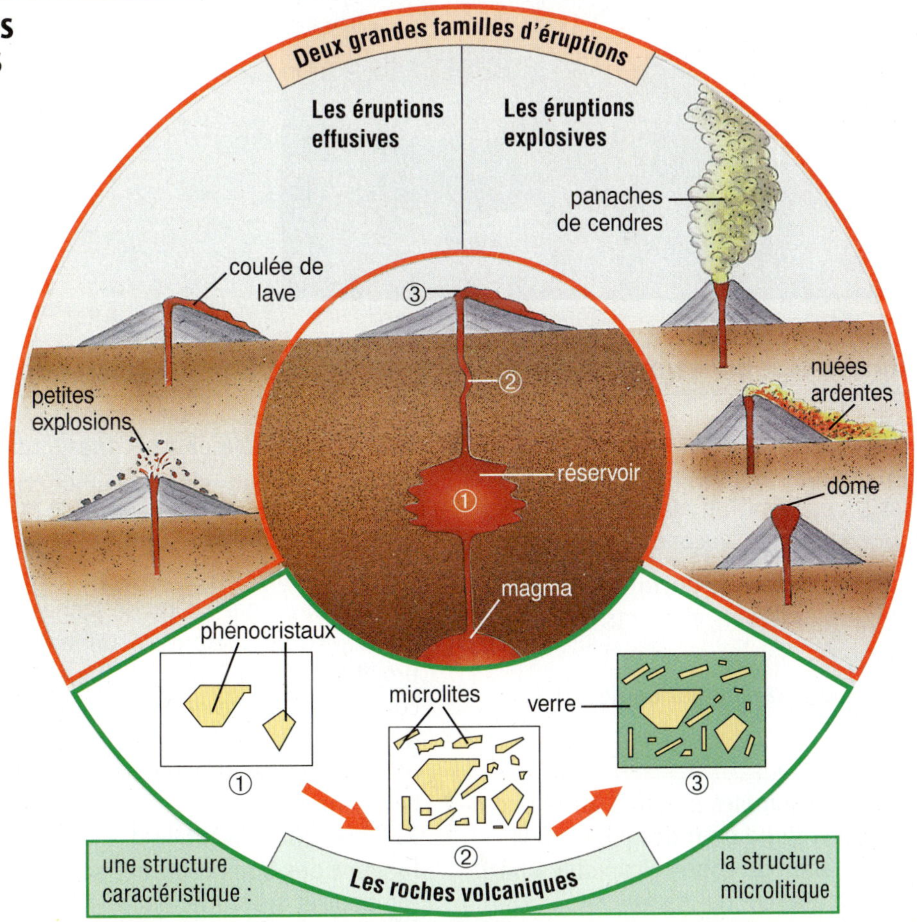

EXERCICES

J'apprends à faire un exercice

Comprendre et interpréter une photographie.

La photographie ci-contre a été prise par K. et M. Krafft au cours d'une éruption en Islande.

1 • À quoi correspondent les zones rougeâtres et les nuages gris visibles sur la photographie ?

2 • Dessinez, sur un papier calque, les éléments essentiels visibles sur la photographie, puis légendez votre dessin.

3 • Évaluez la hauteur des projections. Quels éléments de la photographie vous permettent cette évaluation ?

4 • Quelles propriétés du magma expliquent ce type d'éruption ?

5 • Expliquez, d'après ce document, comment se fait la croissance du cône volcanique.

Pour répondre aux questions, je dois...

1. Retrouver des connaissances :
- connaître les produits rejetés lors d'une éruption ;
- connaître les propriétés d'un magma ;
- savoir à quoi correspond un cône volcanique.

2. Observer attentivement le document présenté :
- pour identifier les différents éléments.

3. Communiquer :
- représenter la photographie par un dessin ;
- effectuer des schémas.

4. Raisonner :
- utiliser la taille des hommes présents sur la photographie pour évaluer la hauteur des projections ;
- expliquer la formation du cône volcanique à partir des observations et des connaissances.

Réponses attendues

1. Les zones rougeâtres correspondent à des fragments de lave en fusion. Les nuages gris sont constitués d'un mélange de cendres et de gaz.
2. Légendes du dessin : gros fragments de lave en fusion ; gouttes de lave en fusion ; nuages de cendres et de gaz ; cône de scories.
3. La lave est, d'après la taille des volcanologues, projetée environ à 10 m de hauteur. En réalité beaucoup plus à cause de l'effet de perspective.
4. Le magma est fluide. La présence de gaz dans le magma permet d'expliquer les projections lors de cette éruption.
5. En se refroidissant, les fragments de lave expulsés forment des bombes et des scories ; ces produits retombent et s'accumulent en un cône volcanique.

Je teste mes connaissances

A • Définissez les mots ou expressions :
Lave ; magma ; roche volcanique ; éruption.

B • Complétez le texte...
à l'aide des mots de la liste suivante :
Aiguille, lave, gaz, explosions, effusive, magma, difficilement, fluide, visqueux, dôme, explosive, coulées, cratère.
Une éruption volcanique se caractérise par une montée de .... Lorsque le magma est ...., il monte rapidement par la cheminée, jusqu'au .... Les .... contenus dans le .... s'échappent facilement. Il n'y a donc pas d'explosions très violentes. La .... (magma qui a perdu ses gaz) s'écoule sur les flancs du volcan formant de longues .... Cette forme d'éruption est appelée éruption ....
Lorsque le magma est .... il s'élève lentement par la cheminée. Les gaz du magma s'échappent ...., ce qui provoque de violentes .... La .... s'écoule très peu sur les flancs du volcan, parfois même elle ne s'écoule pas du tout : le volcan prend alors la forme d'un .... ou d'une .... Cette éruption est ....

C • Quelles différences y a-t-il entre...
a. Lave et magma ?
b. Dôme volcanique et cône volcanique ?
c. Basalte et trachyte ?

D • Vrai ou faux ?
a. La structure microlitique est caractéristique des roches volcaniques.
b. Le magma ne séjourne jamais longtemps dans la chambre magmatique.
c. La chambre magmatique se vide entièrement au cours d'une éruption.
d. Les différents types d'éruptions sont dus à des propriétés différentes du magma.

E • Dans la liste ci-dessous,
recherchez les mots qui se rapportent...
...à une éruption explosive, à une éruption effusive : gaz ; lave visqueuse ; basalte ; magma ; longues coulées ; dôme ; lave fluide ; trachyte ; très violentes explosions ; nuées ardentes.

J'utilise mes connaissances

1 Comprendre un événement relaté par la presse.

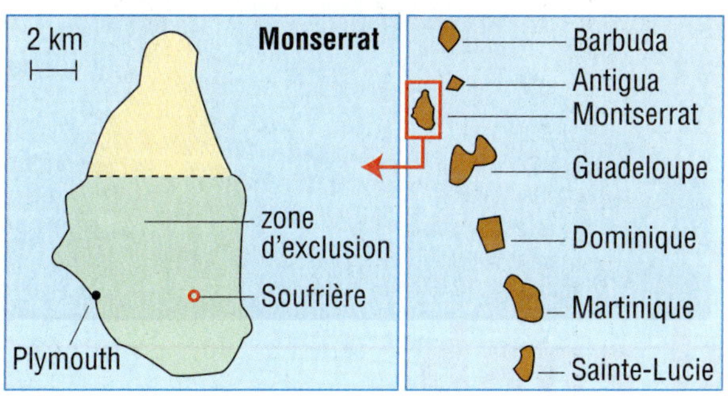

Montserrat, petite île des Antilles, était un « paradis » tropical avant que le volcan de la Soufrière ne se réveille après six siècles de sommeil.

1 • Quelles manifestations de l'éruption de la Soufrière de Montserrat sont présentées dans ce texte ?

2 • Les coulées qui ont détruit Plymouth sont-elles des coulées de lave ? Justifiez votre réponse. Quel nom pouvez-vous leur donner ?

3 • À quel type de volcan appartient la Soufrière de Montserrat ? Justifiez votre réponse.

4 • Quelles mesures ont été prises pour réduire le risque volcanique ?

La capitale de Montserrat a été totalement détruite

« L'éruption de la Soufrière s'est intensifiée depuis le 3 août. En 3 jours le dôme magmatique qui s'est formé au sommet du volcan a explosé 5 fois. Les explosions successives du dôme se sont accompagnées d'un nuage de cendres et d'une pluie de fragments de roches qui se sont répandus dans un rayon atteignant 7 km autour du volcan. Plymouth, la capitale, est complètement détruite et la plupart des bâtiments de la ville ont été incendiés par les coulées déboulant à une vitesse de 100 à 200 km/h en charriant des roches incandescentes, dont certaines atteignent la taille d'une voiture ou d'un camion, détruisant tout sur leur passage. 3 500 habitants de la ville avaient été évacués en avril 1996 à la suite des premières manifestations du volcan. Cinq mille cinq cents personnes environ sont encore présentes sur l'île sur les 12 000 habitants que celle-ci comptait avant l'éruption. Elles sont réfugiées dans le nord de Montserrat. Un plan d'évacuation totale par la mer va cependant être mis en œuvre. »

« Le Monde », 8 août 1997.

DOCUMENTS 1

Les principaux volcans actifs du monde

Il existe actuellement dans le monde environ 1 300 volcans « en activité », c'est-à-dire capables d'entrer en éruption. En plus de ce volcanisme terrestre, on connaît, depuis une trentaine d'années, l'existence d'un volcanisme sous-marin très important. Où trouve-t-on ces différents volcans ?

1 La localisation des principaux volcans.

ⓐ Carte des principaux volcans actifs du monde.

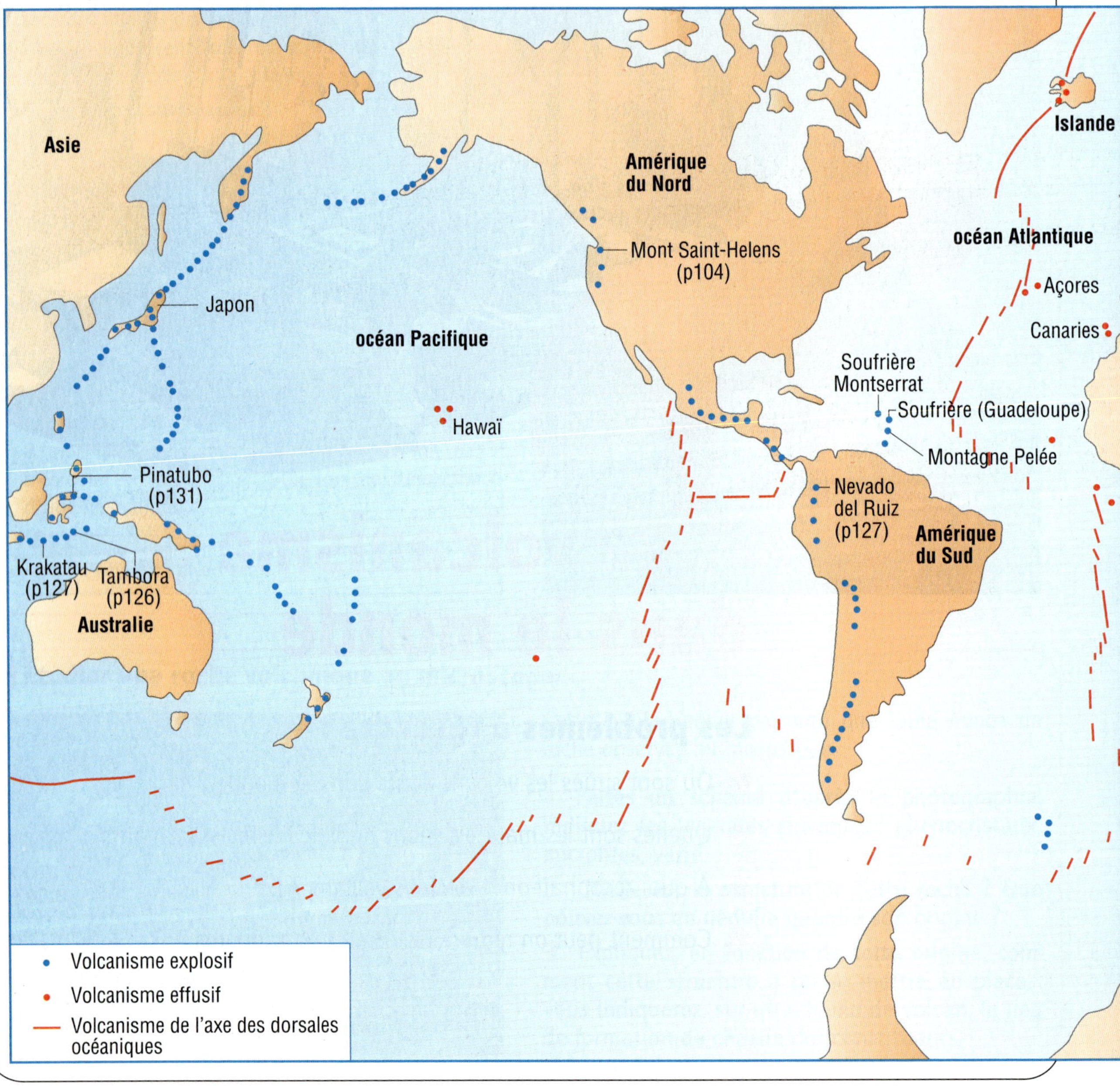

2 65 000 km de volcans sous-marins.

Au milieu de l'océan Atlantique, dans l'océan Pacifique et dans tous les océans du monde, serpente, par 2 000 à 3 000 mètres de fond, un immense « fossé » appelé rift*, dont la largeur peut atteindre une dizaine de kilomètres et dont la longueur est voisine de 65 000 km. Au niveau de ce « fossé », à travers des fissures de quelques kilomètres de longueur s'échappe de la lave. Les épanchements de laves basaltiques donnent lieu à des formes volcaniques sous-marines particulières dites « en coussins » ou « en oreillers » (voir page 118).

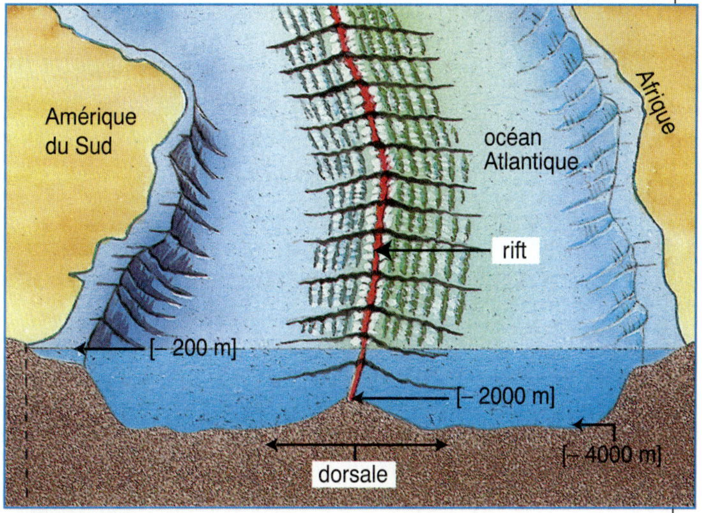

ⓑ La plus grande chaîne de volcans du monde.

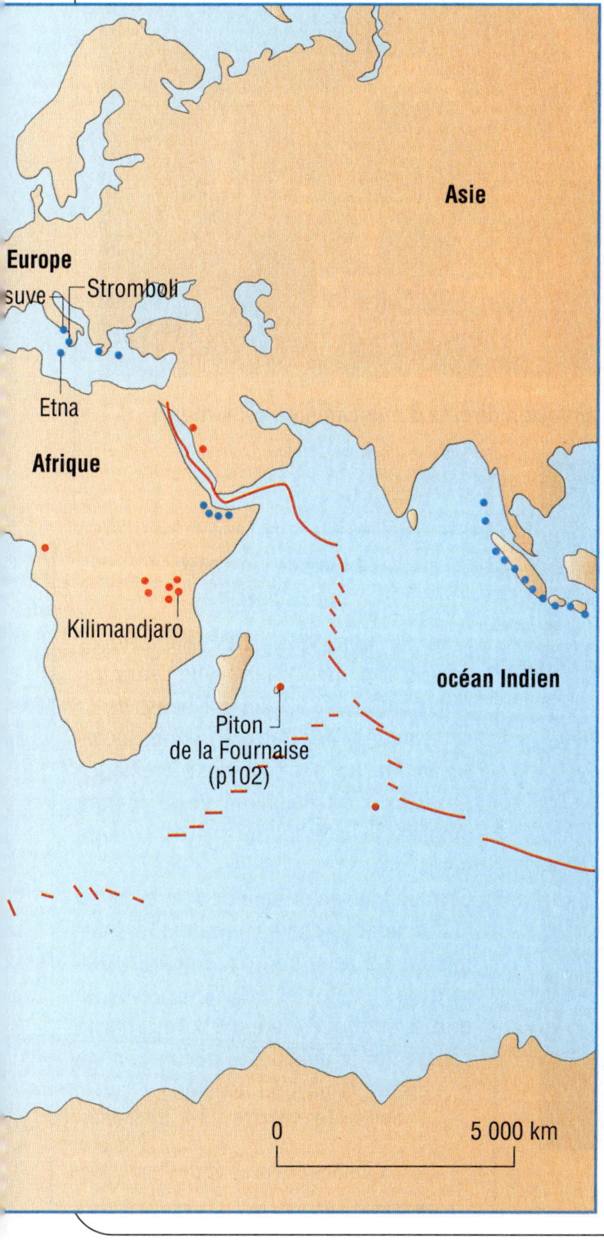

LEXIQUE

- **Rift océanique :** fossé d'effondrement, dont la largeur peut atteindre une dizaine de kilomètres, situé dans l'axe des dorsales océaniques.
- **Dorsale océanique :** immense chaîne volcanique d'environ 1 000 km de largeur, dont la crête est à une profondeur moyenne de 2 500 m sous la surface des eaux, cette chaîne serpente dans les océans sur une longueur d'environ 65 000 km.

Activités

1. Repérez sur la carte ce que les géologues nomment « le cercle de feu du Pacifique ». De quel type de volcans s'agit-il ?

2. Sur une feuille de papier calque, tracez le contour des continents de la carte ci-contre. Indiquez sur votre dessin les noms suivants : Amérique du Nord, Amérique du Sud, Afrique, Europe, Asie, Antarctique.
Tracez sur votre dessin un trait de couleur rouge pour indiquer la localisation des volcans sous-marins. Comparez votre calque à la carte des reliefs sous-marins de la page 218. Que constatez-vous ?

3. Qu'est-ce que le rift ? Que se passe-t-il à ce niveau ?

4. D'après vous, que signifie l'expression « dorsale océanique* ». Les dorsales sont-elles, dans tous les cas, situées au milieu des océans ?

5. L'Islande est une île volcanique. Où est-elle située par rapport au rift ? Quelle est, d'après vous, la nature des roches qui la constituent ?

DOCUMENTS 2

Le volcanisme des dorsales océaniques

Nous avons vu à la page précédente que de la lave sort dans l'axe des dorsales océaniques au niveau des rifts. Ce volcanisme des dorsales constitue le système volcanique le plus important de la planète. Quelles sont ses particularités ?

1 L'observation directe des laves produites.

Grâce à des submersibles capables de supporter les énormes pressions qui règnent sous plusieurs milliers de mètres d'eau, les géologues ont pu observer les produits des éruptions volcaniques au niveau des dorsales océaniques. Plusieurs submersibles ont été utilisés au cours de différentes campagnes d'exploration. La photographie ci-contre présente le submersible français le plus récent, le Nautile, mis en service en 1985. Il peut descendre, avec trois hommes à bord, jusqu'à 6 000 m de profondeur et rend possible l'observation directe de 97 % des fonds océaniques !

a D'importants moyens technologiques sont nécessaires à l'observation directe du volcanisme sous-marin.

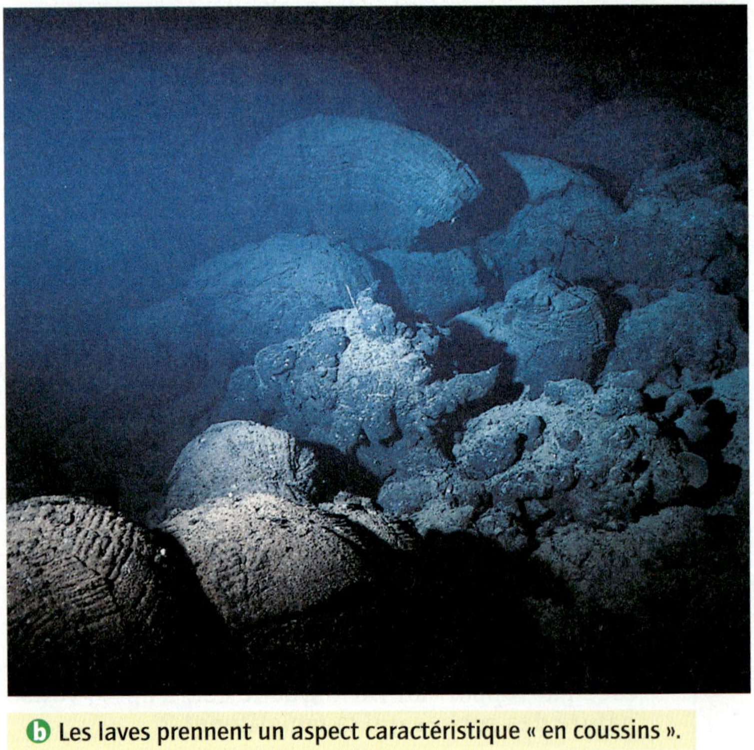

b Les laves prennent un aspect caractéristique « en coussins ».

Le rêve de tout scientifique

« Le 26 juin 1993, des scientifiques américains détectaient une éruption sous-marine à 350 km à l'ouest de la côte américaine. Cette éruption, localisée grâce au système de surveillance acoustique du Pacifique de la marine américaine, s'étendait sur 40 km de long.

Chaque jour, en un point ou un autre de la formidable chaîne volcanique sous-marine qui ceinture le globe, se produisent de semblables éruptions, rêves de tout scientifique étudiant le volcanisme sous-marin et auxquelles aucun homme n'a encore jamais pu assister. »

D'après « Les volcans ». J.-L. Cheminée. Explora, Cité des Sciences et de l'Industrie.

2 Une première analyse des faits observés.

c Au niveau des rifts, de nombreuses fissures sont visibles.

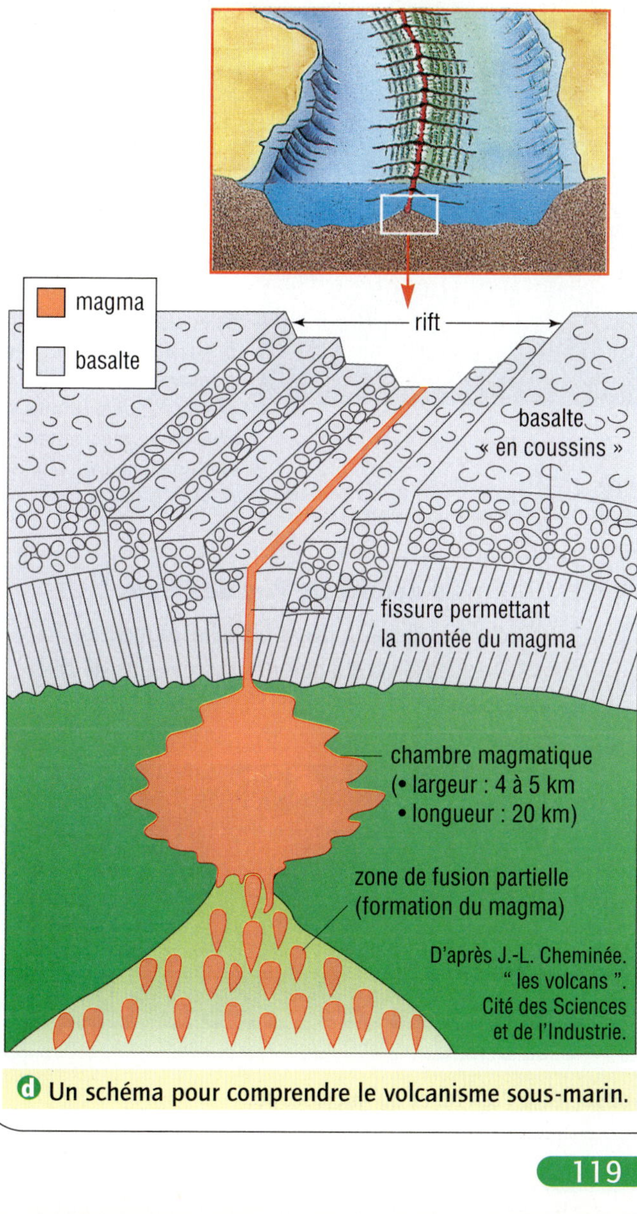

d Un schéma pour comprendre le volcanisme sous-marin.

C'est au niveau de longues fissures telles que celle de la photographie **c** que la lave sort au cours d'une éruption volcanique sous-marine.

À 2 000 m de profondeur, la pression de l'eau est si forte (200 fois la pression atmosphérique) qu'elle empêche la libération des gaz contenus dans la lave. Les éruptions volcaniques se produisent donc sans projections. Par ailleurs, l'eau, dont la température est basse (2 °C), refroidit la lave en fusion beaucoup plus efficacement que l'air : elle la fige rapidement, ce qui donne au basalte les formes caractéristiques « en coussins » visibles sur la photographie **b**.

Activités

1. Quels moyens utilise-t-on pour observer le volcanisme sous-marin ?

2. En comparant les conditions de refroidissement de la lave dans le volcanisme sous-marin d'une part et dans le volcanisme effusif terrestre d'autre part, expliquez comment se forment les laves « en coussins ».

3. Pourquoi dit-on que le volcanisme sous-marin est un volcanisme fissural ?

4. Quelle est la roche volcanique formée au niveau des rifts ?

DOCUMENTS 3

Les « monts d'Auvergne » sont d'anciens volcans

Personne ne met en doute actuellement que la chaîne des Puys soit constituée d'anciens volcans. Pourtant, aucune éruption volcanique n'a été observée depuis des millénaires. Pourquoi, alors, les géologues affirment-ils qu'il s'agit de volcans ?

1 Des preuves indiscutables d'un ancien volcanisme.

Le Puy de Dôme (1 464 m)

(Age : 10 000 ans)

*voir p.129

Le Puy de Pariou (1 209 m)

(Age : 8 200 ans)

Il a fallu attendre 1752 pour qu'un géologue, Guétard, déclare à l'Académie royale des Sciences que les monts d'Auvergne étaient d'anciens volcans. Il faudra attendre cinquante ans de plus pour que cette idée soit unanimement admise.

a Des édifices volcaniques remarquablement conservés.

La trachyandésite du Puy de Pariou

- Roche grise, rugueuse, criblée de petits trous.
- À l'œil nu on distingue une pâte uniforme, peu ou pas de phénocristaux.
- Au microscope :

La dômite du Puy de Dôme

- Roche très claire, souvent blanche, rugueuse.
- À l'œil nu on distingue de gros cristaux de feldspaths, de micas noirs.
- Au microscope :

b Une preuve indiscutable : la structure des roches observée à l'œil nu et au microscope.

2 Un alignement d'une centaine de volcans.

La chaîne des Puys aligne du nord au sud une centaine de volcans que l'on peut classer en trois types :
- environ 80 volcans sont des cônes de scories* accompagnés de coulées le plus souvent basaltiques ;
- 7 volcans avec dôme ;
- une quinzaine de maars*.

Les éruptions responsables de la formation de la chaîne des Puys ont débuté il y a 95 000 ans. La plus récente éruption dans le Massif central aurait eu lieu il y a environ 5 800 ans, (maar* du lac Pavin).

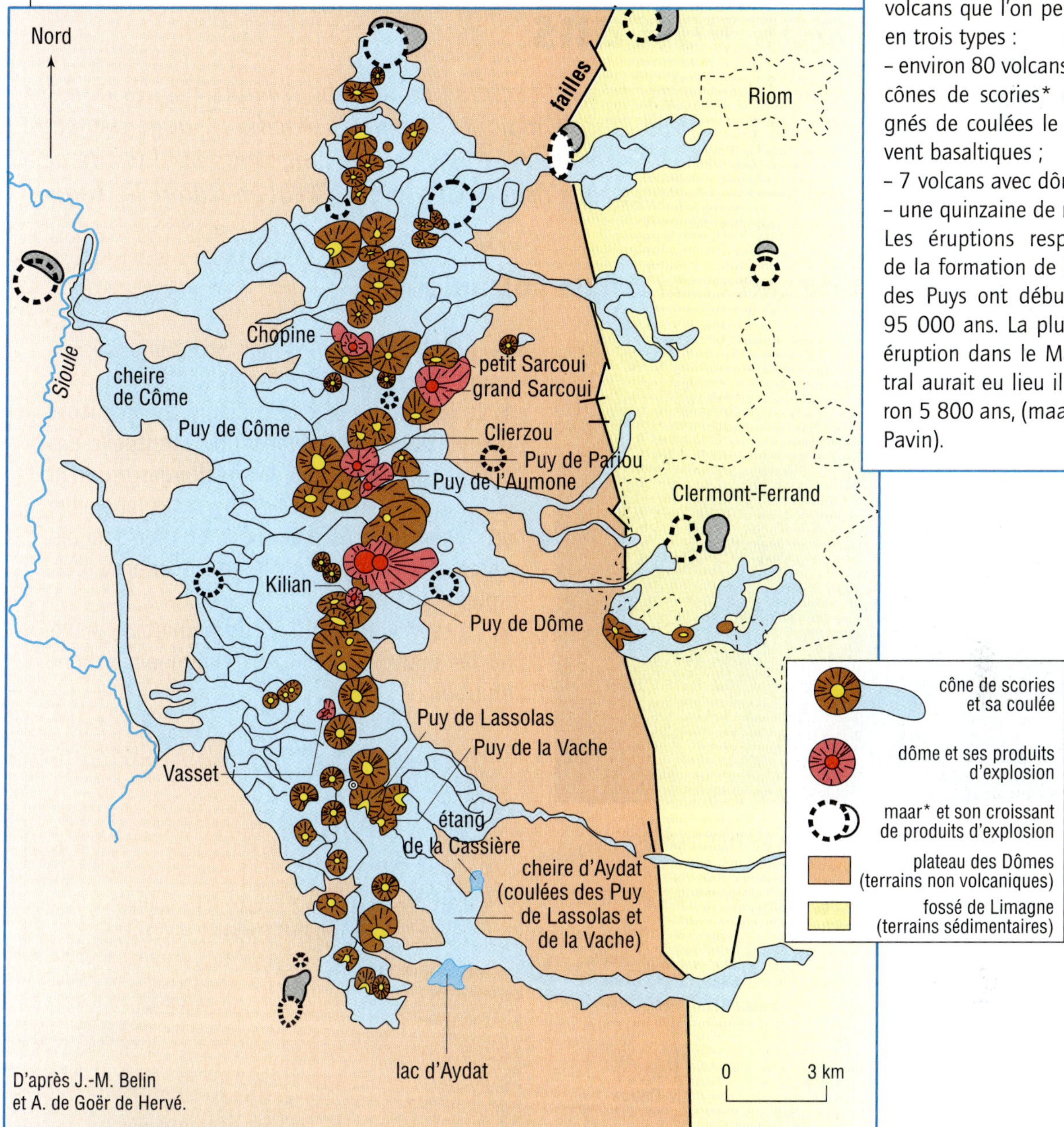

c Carte géologique de la chaîne des Puys.

LEXIQUE

- **Scories** : fragments de roches bulleuses provenant de laves éjectées à l'état liquide.
- **Maar** : dépression circulaire à parois raides, parfois occupée par un lac, produite par une explosion très violente. Il s'agit d'un cratère d'explosion (voir p. 129).

Activités

1. Quels arguments permettent d'affirmer que le Pariou (**a** et **b**) est un ancien volcan ? Même question pour le puy de Dôme.

2. Repérez ces deux volcans sur la carte et recherchez des arguments permettant de comparer la fluidité de la lave émise par chacun d'eux. D'après vous, quel type d'éruption a abouti à la formation du puy de Dôme ?

3. Quelles informations fournies par la carte **c** permettent d'affirmer que la chaîne des Puys est un ensemble volcanique ?

4. Citez quelques volcans explosifs et quelques volcans effusifs.

DOCUMENTS 4

La surveillance des volcans

L'UNESCO a identifié une centaine de volcans à hauts risques dans le Monde (dont une grande majorité autour du Pacifique, dans des pays en voie de développement. Au total, plus de cinq cents millions de personnes sont exposées aux risques volcaniques. Peut-on réduire les risques et comment ?

1 L'établissement de cartes du risque volcanique.

a Un volcan à hauts risques à la Martinique.

La prévention des risques volcaniques comprend deux aspects différents :

1. La réalisation de cartes des zones menacées permet de prévoir l'évacuation éventuelle des populations. Pour cela, les géologues étudient les éruptions anciennes d'un volcan (surveiller un volcan revient d'abord à étudier son histoire) et envisagent différents scénarios possibles.

2. La surveillance du volcan permet de prévenir les pouvoirs publics de l'imminence d'une éruption.

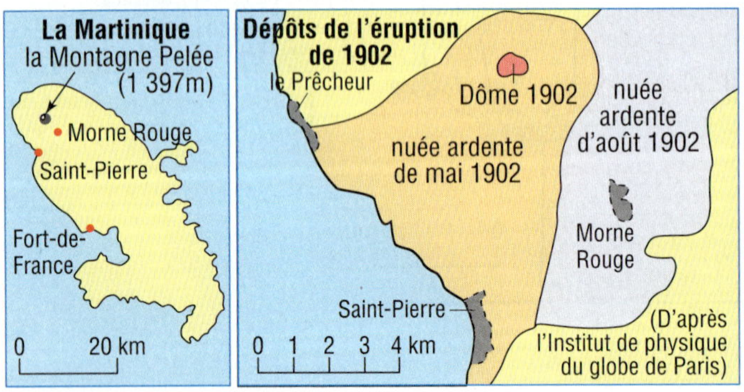

Au cours des 6 000 dernières années d'activité de la Montagne Pelée, vingt cinq éruptions ont été identifiées par les géologues. Pendant cette période prise comme référence pour l'évaluation des aléas volcaniques, cinq types d'éruptions ont été reconnus. Les géologues présentent donc plusieurs cartes de zonage des aléas volcaniques correspondant aux différents cas possibles.

À titre d'exemple, la carte ci-contre indique les zones à risques dans le cas d'une éruption à nuées ardentes de type 1902 (avec explosion dirigée latéralement).

*aléas = risques.

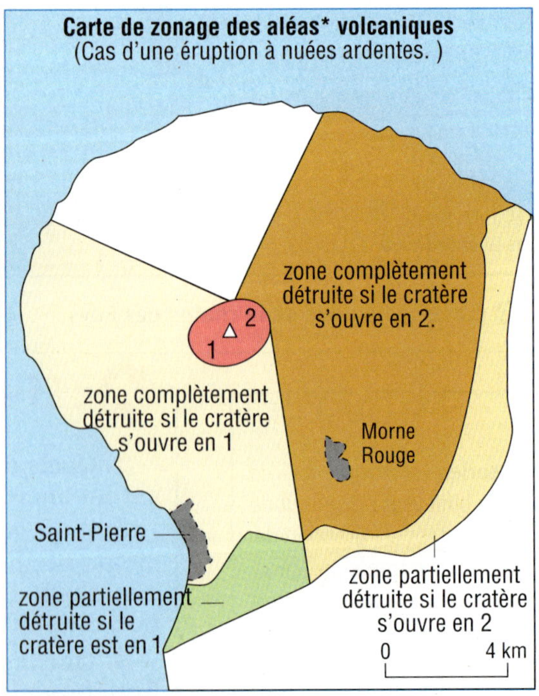

b Cartes des risques volcaniques à la Montagne Pelée (d'après Westercamp 1985).

2 À l'affût des signes précurseurs.

- **L'activité sismique**
Des sismographes disposés autour de l'édifice volcanique enregistrent les secousses qui correspondent à la montée du magma.
- **Les déformations du sol**
La montée du magma entraîne un « gonflement » du volcan. Ces déformations de l'ordre du centimètre, voire de plusieurs dizaines de mètres, sont enregistrées par des mesures au sol. Cette surveillance est en train d'être révolutionnée par l'utilisation des satellites. La distance séparant des repères au sol est alors mesurée au millimètre près.
- **La composition chimique des fumerolles**
Les eaux et les gaz qui s'échappent des fissures et du cratère changent de composition en fonction de la distance du magma.
- **L'activité thermique**
Elle est évaluée par photographies infrarouges et par mesures directes de la température des fumerolles.

1 - Sismomètre (sismographe) enterré. **2** - Inclinomètre scellé dans le sol. **3** - Panneau solaire (pour alimentation électrique autonome). **4** - Coffret (émetteur radio, cables divers...). **5** - Antenne pour transmettre en permanence les mesures à l'observatoire.

c Une station sismique et d'inclinométrie au piton de la Fournaise (la Réunion).

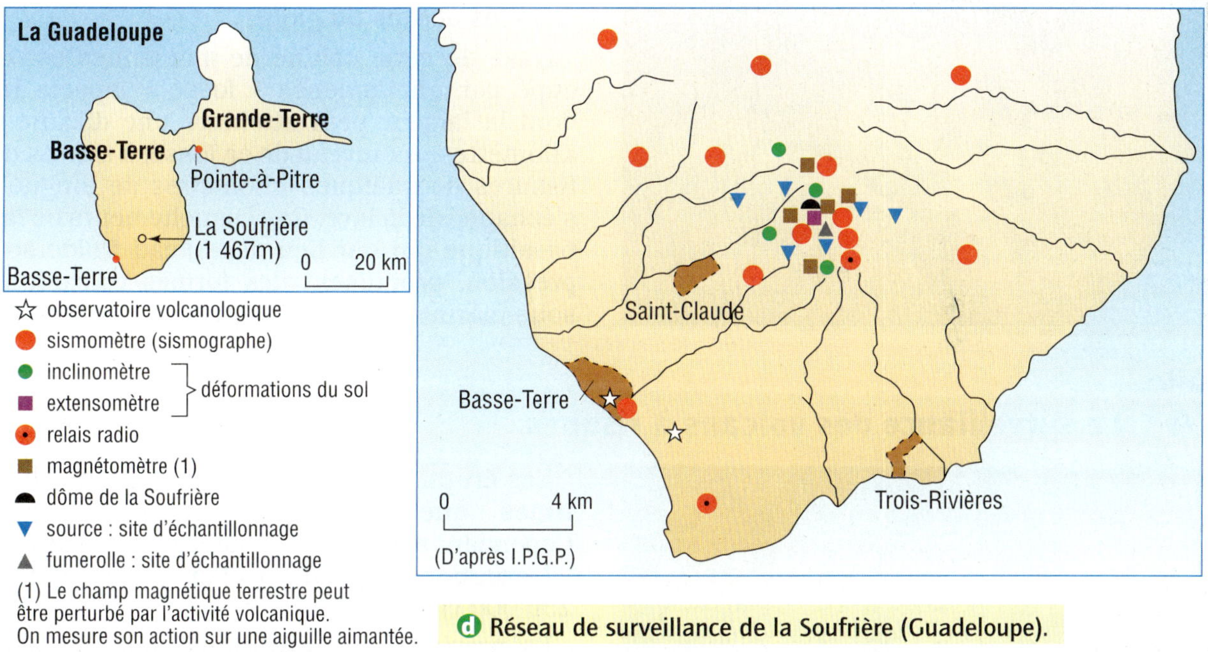

d Réseau de surveillance de la Soufrière (Guadeloupe).

Activités

1. Quelles sont les manifestations volcaniques les plus meurtrières ?
Pour répondre, analysez les documents de la page 126.

2. Pourquoi considère-t-on que la Montagne Pelée est un volcan à hauts risques ?

3. Comment établit-on les cartes des risques volcaniques ? Quel est l'intérêt de telles cartes ? Pourquoi envisage-t-on plusieurs scénarios ?

4. Quel est l'intérêt des différents appareils installés autour de la Soufrière (Guadeloupe) ? Pourquoi ne se limite-t-on pas à une seule catégorie d'appareils ?

DOC 1 Les principaux volcans actifs du monde.

Il existe, sur le globe, environ 1 300 volcans qui ont eu une activité récente ; parmi ces derniers, 500 sont actuellement actifs. Plus de la moitié de ces volcans (environ 62 %) sont situés autour du Pacifique (Japon, Philippines, cordillère des Andes...).

Ils ont des éruptions très explosives et constituent ce qu'on appelle le « cercle de feu » du Pacifique.

En plus du volcanisme terrestre aérien, il faut ajouter le système volcanique le plus important de la planète : le volcanisme des dorsales océaniques.

DOC 2 Le volcanisme des dorsales océaniques.

La carte des reliefs sous-marins de la page 218, établie par échosondage, montre qu'une chaîne de « montagnes » environ de 1 000 km de largeur serpente sur 65 000 km dans les océans du globe.

L'axe de cette chaîne de montagnes est occupé par un immense « fossé » (appelé rift) dont la largeur peut atteindre une dizaine de kilomètres. Au niveau de ce fossé, à travers des fissures de quelques kilomètres de longueur, s'échappe de la lave. Ces épanchements de lave basaltique qui ont lieu dans l'eau froide sous pression, produisent des formes volcaniques sous-marines caractéristiques en « coussins ».

DOC 4 La surveillance des volcans à risques.

Les éruptions volcaniques font moins de victimes que les tremblements de terre. Cependant au cours des 300 dernières années, 27 éruptions ont fait, à elles seules, plus de 250 000 victimes.

La prévision des éruptions violentes a fait des progrès considérables depuis une quinzaine d'années, permettant d'obtenir des résultats spectaculaires ; malheureusement, certains volcans dangereux ne bénéficient pas d'observatoires volcanologiques : il en existe une trentaine dans le monde ; il en faudrait plus d'une centaine pour protéger les vies humaines menacées.

Photographie : l'observatoire volcanologique de la montagne Pelée (Martinique).

L'essentiel

Ce qu'il faut savoir

Les volcans actifs ne sont pas répartis au hasard à la surface du globe. Sur les continents, ils sont souvent associés en alignements, notamment autour de l'océan Pacifique. Nous comprendrons la signification de cette répartition dans un chapitre ultérieur.

Dans la partie axiale des dorsales océaniques, le fond des océans présente des fissures le long desquelles est émis du basalte.

L'existence de roches ou d'édifices volcaniques anciens est le témoignage d'une activité volcanique dans le passé.

Les éruptions volcaniques sont la cause de risques pour l'Homme.

Les mots-clés

- cercle de feu du Pacifique
- dorsale océanique
- rift
- lave en coussins
- scories
- risques volcaniques
- observatoire volcanologique

Le schéma bilan

Les sept visages de la colère volcanique

Un risque majeur : les nuées ardentes

Les risques volcaniques présentent différents visages : les nuées ardentes, les retombées de cendres et de blocs, les coulées de lave, l'émission de gaz toxiques, les coulées boueuses, les glissements de terrain (« avalanches ») et les tsunamis (raz de marée). Les quatre premiers sont des risques primaires, les trois derniers correspondent à des risques secondaires.
Photographie ci-contre : une nuée ardente au cours de l'éruption du volcan Pinatubo aux Philippines le 17 juin 1991.

Les retombées de cendres et de blocs

En 1815, l'explosion brutale du volcan Tambora, en Indonésie, pulvérisa des milliards de tonnes de magma, provoquant la mort sur le coup de 12 000 personnes et celles de 80 000 autres de famine dans les mois qui suivirent.
C'est une des plus grandes catastrophes volcaniques de notre histoire.
Les couches de cendres (ou de lapilli) atteignent parfois plusieurs mètres d'épaisseur et recouvrent des villes entières, anéantissant toute vie.
L'étendue des zones touchées dépend du volume de produits émis, de leur fragmentation (cendres fines, lapilli) et de leur dispersion. Ci-contre : un village en Indonésie en 1982. Inhalées, les cendres fines peuvent boucher les voies respiratoires.

Les cendres fines présentent de grands dangers

dangers du volcanisme

Les coulées boueuses

Les pluies transforment rapidement les cendres en torrents de boue meurtriers, « les lahars ». Ainsi toute la ville d'Armero, en Colombie, a disparu le 13 novembre 1985 avec ses 28 000 habitants, ensevelis sous les coulées dévastatrices venues du volcan « Nevado del Ruiz » situé à 50 km de là.

Le raz de marée (tsunami)

L'explosion d'un volcan, situé en mer, provoque la formation d'un raz de marée ou « tsunami » : formidable vague de plusieurs dizaines de mètres de hauteur se déplaçant à la vitesse de 500 km/h.

Des torrents de boue dévastateurs

Quelques nombres

On dispose de statistiques relativement précises pour évaluer le nombre de victimes des éruptions volcaniques qui ont eu lieu depuis 1700. On constate que les éruptions ne sont pas également meurtrières : les volcans tuent rarement mais parfois dramatiquement.
Depuis 1700, vingt-sept éruptions ont fait à elles seules 250 000 victimes. L'ensemble des autres éruptions, pendant la même période, a fait 10 000 morts supplémentaires.
Le tableau ci-contre montre comment se répartissent ces éruptions meurtrières.

Volcan	Année	Nuées ardentes cendres	Coulées boueuses	Tsunami	Famine	Gaz
Unzen (Japon)	1792			15 188		
Tambora (Indonésie)	1815	12 000			80 000	
Galunggung (Indonésie)	1822		4 000			
Krakatau (Indonésie)	1883			36 417		
Montagne Pelée (Martinique)	1902	29 000				
Santa Maria (Guatemala)	1902	6 000				
Nevado del Ruiz (Colombie)	1985		25 000			
Nyos (Cameroun)	1986					1746
Nombre total de victimes*		60 090	50 099	54 080	89 336	1746

* Pour l'ensemble des éruptions répertoriées depuis 1700.

Les catastrophes volcaniques depuis 1700

Des outils ... pour comprendre les paysages

Des paysages de volcanisme effusif

Un lac de barrage typique : le lac d'Aydat

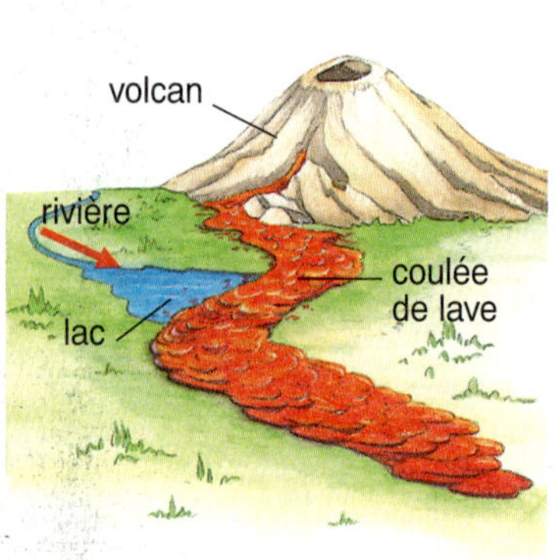

Barrage d'une rivière par une coulée volcanique

→ lac allongé et peu profond

type : lac d'Aydat

(voir carte page 121)

« La plupart des corps naturels diminuent de volume en se solidifiant (l'eau fait exception à la règle) et les coulées de lave n'échappent pas à cette règle. Lorsque le refroidissement s'effectue lentement, il en résulte des fissures tout à fait particulières qui délimitent des prismes hexagonaux de quelques mètres de haut et de quelques décimètres de diamètre, appelés orgues. »

J.-M. Bardintzeff.

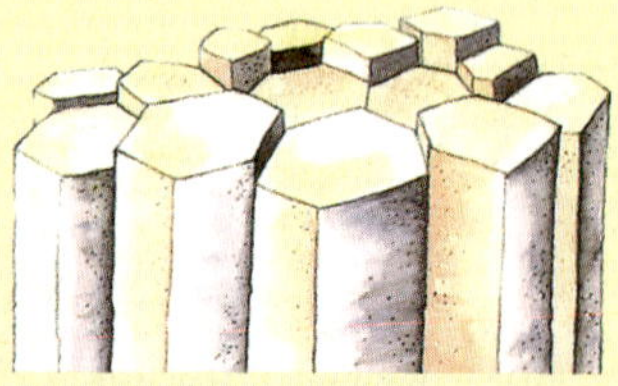

D'après A. de Goër et J.-M. Belin

Photographie ci-contre : les orgues de Saint-Flour.

Un aspect fréquent des coulées volcaniques : les orgues

liés au volcanisme ancien

Le dôme du Sarcoui

Des paysages de volcanisme explosif

*En volcanologie le mot dôme a un sens très précis : il désigne une masse globuleuse de lave trop visqueuse qui, ne pouvant s'écouler, s'accumule sur place au sommet de la cheminée.

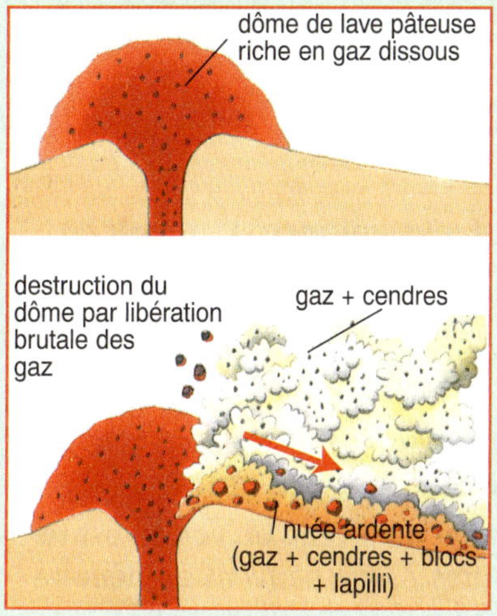

Dépôts de nuées ardentes au pied du puy de Dôme

Lorsque le magma rencontre une nappe d'eau souterraine profonde...

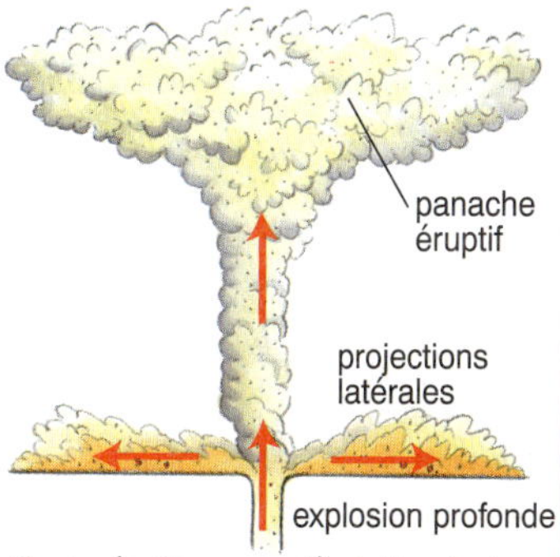

... il en résulte un cratère d'explosion souvent occupé par un lac circulaire très profond : un maar.

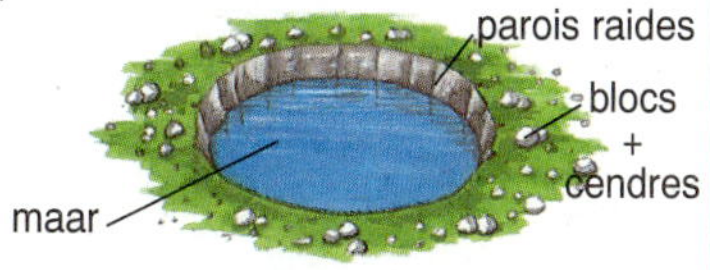

Le lac Pavin : Un maar âgé de 5 800 ans

EXERCICES

Je teste mes connaissances

A • Définissez les mots ou expressions :
Cercle de feu du Pacifique, rift, lave en « coussins », dorsale océanique.

B • Vrai ou faux ?
Certaines affirmations sont exactes ; recopiez-les. Corrigez ensuite les affirmations inexactes.
a. Les volcans du « cercle de feu » du Pacifique sont des volcans effusifs.
b. La lave qui sort au niveau des rifts est du basalte.
c. Dans la chaîne des Puys, tous les édifices volcaniques sont en forme de cône.
d. Un dispositif de surveillance existe sur tous les volcans actifs du monde.

C • Expliquez pourquoi...
a. Le nombre de séismes augmente au début d'une éruption volcanique.
b. La lave qui apparaît au niveau des rifts ne forme pas de coulées mais se fige en « coussins ».

D • Expliquez comment...
a. On établit les cartes de risques volcaniques.
b. On sait reconnaître d'anciens volcans dans un paysage.

E • Pourquoi dit-on que...
a. La chaîne des Puys est un musée volcanologique.
b. Les volcans explosifs constituent des menaces pour les populations.

F • Chassez l'intrus...
a. Rift, dorsale, trachyte, basalte.
b. Dôme, lave visqueuse, puy de Pariou, puy de Dôme.

J'utilise mes connaissances

1 Lecture d'une carte.

1 • Lequel de ces deux volcans est de type effusif ? lequel est de type explosif ? Justifiez vos réponses à l'aide d'arguments pris sur la carte.

2 • Observez les coulées **A** et **B** du petit Sarcoui.

a. Calculez la longueur de chacune de ces deux coulées.

b. Émettez des hypothèses permettant d'expliquer cette différence de longueur.

c. Pourquoi ces coulées se sont-elles répandues vers le nord-est ?

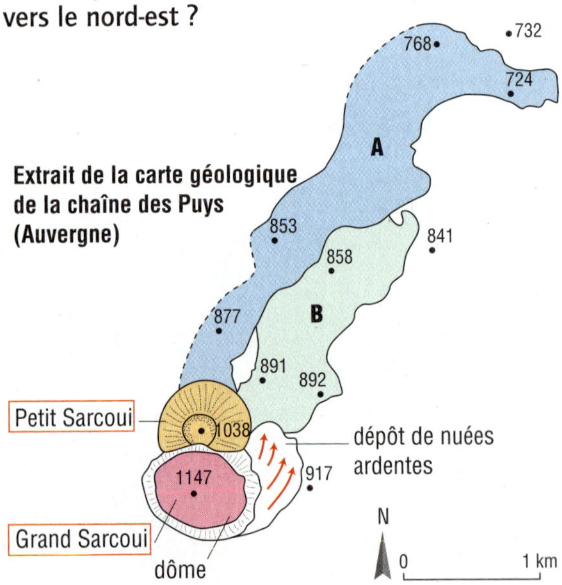

2 L'intérêt de la surveillance d'un volcan.

La carte ci-dessous montre les déplacements relatifs (exprimés en centimètres), de repères implantés sur l'Etna entre 1991 et 1992.

1 • Comment ont évolué les distances entre les repères A et B, G et D, B et C, C et D ?

2 • Quel changement au niveau du volcan est révélé par ces mesures ? Que peuvent en déduire les volcanologues ?

3 • Sachant que l'Etna est entré en éruption en 1992, ces prévisions se sont-elles révélées exactes ? Justifiez votre réponse.

4 • Rappelez d'autres modifications du volcan surveillé par les volcanologues.

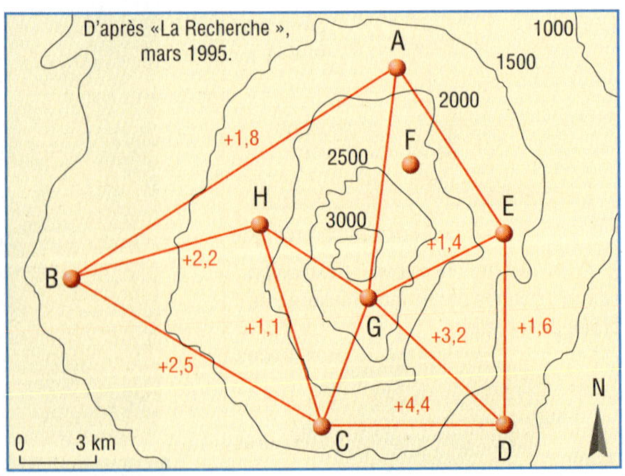

E X E R C I C E S

3 Comparer la formation de deux lacs d'Auvergne.

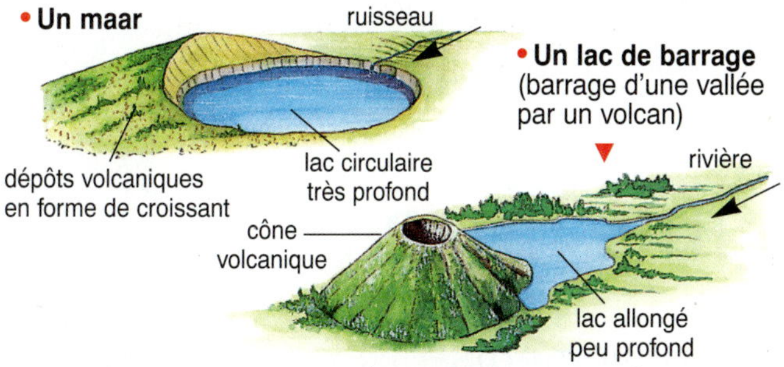

Le gour de Tazenat ⓐ et le lac Montcineyre ⓑ sont deux lacs dont l'origine est liée au volcanisme. Dites, en quelques phrases, comment ils se sont mis en place.

ⓐ

ⓑ

4 Une comparaison entre prévisions et réalités : l'éruption du Pinatubo en 1991.

Le Pinatubo (volcan des Philippines) est entré en éruption en 1991.

1 • Citez les trois phénomènes les plus dévastateurs de l'éruption de 1991 et donnez pour chacun d'eux une définition complète.

2 • Quelle remarque faites-vous concernant l'épaisseur des dépôts de cendres ?

3 • Parmi les prévisions des volcanologues, lesquelles se sont révélées exactes ? Quel phénomène n'a pas été prévu ?

4 • La région a été entièrement évacuée de ses 25 000 habitants, avant l'explosion ; en quoi le document 1 a-t-il été utile ?

D'après « Sciences et Vie Junior » (dossier n° 15).

Doc.1

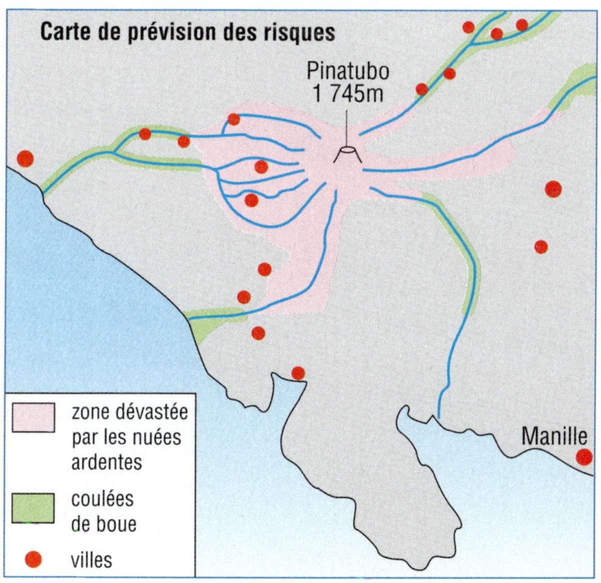

Doc.2

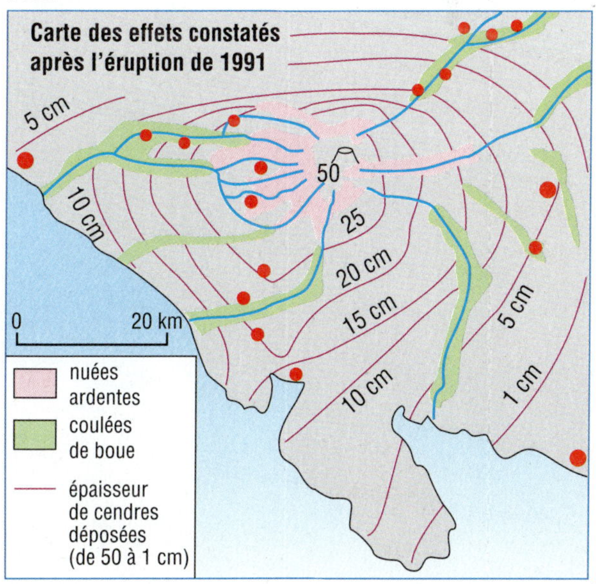

La machine Terre

1. Les plaques et leurs mouvements
2. Les conséquences des mouvements des plaques

La machine Terre

Extrait du PROGRAMME
(B.O. du 13 février 1997)

LA MACHINE TERRE
(durée conseillée : 6 heures)

1. La partie externe de la Terre est formée de plaques animées d'un mouvement permanent.

- La répartition et les caractères des séismes et des manifestations volcaniques permettent de délimiter les plaques.
- Les variations de la vitesse des ondes sismiques en profondeur permettent de distinguer la lithosphère, rigide, de l'asthénosphère qui l'est moins.
- La croûte, partie superficielle de la lithosphère, est constituée en grande partie de granite dans les aires continentales, de basalte sous les océans. La base de la lithosphère et l'asthénosphère sont constituées de péridotite.
- A raison de quelques centimètres par an, les matériaux des plaques se forment et s'écartent à l'axe des dorsales, se rapprochent et s'enfouissent aux frontières de convergence.

2. L'énergie responsable du mouvement des plaques provient de l'intérieur de la Terre.

- L'augmentation de la température avec la profondeur témoigne de cette énergie.
- Une partie importante de cette énergie provient de matériaux radioactifs présents en profondeur.

3. Les mouvements des plaques transforment la lithosphère.

- Ces mouvements assurent le déplacement des continents, l'ouverture et la fermeture des océans.
- L'affrontement des plaques dans les zones de convergence engendre des déformations souples ou cassantes de la lithosphère (plis, faille), et aboutit à la formation de chaînes de montagnes.

Faille de Pingvellir (Islande)

CHAPITRE

1 Les plaques et leurs mouvements

Les problèmes à résoudre :

- Séismes et volcans ne sont pas répartis au hasard à la surface du globe : quelles informations cette localisation apporte-t-elle sur la structure de la planète et sur son activité ?
- Pourquoi peut-on comparer la Terre à une véritable « machine » et en quoi consiste son fonctionnement ?

DOCUMENTS 1

Une comparaison entre deux cartes

Nous avons vu, à la page 90, la localisation des foyers des séismes et, à la page 116, la localisation des volcans actifs du globe. Les répartitions de ces deux grandes manifestations de l'activité de la Terre présentent-elles des ressemblances ? Si oui, quelles informations peut-on en dégager ?

1 Des zones actives bien délimitées.

a Répartition mondiale des séismes.

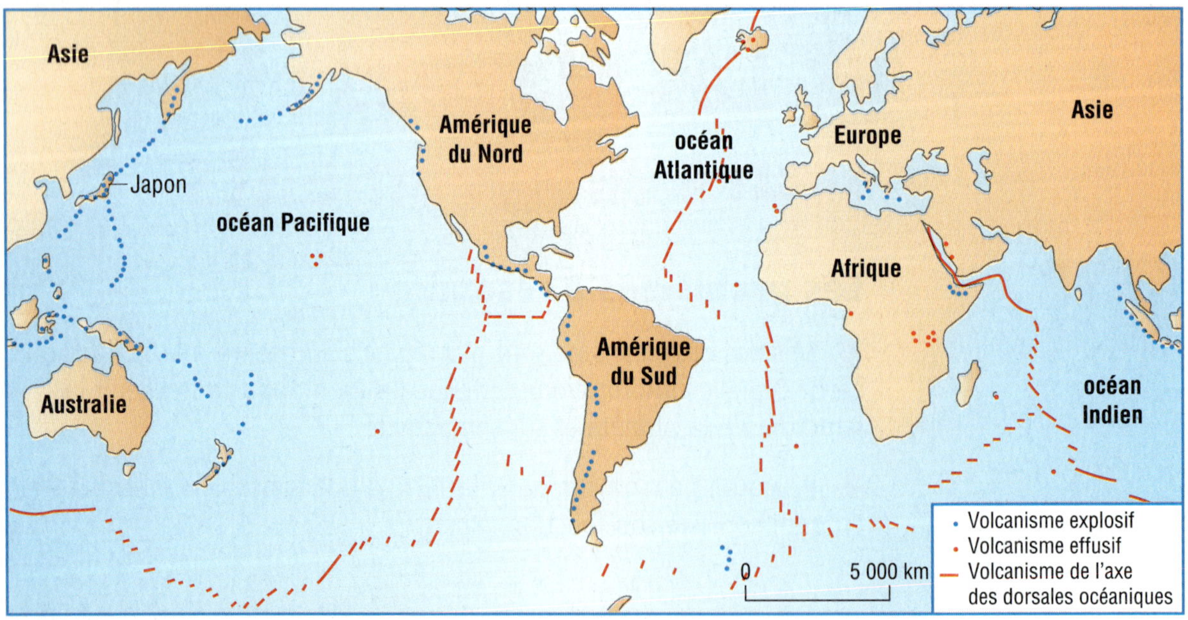

b Répartition mondiale des volcans.

2 Un puzzle de zones stables : les plaques.

c Cette zone de fractures en Islande (avec séismes et volcanisme) est une "frontière" entre deux plaques.

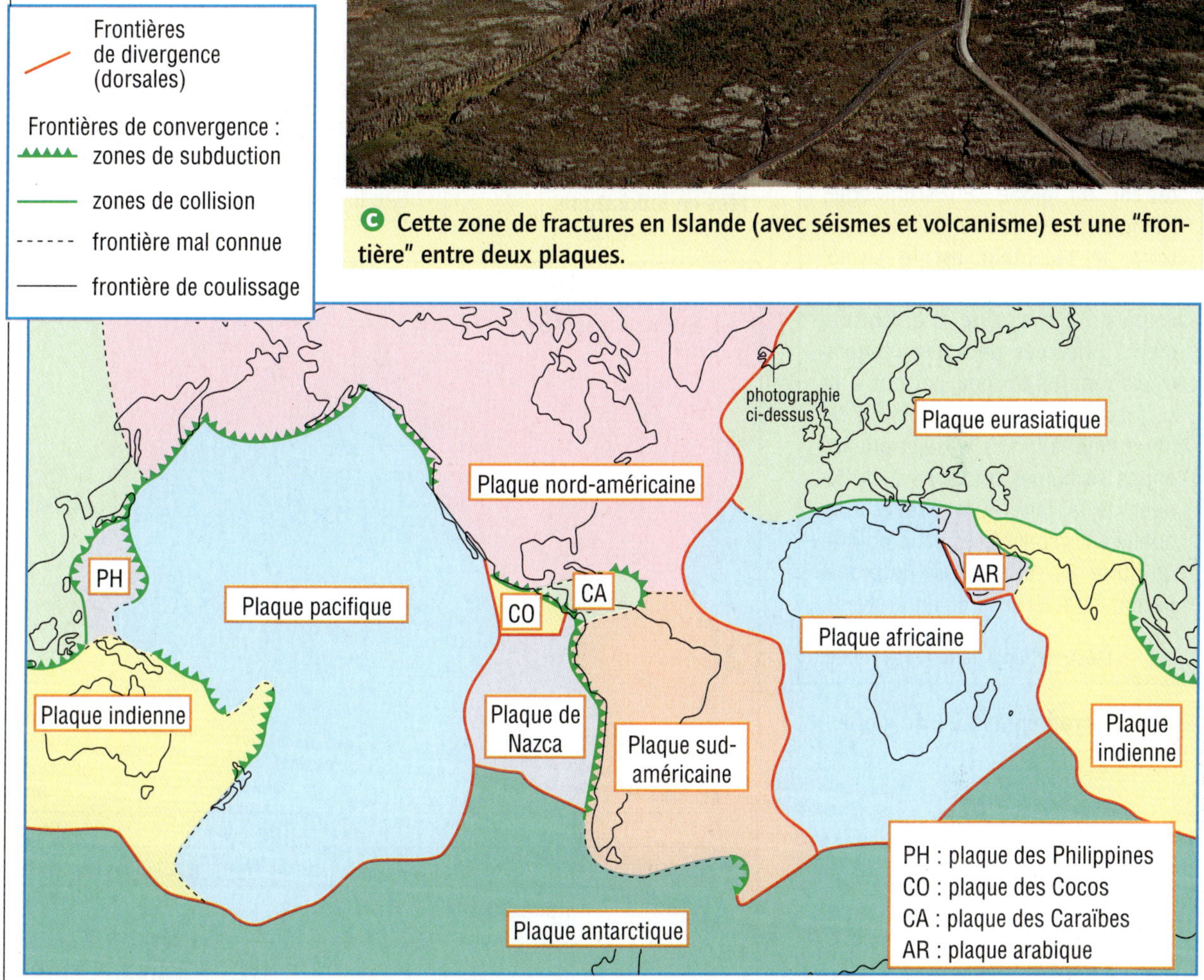

d La surface du globe est découpée en une douzaine de "zones tranquilles" (les plaques) limitées par des zones étroites où volcanisme et séismes sont importants.

LEXIQUE

- **Zone active du globe** : zone étroite marquée par une sismicité et un volcanisme importants.
- **Zone stable du globe ou plaque** : vaste zone « tranquille », pas ou peu active. Elle peut être totalement océanique ou comporter à la fois une partie océanique et une partie continentale.

Activités

1. Comparez la répartition des séismes et des volcans sur les documents **a** et **b**. Pourquoi parle-t-on de « zones actives » ?

2. Les limites des zones stables correspondent-elles aux limites des continents ? Cherchez deux exemples de chacun des types de plaques définis dans le lexique.

DOCUMENTS 2

Des plaques minces comme une coquille d'œuf

Le globe terrestre a un rayon de 6 400 km alors que les forages les plus profonds réalisés par l'homme ne dépassent pas 13 km. La connaissance de l'intérieur du globe, au-delà de 13 km, est donc indirecte. Quelles méthodes d'exploration les géologues utilisent-ils et quels résultats obtiennent-ils ?

1 Les séismes renseignent sur l'épaisseur de la « coquille ».

De même que la propagation des rayons X permet d'ausculter l'intérieur du corps humain, les ondes sismiques permettent d'ausculter l'intérieur du globe. En sismologie, l'émetteur est le tremblement de terre, le récepteur est le sismographe.

À partir d'une série d'enregistrements effectués dans les observatoires répartis un peu partout à la surface du globe, il est possible de déterminer à la fois le trajet que les ondes sismiques ont suivi à l'intérieur de la Terre et la vitesse à laquelle elles sont allées d'un point à un autre. Or cette vitesse de propagation caractérise le milieu traversé.

D'après C. Allègre. « L'écume de la Terre ». Fayard Éd.

a Une « radiographie » du globe.

b Vitesses moyennes de propagation des ondes P dans différentes roches, mesurées en laboratoire. ►

Matériaux	V (en km/s)
Granites	5,9 à 6,3
Basaltes	6,5 à 7,6
Péridotites	7,9 à 8,4
Eau liquide	1,5

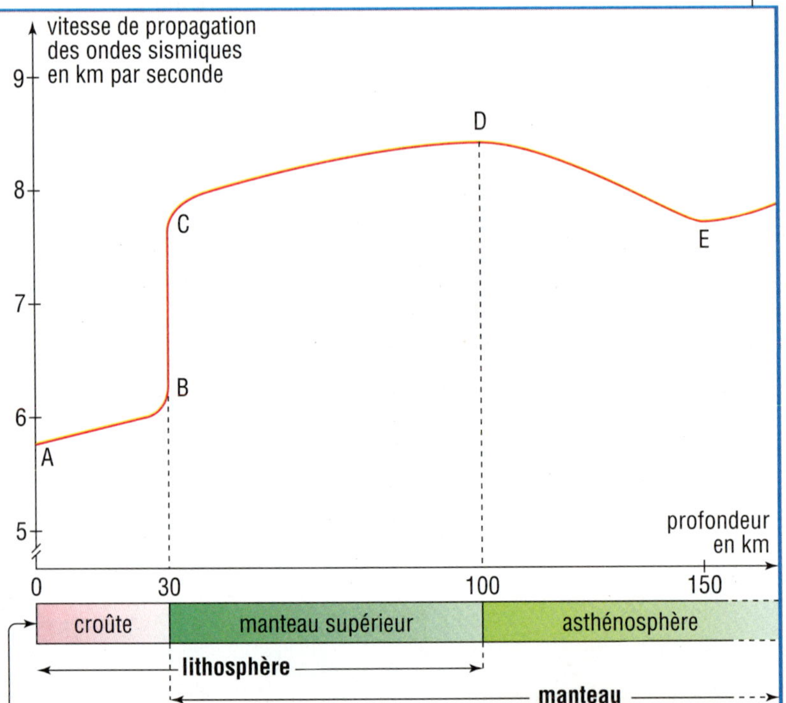

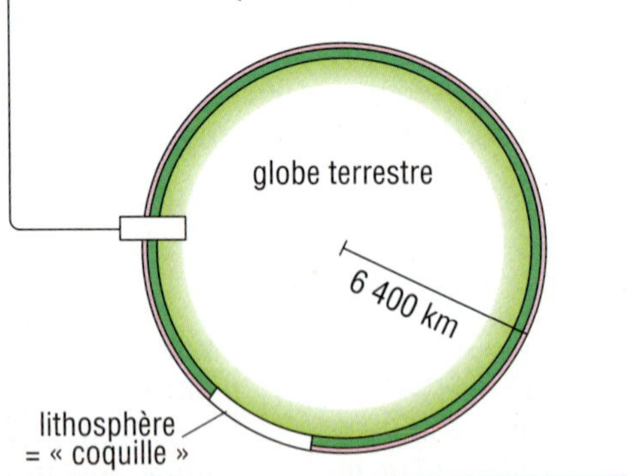

Pour interpréter le graphique :

- Une variation brutale de vitesse de propagation des ondes sismiques correspond au passage d'un matériau à un autre de composition différente.
- Dans un milieu donné, un ralentissement de la vitesse des ondes sismiques est lié à une fusion partielle du matériau.

c Des résultats à analyser pour comprendre la méthode utilisée.

LEXIQUE

- **Lithosphère** (du grec *lithos* = pierre, *sphaira* = boule) : couche superficielle du globe terrestre (70 à 150 km d'épaisseur), rigide, formée par la croûte continentale ou océanique et la partie supérieure du manteau.
- **Asthénosphère** (du grec *asthénos* = sans résistance) : partie supérieure du manteau terrestre située sous la lithosphère ; moins rigide que les niveaux supérieur et inférieur, elle est constituée de roches partiellement fondues.

2 Lithosphère continentale et lithosphère océanique.

d Les roches de la lithosphère.
G : granite ; **B :** basalte ; **P :** péridotite. **1.** Quartz ; **2.** Feldspath ; **3.** Mica. **4.** Olivine.

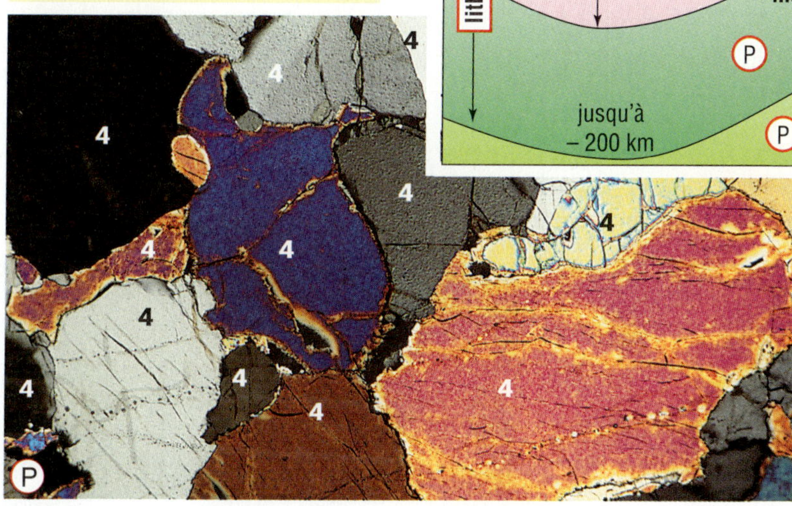

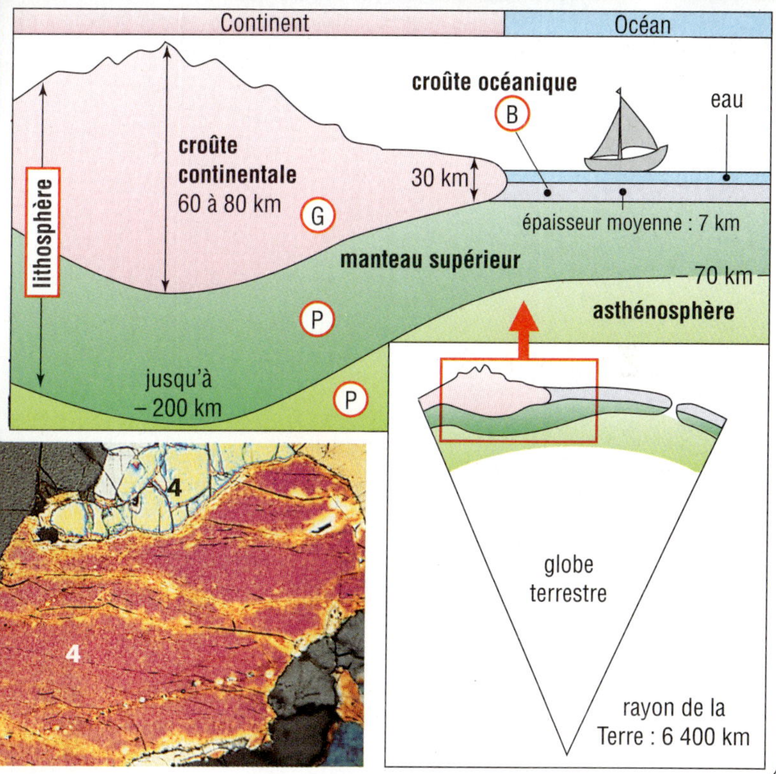

Activités

1. Comment les géologues connaissent-ils la structure interne du globe ?

2. À quelle profondeur se produit la brusque variation de vitesse des ondes sismiques indiquée sur le graphe **C** entre les points B et C ? Comment les géologues interprètent-ils cette variation ? Comment désignent-ils la couche de roches comprise entre 0 et 30 km de profondeur ? De quelles roches s'agit-il ?

3. Comment les géologues désignent-ils les couches dont la profondeur est supérieure à 30 km ? Quelles roches constituent ces couches ? Comment les géologues interprètent-ils la diminution de vitesse à partir de D ?

4. D'après ce qui précède, précisez la différence entre lithosphère et asthénosphère.

5. À l'aide du document **d**, présentez sous forme d'un tableau une comparaison entre lithosphère continentale et lithosphère océanique (épaisseur, nature des roches,...).

6. Qu'est-ce qu'une plaque ? Justifiez sa comparaison avec un morceau de « coquille d'œuf ».

DOCUMENTS 3

La mise en évidence de la mobilité des plaques

C'est dans les années 60 que les géologues ont découvert que la lithosphère était découpée en plaques. Très rapidement, ils ont pu démontrer que ces plaques étaient mobiles les unes par rapport aux autres. Comment cette mobilité a-t-elle été mise en évidence ?

1 Les zones d'écartement des plaques.

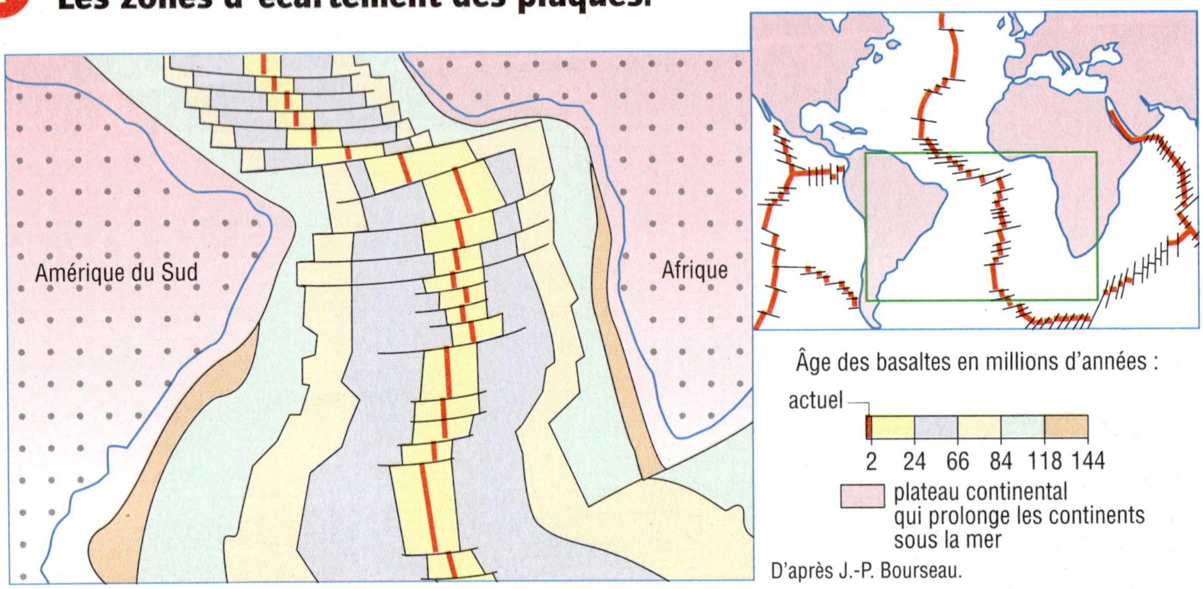

D'après J.-P. Bourseau.

a Âge du basalte constituant le plancher de l'océan Atlantique.

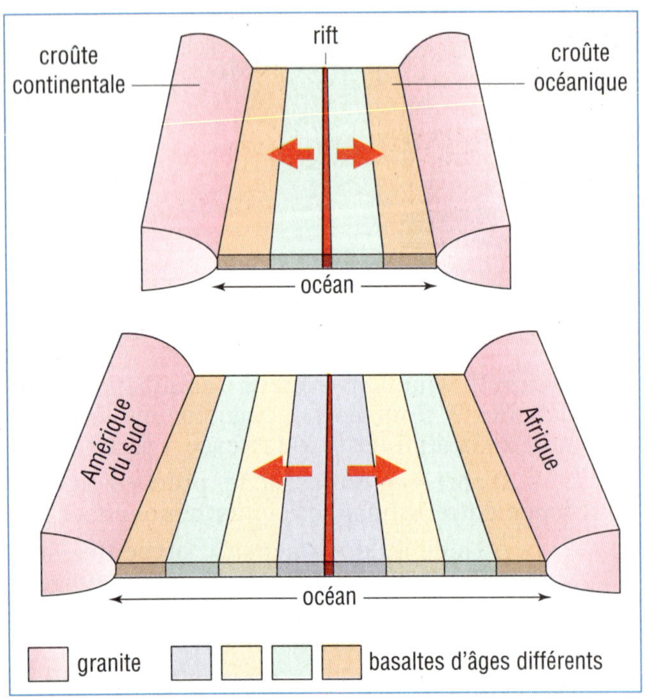

b Écartement des plaques en double tapis roulant.

c Une maquette pour comprendre.

2 Les zones de rapprochement des plaques.

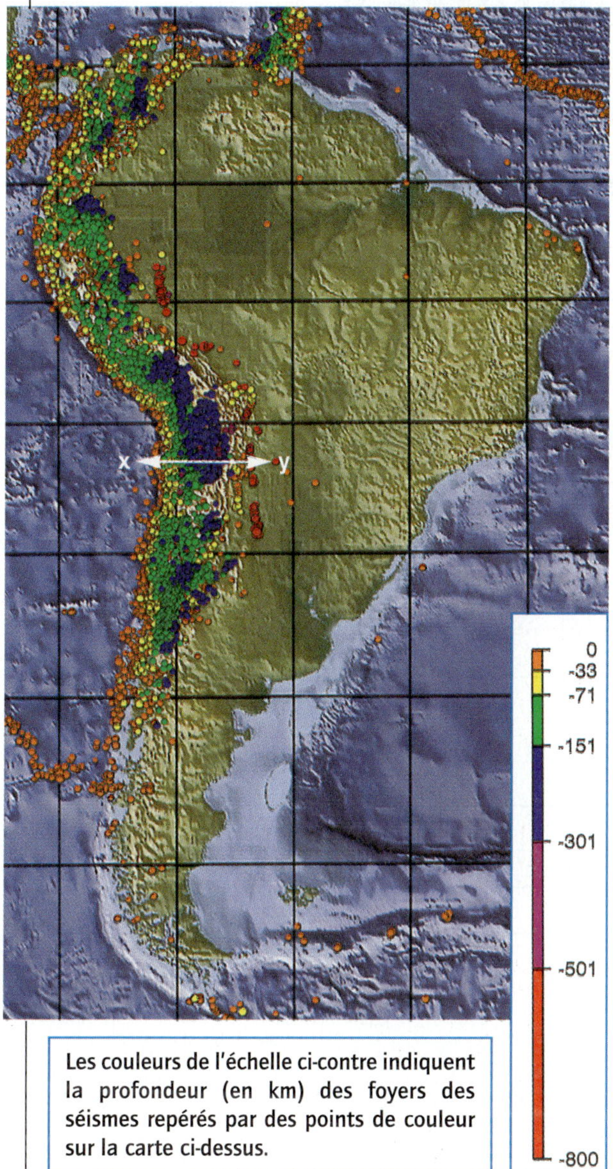

Les couleurs de l'échelle ci-contre indiquent la profondeur (en km) des foyers des séismes repérés par des points de couleur sur la carte ci-dessus.

d Des séismes plus ou moins profonds le long de la côte Ouest de l'Amérique du Sud.

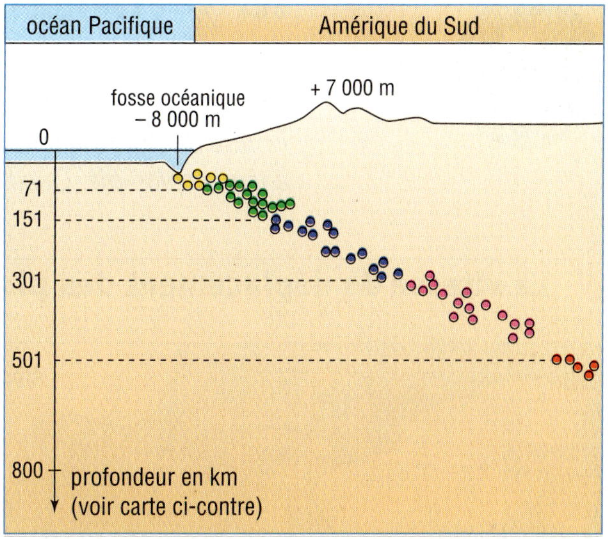

e Répartition des foyers des séismes selon la coupe x y.

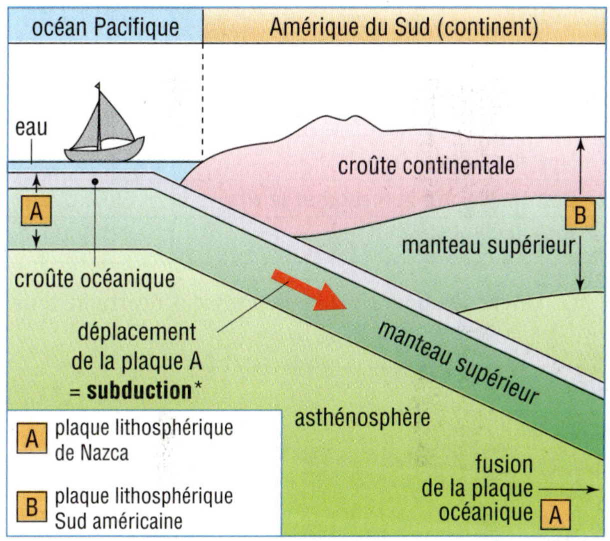

f L'interprétation des faits observés.

LEXIQUE

- **Accrétion océanique** : création de croûte océanique dans l'axe des dorsales (zone d'écartement de plaques).
- **Subduction** : (du latin *subducere* = conduire dessous) : enfoncement de la lithosphère océanique sous la lithosphère continentale.

Activités

1. Où sont situés les basaltes les plus jeunes sur la carte **a** ? les plus anciens ? Que remarquez-vous ?

2. À l'aide des documents **a**, **b** et **c**, précisez dans quelle direction se déplace chacune des deux plaques en contact au niveau d'un rift et comment se fabrique la croûte océanique.

3. En vous reportant à la page 137, nommez les deux plaques en contact au niveau de la côte Ouest de l'Amérique du Sud. Indiquez à quoi correspondent les points sur les documents **d** et **e**.

4. En utilisant les informations du document **f**, expliquez le phénomène de subduction. Comment expliquez-vous l'existence de nombreux séismes dans cette zone ?

DOCUMENTS 4

L'énergie de la « machine Terre »

Bien qu'elles soient peu épaisses, les plaques représentent une masse énorme : chaque kilomètre carré de plaque correspond à une masse de l'ordre de 300 milliards de tonnes. Leurs déplacements réclament donc une énergie colossale. Quelle est l'origine d'une telle énergie ?

1 La vitesse de déplacement des plaques.

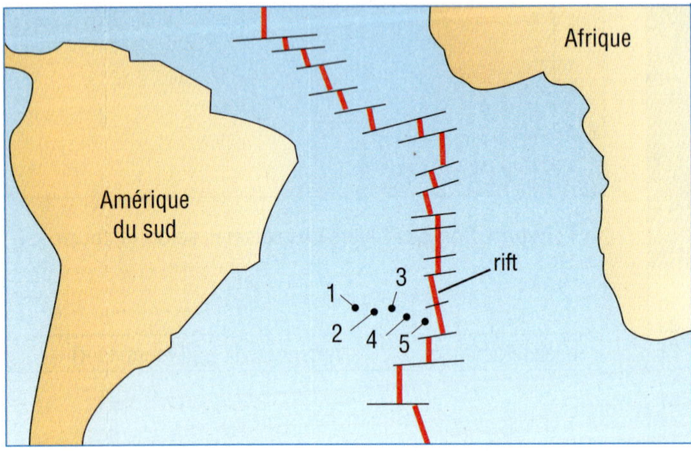

Au cours des expéditions menées en 1968-69, le navire océanographique Glomar Challenger a réalisé des forages dans l'Atlantique Sud, notamment aux endroits numérotés de 1 à 5 sur la carte. Ces forages ont permis de dater les basaltes de la croûte océanique. Le tableau ci-dessus donne la distance de chaque forage par rapport au rift et l'âge des basaltes récoltés.

Numéros des forages	1	2	3	4	5
Distance entre le forage et le rift	1 350 km	1 000 km	750 km	430 km	190 km
Âge des basaltes	70 Ma	51 Ma	40 Ma	23 Ma	10 Ma

a Un moyen pour calculer la vitesse d'écartement des plaques.

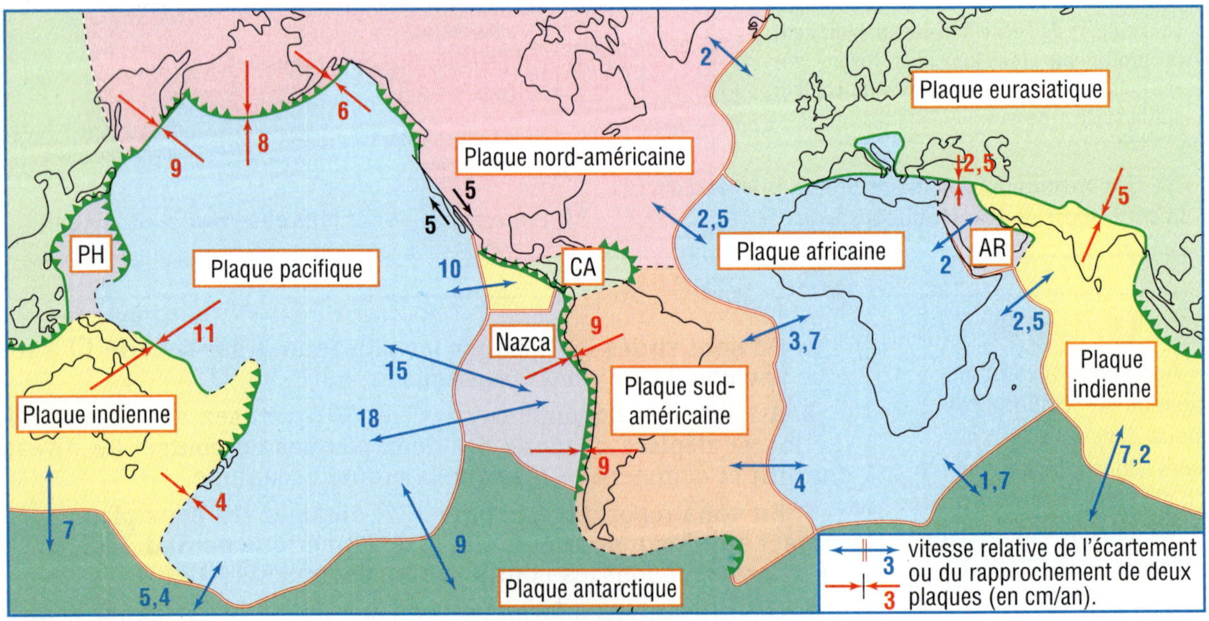

b Des plaques en mouvement à des vitesses différentes.

2 Quelle est la source d'énergie ?

La mine d'or de Deep Levels en Afrique du sud est la mine la plus profonde du Monde : 3 578 m.
Voici les températures des roches relevées à différentes profondeurs :
- 1 000 m : 25 °C
- 2 000 m : 35 °C
- 3 578 m : 52 °C.

c Plus on descend dans une mine, plus il fait chaud.

La température des roches augmente avec la profondeur. Les travaux dans les mines et les températures relevées à l'occasion d'un forage en apportent la preuve.
L'augmentation de température avec la profondeur (appelée **gradient géothermique**) est en moyenne de 30 °C par kilomètre (1 °C pour 32 m) près de la surface du globe, le gradient diminue ensuite avec la profondeur.
La température au centre de la Terre serait proche de 5 000 °C comme le montre le graphique, établi, bien entendu, par des mesures indirectes et proposé ici à titre d'information.

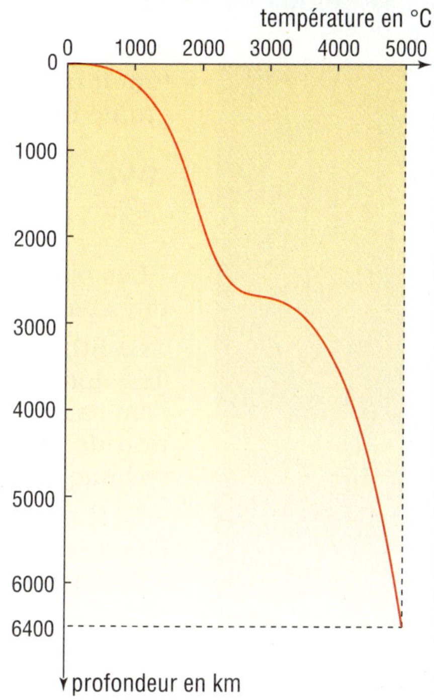

d Qu'appelle-t-on gradient géothermique* ?

La machine Terre fonctionne à l'énergie atomique

La Terre produit de la chaleur par radioactivité*. C'est pourquoi on la compare parfois à une gigantesque centrale nucléaire.
Les roches du globe terrestre contiennent en effet des éléments radioactifs (uranium, thorium, potassium...) qui se transforment lentement (on dit qu'ils se désintègrent) en produisant de la chaleur. La concentration de ces éléments radioactifs dans les roches est faible mais suffisante pour produire une quantité considérable de chaleur : on estime que l'énergie produite à chaque seconde est équivalente à celle produite par 40 000 centrales nucléaires.

LEXIQUE

- **Gradient géothermique :** variation de la température des roches avec la profondeur.
- **Radioactivité :** propriété que possèdent certains éléments chimiques d'être instables et de se transformer spontanément en émettant des rayonnements énergétiques.

Activités

1. À l'aide du document **a**, calculez la vitesse de déplacement (en cm/an) de la plaque sud-américaine par rapport au rift : pour cela, vous diviserez la distance forage-rift (exprimée en centimètres) par l'âge du basalte correspondant (exprimé en années). Comparez les résultats obtenus pour chaque forage. Que constatez-vous ?

2. Toutes les plaques se déplacent-elles à la même vitesse ? Justifiez votre réponse en utilisant la carte **b**.

3. Dessinez schématiquement la plaque de Nazca. Indiquez par un trait bleu les endroits où la plaque s'agrandit et par un trait rouge les endroits où elle disparaît.

4. Quelle est l'origine de l'énergie qui fait bouger les plaques ?

DOC 1 DOC 2 La partie externe de la Terre est un puzzle de plaques.

Photographie : la surveillance d'une fissure en Islande.

La comparaison des cartes de répartition mondiale des séismes et des volcans montre l'existence de zones actives étroites entourant de vastes zones tranquilles. Les variations de vitesse des ondes sismiques permettent par ailleurs de distinguer une lithosphère externe rigide reposant sur une asthénosphère, d'environ 600 km d'épaisseur, plus chaude et plus déformable.

La lithosphère, d'une épaisseur moyenne de 100 kilomètres, est découpée en plaques dont les limites correspondent aux zones volcaniques et sismiques.

La partie superficielle de la lithosphère forme la croûte terrestre. La croûte continentale, surtout formée de granites, est plus épaisse que la croûte océanique, essentiellement basaltique.

DOC 3 Les plaques sont mobiles.

Les plaques lithosphériques se déplacent les unes par rapport aux autres.

La lithosphère océanique se forme au niveau des dorsales médio-océaniques. À ce niveau, l'émission de laves basaltiques permet la création de croûte et une expansion du plancher océanique « en double tapis roulant ».

La lithosphère océanique disparaît au niveau des zones de subduction qui constituent des « frontières » d'affrontement de deux plaques. L'une des plaques « plonge » sous l'autre, ce mouvement étant à l'origine de nombreux séismes dont les foyers sont localisés dans un plan incliné matérialisant la surface de « frottement » des deux plaques.

DOC 4 Le moteur du déplacement des plaques.

Les plaques se déplacent lentement les unes par rapport aux autres, à des vitesses pouvant atteindre quelques centimètres par an. Les masses à déplacer étant gigantesques, d'énormes quantités d'énergie sont nécessaires. Cette énergie provient de l'intérieur de la Terre. L'augmentation de la température avec la profondeur, ou gradient géothermique, révèle l'existence d'une source de chaleur interne. Cette chaleur est essentiellement libérée par les matériaux radioactifs présents en profondeur.

L'essentiel

Ce qu'il faut savoir

A la surface du globe, des zones étroites, marquées par une activité sismique et volcanique, représentent les frontières de zones beaucoup plus vastes et stables, les plaques.

Ces plaques sont constituées de lithosphère rigide, d'une épaisseur moyenne de 100 kilomètres. Elles reposent sur une asthénosphère chaude et déformable.

Les plaques se déplacent lentement : elles s'écartent au niveau des dorsales (où de la lithosphère est créée) et s'affrontent au niveau des zones de subduction (où de la lithosphère disparaît).

Le dégagement de chaleur par la radioactivité des roches est le « moteur » de ces déplacements.

Les mots-clés

- zone active du globe
- lithosphère
- plaque lithosphérique
- asthénosphère
- croûte
- manteau
- accrétion océanique
- subduction
- gradient géothermique
- énergie interne
- radioactivité

Le schéma bilan

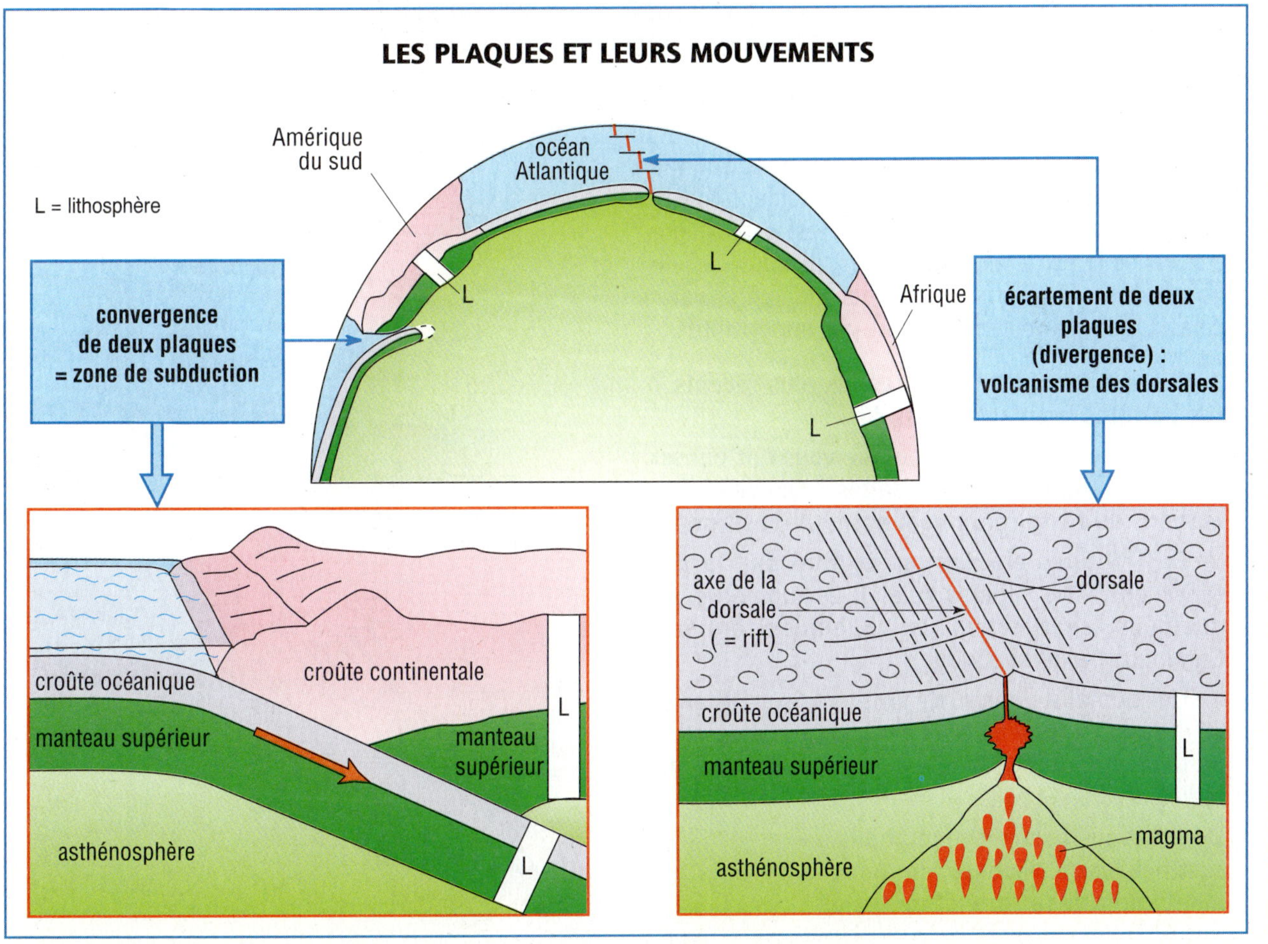

EXERCICES

Je teste mes connaissances

A• Définissez les mots ou expression :
Plaque lithosphérique, lithosphère, asthénosphère, subduction.

B• Vrai ou faux ?
Certaines affirmations sont exactes, recopiez-les. Corrigez ensuite les affirmations inexactes.
a. Les limites des plaques sont les mêmes que celles des continents.
b. Les croûtes continentale et océanique ont la même épaisseur.
c. La croûte océanique est de nature basaltique.
d. La croûte terrestre fait partie de la lithosphère.
e. Plus on s'éloigne de la dorsale, plus la croûte océanique est jeune.
f. Les fosses océaniques se forment dans les zones d'écartement des plaques.

C• Dans la liste ci-après, recherchez les mots ou expressions qui se rapportent...
... aux zones d'écartement des plaques d'une part, aux zones de rapprochement des plaques d'autre part.
Subduction, rift, volcanisme effusif, fosses océaniques, création de plancher océanique, dorsale océanique, volcanisme explosif, double tapis roulant, disparition de croûte océanique.

D• Expliquez...
a. Pourquoi la partie superficielle du globe terrestre peut être comparée à un gigantesque puzzle.
b. Pourquoi on qualifie les limites de plaques de zones actives.
c. Comment de la croûte océanique se crée dans les zones d'écartement des plaques.

E• Questions à réponse courte.
a. Comment peut-on repérer les limites des plaques ?
b. Comment peut-on connaître la structure interne du globe terrestre ?
c. Quel est le moteur du déplacement des plaques ?

J'utilise mes connaissances

1 Comprendre la formation d'une île volcanique : l'Islande.

L'Islande, située au milieu de l'océan Atlantique Nord, est une île volcanique essentiellement constituée de basaltes. Le centre de l'île est occupé par une vallée large de plus de 100 km, déchirée par de nombreuses fissures et limitée par des failles verticales. L'activité volcanique y est très importante.

1• Où sont situés les basaltes les plus récents ? Les basaltes les plus anciens ?

2• À quelle structure géologique vous fait penser une telle répartition des basaltes ? Quelles informations du texte confirment votre proposition ?

3• Des mesures précises ont montré que la distance entre les repères A et B a augmenté de quelques centimètres en quelques années. Comment l'expliquez-vous ?

4• Un journaliste concluait un article sur l'Islande en écrivant : *« Quoique terre émergée, l'Islande n'appartient pas au domaine continental mais au domaine océanique. »*

Donnez-vous raison à ce journaliste ?
Justifiez votre réponse en reprenant les arguments tirés de la carte et du texte.

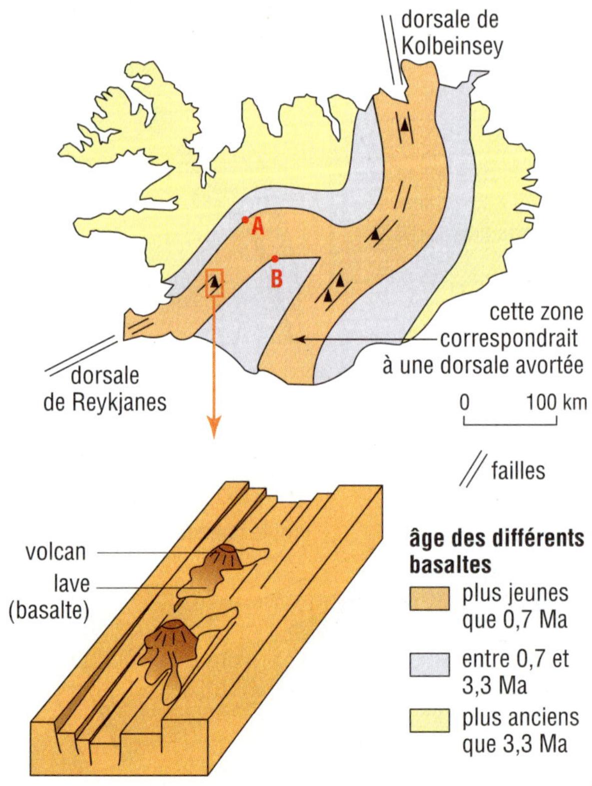

2 Établir une relation entre séismes et limites de plaques.

La carte présente la localisation et la profondeur des foyers (en km) des séismes de magnitude égale ou supérieure à 7 survenus entre 1975 et 1997.

1 • Comparez ce document avec la carte de répartition des séismes de la page 90. Que constatez-vous ?

2 • Les séismes indiqués sur le document ci-dessous correspondent-ils à des zones de convergence ou à des zones d'écartement des plaques ?

3 • Pourquoi les séismes des dorsales n'apparaissent-ils pas ?

4 • En Amérique du Sud, quelle relation constatez-vous entre la localisation des séismes et la profondeur de leurs foyers respectifs ?

Comment expliquez-vous cette disposition des foyers ? Illustrez votre réponse par un schéma très simple.

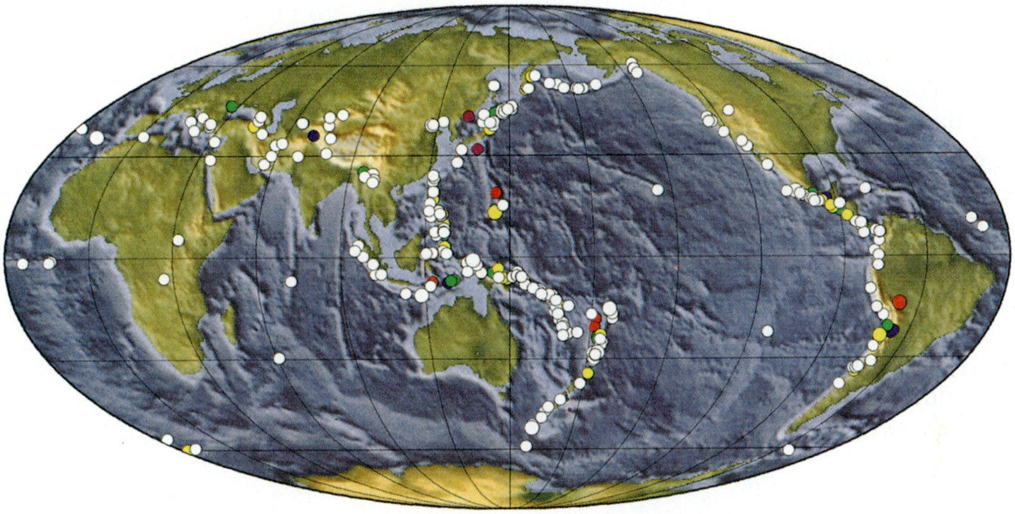

USGS National Earthquake Information Center

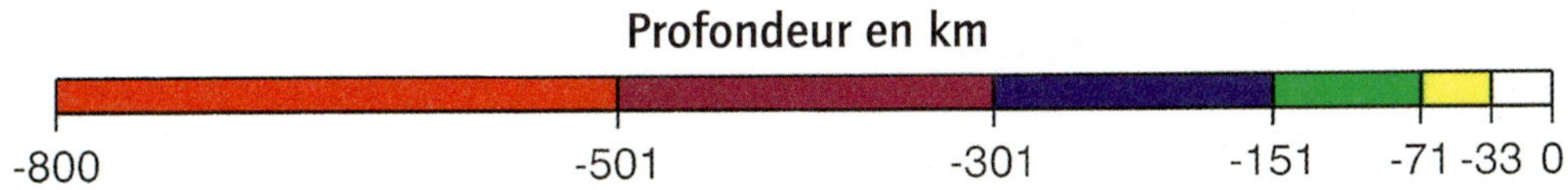

3 Commenter une coupe de la lithosphère.

Le dessin ci-contre représente une coupe selon la ligne AB repérée sur la carte.

1 • Que représentent les parties 1 et 2 ? Indiquez leurs différences (épaisseur, nature des roches). En utilisant les quatre numéros, définissez la lithosphère puis l'asthénosphère.

2 • En vous aidant du planisphère page 137, dites si la limite entre les zones 1 et 2 représente une frontière de plaques ?

Justifiez votre réponse.

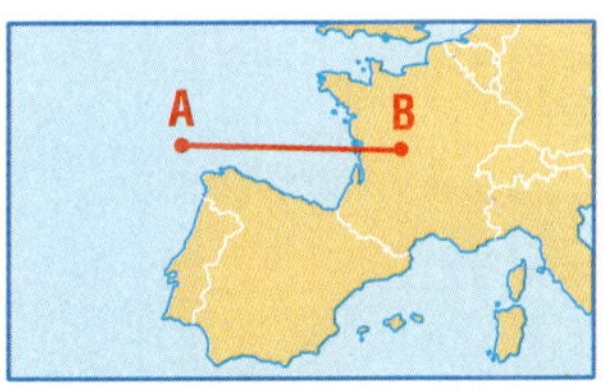

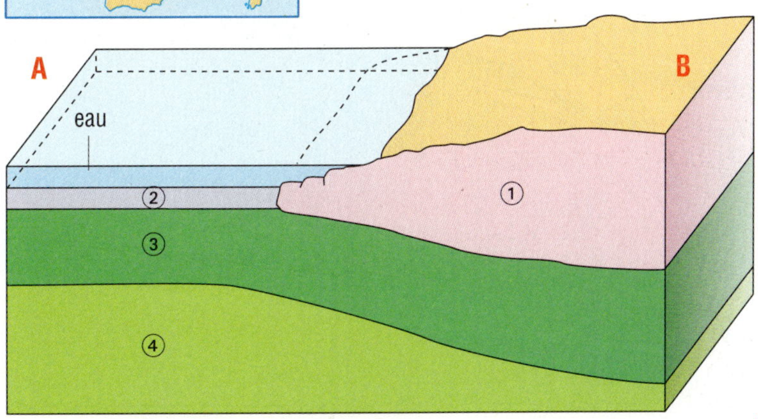

4 Une zone active du globe, les petites Antilles.

Les petites Antilles forment un arc d'îles volcaniques, avec des volcans explosifs comme la Montagne Pelée à la Martinique, les Soufrières de la Guadeloupe, de Saint-Vincent, de Montserrat... Dans cet archipel, les séismes sont fréquents, les foyers se disposant selon un plan incliné sous les Caraïbes, jusqu'à 190 km de profondeur.

1. **En vous aidant de la carte page 137, indiquez quelles sont les deux plaques en contact dans cette région.**

2. **D'après les documents, précisez sur quel type de frontière de plaques se situent les petites Antilles.**

3. **Décalquez la coupe géologique et localisez sur votre dessin les deux plaques en contact. Indiquez l'emplacement de la fosse océanique, des foyers sismiques ; indiquez par des flèches le mouvement relatif des plaques.**

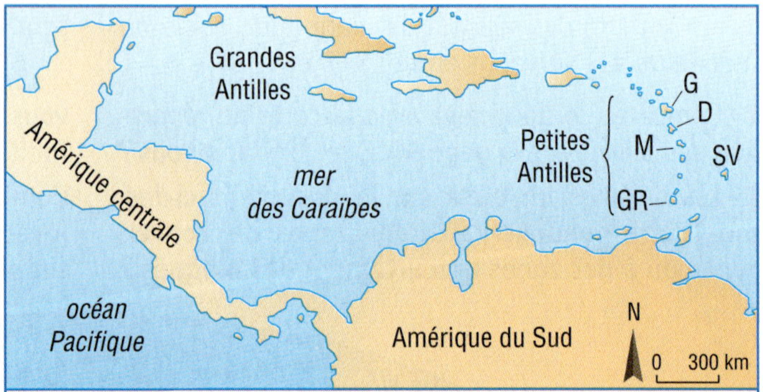

G : Guadeloupe D : Dominique M : Martinique
SV : Saint-Vincent GR : Grenade

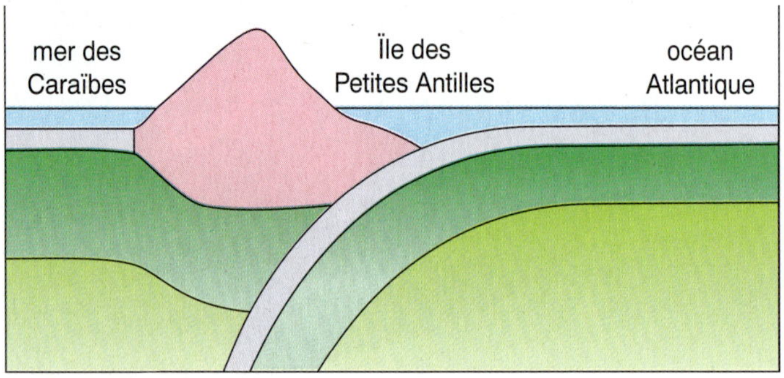

5 La lithosphère, un jeu de plaques.

Le dessin ci-dessous représente une coupe partielle du globe terrestre au niveau de l'hémisphère Sud.

1. **Décalquez cette coupe en ne représentant que la lithosphère.**

2. **Combien de plaques sont repérables sur cette coupe ? Coloriez différemment chacune d'elles.**

3. **Repérez les frontières de plaques et indiquez en légende pour chacune s'il s'agit d'une zone d'écartement ou de rapprochement. Placez des flèches symbolisant leurs mouvements relatifs.**

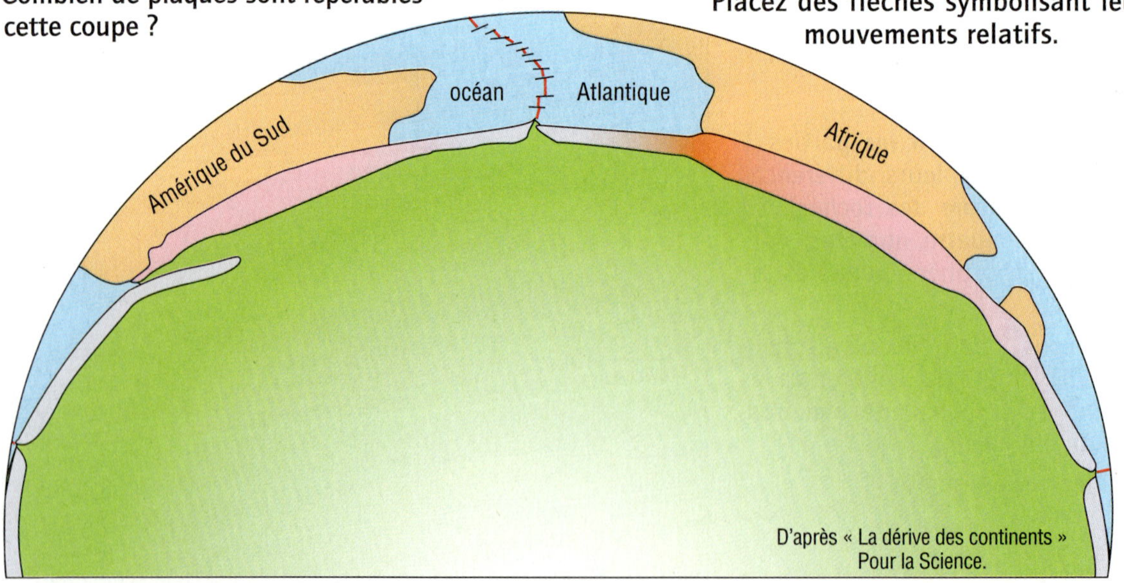

D'après « La dérive des continents » Pour la Science.

CHAPITRE

2

Les conséquences des mouvements des plaques

Les problèmes à résoudre :

- Les plaques lithosphériques s'écartent au niveau des dorsales et se rapprochent au niveau des zones de subduction : quelles modifications du « visage » de la Terre ces déplacements provoquent-ils ?
- Deux continents, entraînés par le déplacement des plaques, peuvent entrer en collision : quelles sont les conséquences de ce choc ?

DOCUMENTS 1

Le « ballet » des continents

Nous savons que les plaques lithosphériques se déplacent lentement les unes par rapport aux autres. Les continents, parties émergées des plaques, sont évidemment entraînés dans ces déplacements et dérivent les uns par rapport aux autres. Comment cette dérive a-t-elle modifié le visage de la Terre au cours des temps géologiques ?

1 La dérive des continents, une idée ancienne.

En 1910 Alfred Wegener énonce cette idée surprenante : le continent américain et le bloc Europe-Afrique, autrefois soudés, se sont éloignés l'un de l'autre au cours des temps géologiques. Sa théorie, appelée **« dérive des continents »**, est fondée sur les similitudes géographiques qui existent entre l'Amérique du Sud et l'Afrique, mais aussi sur la continuité des terrains géologiques, sur l'identité des faunes et des flores fossiles anciennes...
À l'époque, en l'absence d'explications cohérentes d'une telle « dérive », l'idée d'une mobilité des continents est combattue par de nombreux scientifiques. Il faut attendre 1950 pour que le débat soit sérieusement relancé avec l'étude des fonds océaniques. Cette étude conduit en 1968 à l'élaboration de la **théorie de la tectonique des plaques**.

a Des complémentarités troublantes.

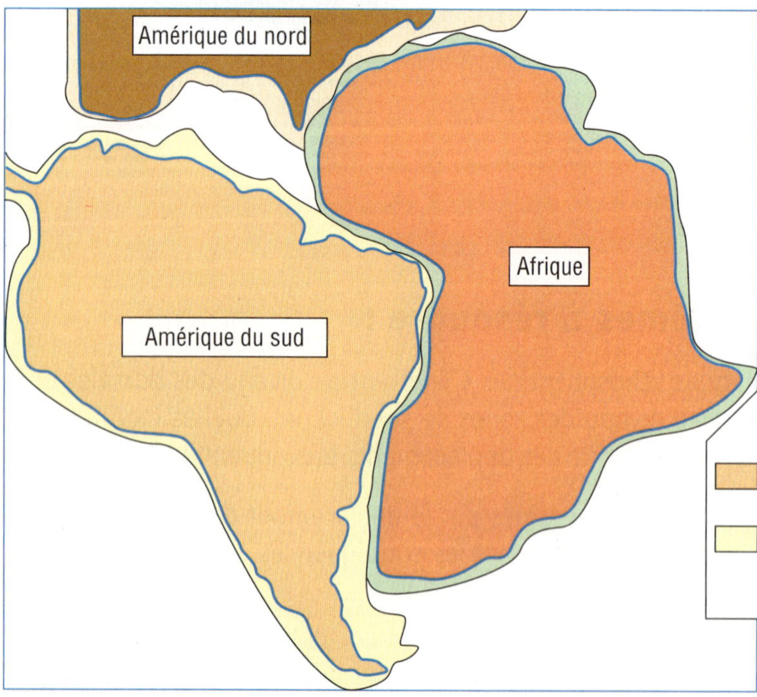

b Pour construire une maquette.

2 Le déplacement des continents depuis 300 millions d'années.

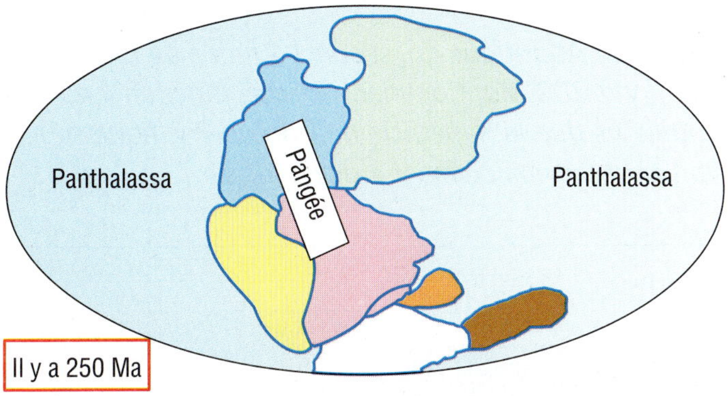

Il y a 250 Ma

Au fil du temps, les mouvements des plaques ont progressivement façonné le visage de la Terre. Il y a 250 millions d'années, la planète ne montrait qu'un seul continent, appelé Pangée (du grec *pan* = tout et *géo* = terre), entouré d'un unique océan, la Panthalassa (*« toute la mer »*). La fracturation progressive de ce supercontinent et le déplacement des plaques sont à l'origine du visage actuel du globe terrestre.

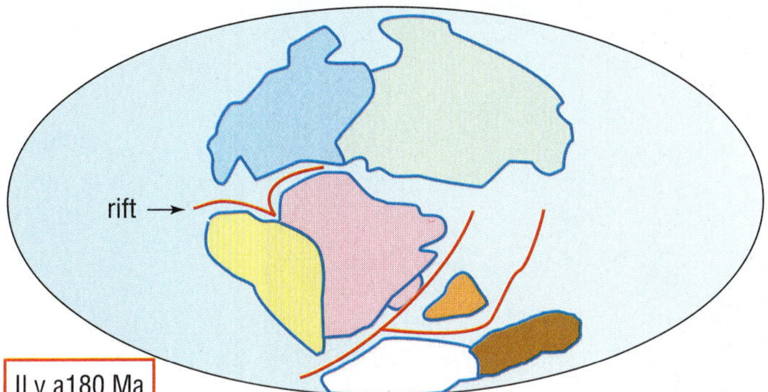

Il y a180 Ma

Des mesures récentes réalisées grâce au positionnement par satellite prouvent, de façon incontestable, que l'Amérique du Sud et l'Afrique s'écartent actuellement l'une de l'autre de 2 cm par an, en moyenne.

Activités

1. Décalquez puis découpez les deux continents (figure **b**), en suivant la limite du plateau continental. Assemblez-les et recherchez en **a** les arguments qui montrent que l'Afrique et l'Amérique du Sud ne formaient à l'origine qu'une seule masse continentale.

2. Comment la tectonique des plaques explique-t-elle l'éloignement progressif de l'Amérique du Sud et de l'Afrique ? Répondez en utilisant les informations fournies par la figure **b** à la page 140.

3. L'océan Atlantique a-t-il toujours existé ? Quand est-il apparu ? Comment a-t-il évolué ? Comment évolue-t-il encore ?

4. La Panthalassa, océan unique il y a 300 Ma, s'est progressivement réduite à l'océan Pacifique actuel. Quel phénomène géologique explique cette évolution ?

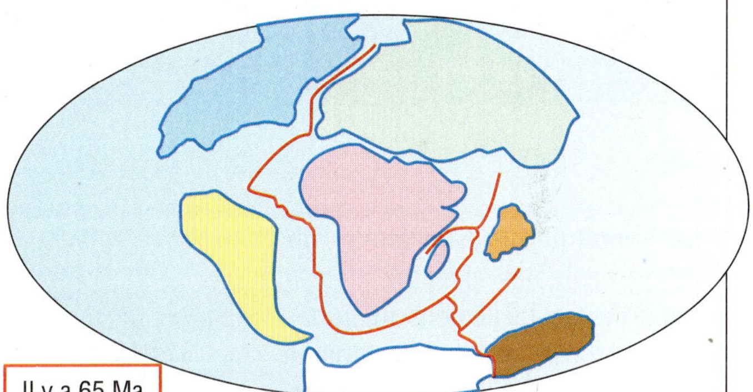

Il y a 65 Ma

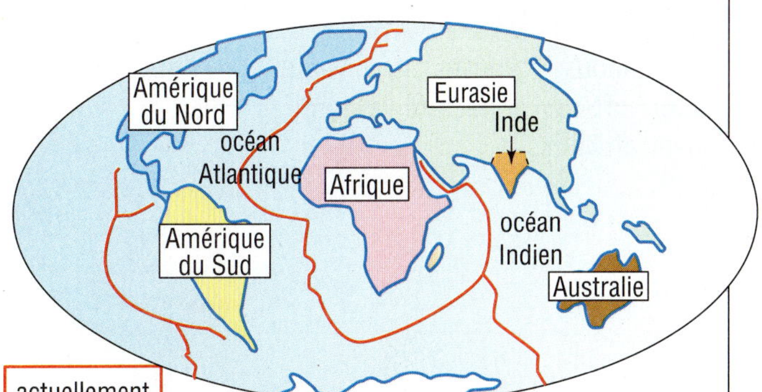

actuellement

D'après C. Allègre. « L'écume de la Terre ». Éd. Fayard.

DOCUMENTS 2

L'ouverture et la fermeture des océans

Nous avons vu que l'océan Atlantique qui sépare l'Afrique de l'Amérique a commencé à s'ouvrir il y a 200 Ma. Comment un océan peut-il « naître » ? Nous avons vu par ailleurs que la superficie de l'océan Pacifique se réduit peu à peu. Un océan peut-il complètement « disparaître » ?

1 L'ouverture d'un océan.

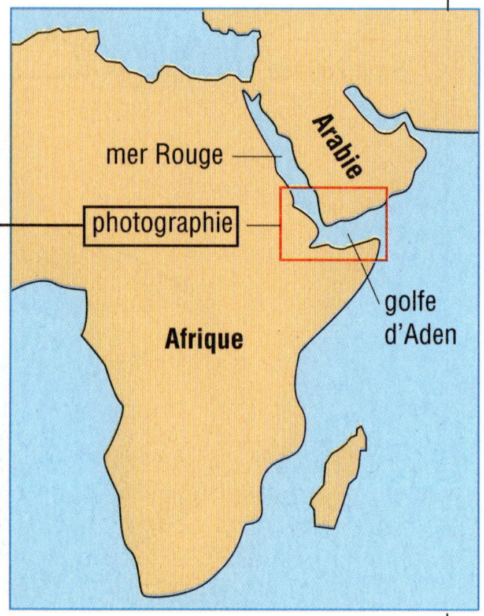

a La mer Rouge et le golfe d'Aden vus par satellite à 630 km d'altitude.

La remarquable similitude de forme des côtes africaine et arabique laisse facilement imaginer que l'Afrique et l'Arabie étaient jadis « collées » ! Les géologues ont en effet démontré que le golfe d'Aden est un jeune océan qui a commencé à s'ouvrir il y a 20 millions d'années au niveau d'un rift qui a fracturé le continent africain.

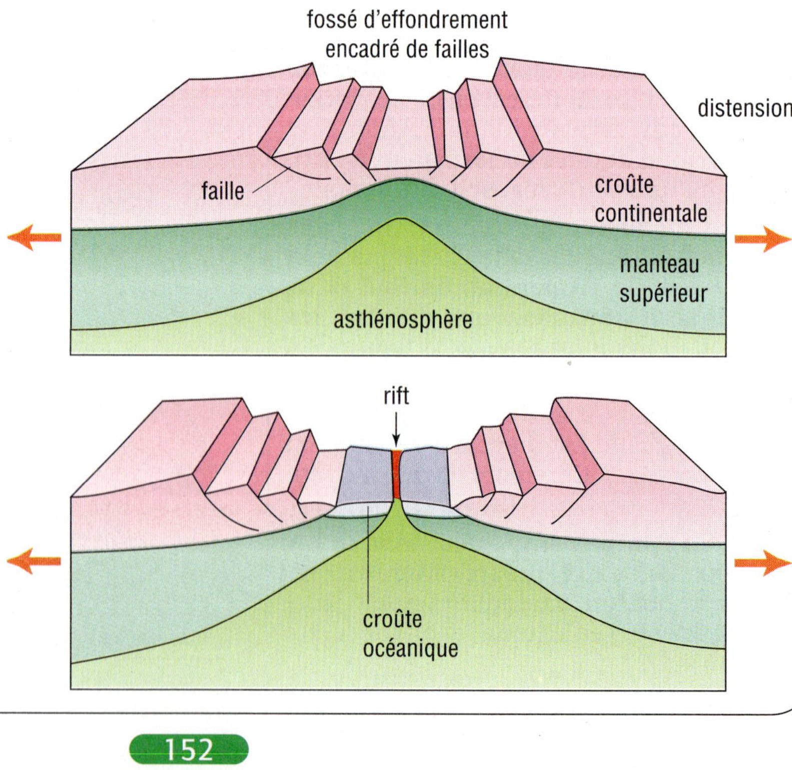

b La naissance d'un océan.

2 La fermeture d'un océan.

L'Inde, portée par la plaque indo-australienne, a effectué un « voyage » de 7 000 km environ, à une vitesse moyenne de 10 cm par an. Cette dérive a eu pour conséquence de « fermer » progressivement l'océan qui a totalement disparu lorsque l'Inde est entrée en collision avec l'Asie.

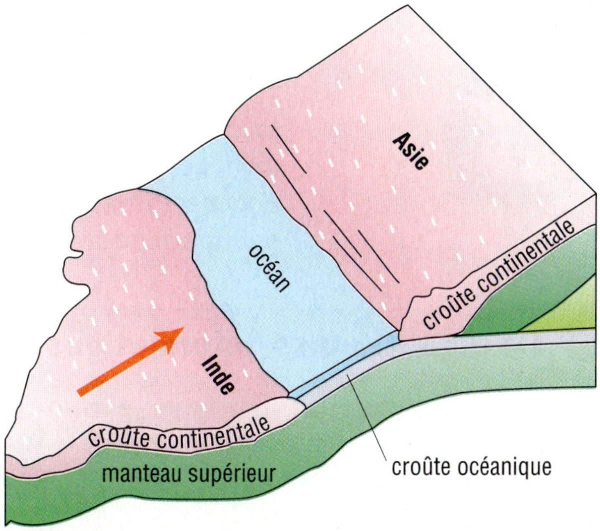

d Entre l'Inde et l'Asie, l'océan s'est réduit peu à peu.

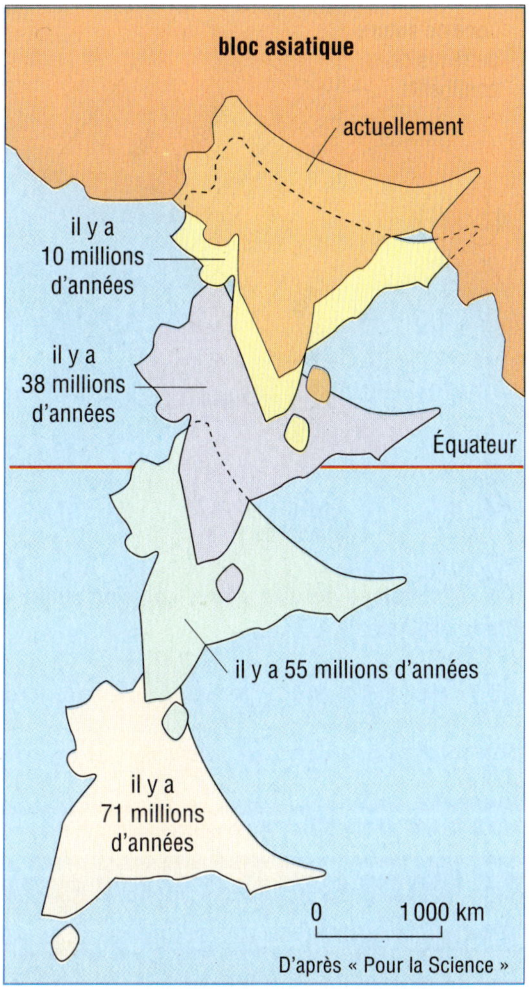

c Les positions successives de l'Inde depuis 71 Ma.

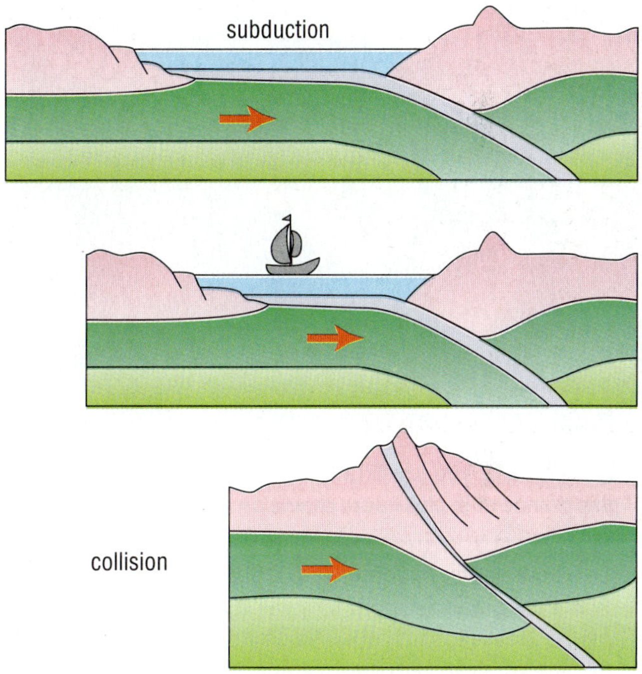

e La subduction aboutit à la collision de deux continents.

Activités

1. Décalquez la photographie **a**. Que vous suggère le tracé des côtes ?

2. En utilisant le document **b**, expliquez comment naît un océan.

3. Quel phénomène géologique est responsable de la disparition progressive de l'océan entre l'Inde et l'Asie ? Que se passe-t-il depuis que cet océan a complètement disparu ?

4. En prenant l'exemple de l'Inde, établissez une relation entre la « mort » d'un océan et la tectonique des plaques.

DOCUMENTS 3

Le choc des continents et la naissance des montagnes

La collision de l'Inde et de l'Asie a eu une conséquence spectaculaire : la formation de l'Himalaya, la plus haute chaîne de montagnes du monde. Comment l'affrontement des plaques peut-il engendrer de telles déformations de la croûte terrestre ?

1 De gigantesques déformations de la lithosphère.

a Sur cette vue satellitale, on découvre l'Himalaya, la plus grande et la plus haute chaîne de collision* du monde.

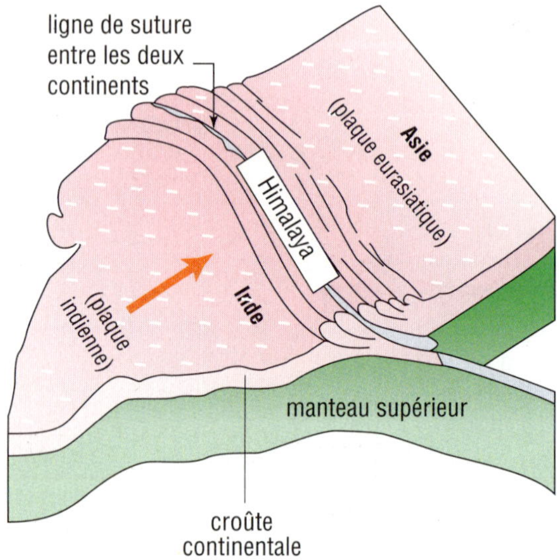

b L'Himalaya résulte d'une collision entre l'Inde et l'Asie.

La photographie ci-contre (C.N.R.S.-Géosciences, Rennes ; P. R. Cobbold et P. Davy). présente le résultat d'une expérience réalisée dans un laboratoire de l'Université de Rennes. Un piston en acier, matérialisant l'Inde, est poussé à l'intérieur d'une « plaque » qui représente les roches du continent asiatique.
Sur le modèle, la « plaque » est constituée de trois couches :
- surface bleue = sable = croûte fragile cassante ;
- une couche de silicone = croûte qui peut être déformée ;
- une couche de miel = manteau lithosphérique.
Cette modélisation donne une image de ce qui se passe lorsque les parties continentales de deux plaques entrent en collision.

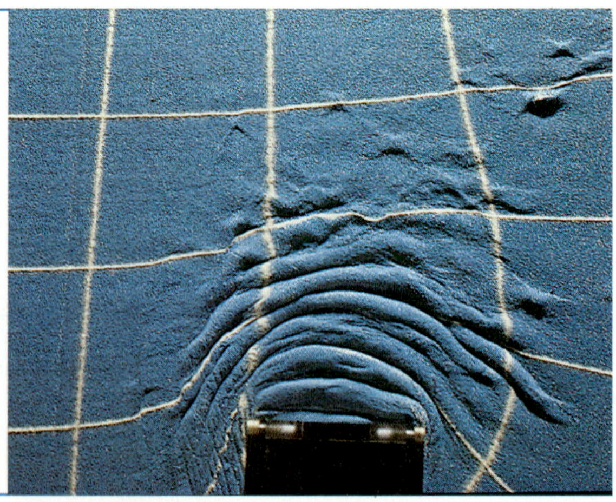

c Simulation de la déformation de la lithosphère lors du choc des continents.

2 Les roches témoignent des contraintes subies.

d Deux exemples de déformation au niveau des terrains : **1.** Un pli* ; **2.** Un pli-faille.

e Des couches de plâtre coloré symbolisant les roches de la lithosphère, sont soumises à des contraintes dans une maquette (Ets Pierron).

LEXIQUE

- **Collision** : affrontement de masses continentales s'accompagnant de déformations très importantes de la croûte terrestre et provoquant la formation d'une chaîne de montagnes.
- **Faille** : déformation cassante des terrains avec déplacement relatif des parties séparées par la cassure.
- **Pli** : ondulation des terrains (déformation souple) sous l'effet de contraintes tectoniques.

Activités

1. Que s'est-il passé au cours de l'expérience **c** ? Comparez les résultats de cette expérience au dessin **b** puis expliquez la formation de l'Himalaya.

2. Actuellement, l'Himalaya s'élève encore de 0,5 à 1 cm par an. Essayez d'expliquer pourquoi.

3. Quel type de déformation visible sur le terrain a-t-on simulé à l'aide de la maquette **e** ? Au niveau de la planète, recherchez les causes de telles déformations.

DOC 1 DOC 2 Le « ballet » des continents.

Au cours des temps géologiques, les plaques lithosphériques ont entraîné dans leurs déplacements les continents, parties émergées de ces plaques. Ainsi les continents ont « dérivé » à la surface du globe, à des vitesses de l'ordre de quelques centimètres par an. Le « visage de la Terre » s'est donc profondément modifié.

Il y a 300 millions d'années, l'ensemble des continents était rassemblé en une seule masse continentale, la Pangée (« toute la terre »), entourée par un unique océan mondial, la Panthalassa (« toute la mer »). Ce « supercontinent » s'est alors fracturé ; de nouveaux océans sont apparus et, en s'élargissant progressivement, ont éloigné les continents qui ont migré jusqu'aux emplacements qu'ils occupent actuellement.

L'apparition d'un nouvel océan correspond toujours à la fracturation d'une masse continentale. Cet événement débute par la mise en place d'un fossé d'effondrement limité par de gigantesques alignements de failles. Ce fossé, envahi par la mer, devient un rift océanique. A son niveau, des injections de magma créent un plancher basaltique qui éloigne les deux masses continentales qui le bordent : le jeune océan s'élargit donc.

Les océans peuvent aussi se fermer. Le plancher océanique créé au niveau des dorsales disparaît tôt ou tard au niveau d'une zone de subduction. Ce mécanisme rapproche donc des masses continentales qui, à la fermeture de l'océan, entrent en collision.

DOC 3 La collision des continents et la formation des montagnes.

La collision de deux masses continentales a une conséquence spectaculaire : la formation de chaînes de montagnes. C'est ainsi que la collision, qui se poursuit encore aujourd'hui, entre l'Inde et l'Asie est à l'origine de la formation de l'Himalaya. De même, la collision entre l'Afrique et l'Europe est à l'origine des Alpes.

L'affrontement des masses continentales soumet la lithosphère à d'énormes contraintes qui sont à l'origine de déformations souples, les plis, ou de déformations cassantes, les failles.

Ces déformations s'observent à toutes les échelles : plis de plusieurs kilomètres dans une chaîne de montagnes, microplis de quelques centimètres dans un échantillon de roche.

Photographie : L'Europe (MSAT, Clermont-Ferrand).

L'essentiel

Ce qu'il faut savoir

Au cours des temps géologiques, le « visage de la Terre » s'est profondément modifié : les masses continentales se sont fracturées et les fragments, entraînés par les mouvements des plaques, ont « dérivé » les uns par rapport aux autres, à des vitesses de l'ordre de quelques centimètres par an.

La fracturation d'une masse continentale au niveau d'un rift conduit à l'apparition d'un nouvel océan qui s'élargit ensuite séparant ainsi deux continents.

La fermeture d'un océan, par subduction, entraîne l'affrontement de masses continentales. Cette collision engendre d'importantes déformations de la lithosphère (plis et failles) et aboutit à la formation de chaînes de montagnes : l'Himalaya, par exemple, résulte de la collision de l'Inde et de l'Asie.

Les mots-clés

- Pangée
- dérive des continents
- formation d'un océan
- fermeture d'un océan
- collision continentale
- faille
- pli
- formation d'une chaîne de montagnes

Le schéma bilan

LES CONSÉQUENCES DES MOUVEMENTS DES PLAQUES

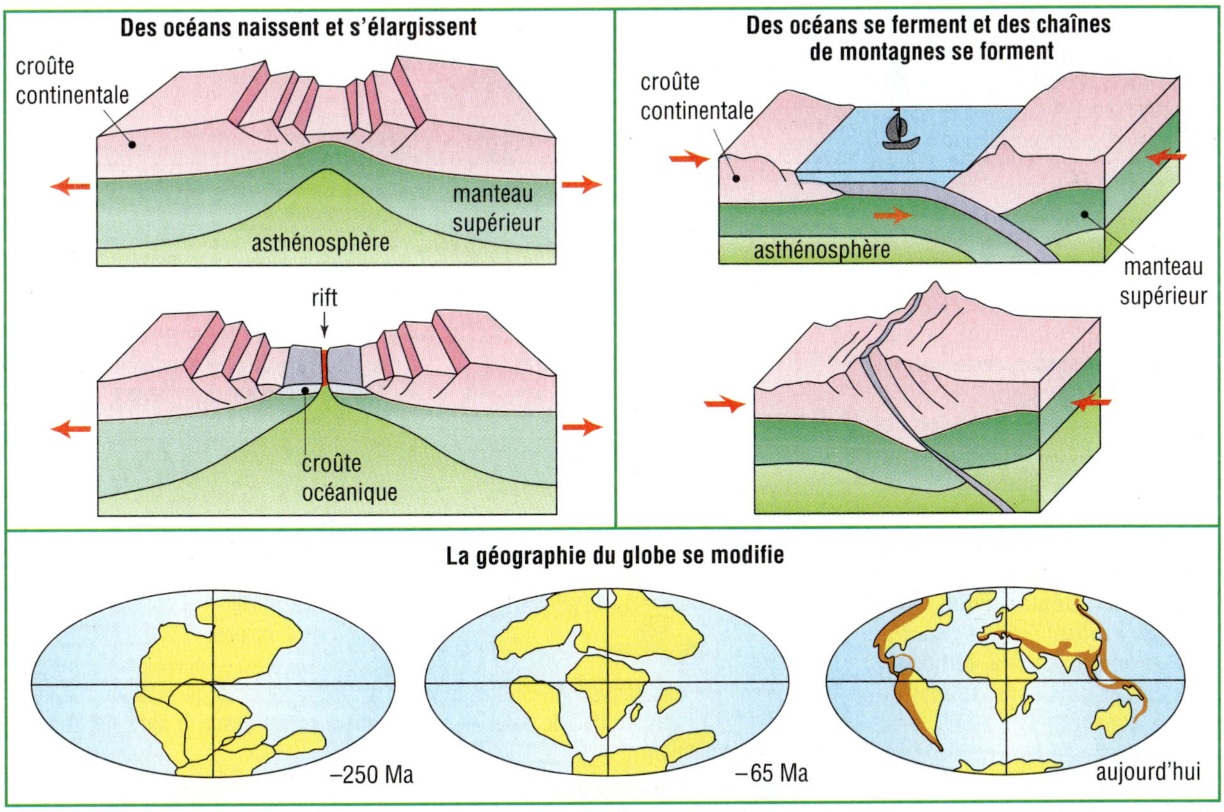

Des outils ... pour répondre à certaines

Un volcan explosif

Pourquoi une telle répartition des volcans terrestres explosifs ?

S'interrogeant sur la répartition des volcans et en particulier sur l'existence du « cercle de feu du Pacifique » qui regroupe à lui seul plus des deux-tiers des volcans explosifs du globe (voir page 116), le volcanologue français A. Boscowitz écrit, en 1884 : « On doit admettre que ce fait n'est pas dû au hasard mais qu'il repose sur une loi, un principe qui nous échappent encore, mais que ceux qui viendront après nous réussiront peut-être à dégager ».
Quatre-vingts ans plus tard, la théorie de la tectonique des plaques apporte des éléments de réponse à cette interrogation.

zone de subduction (voir page 141)

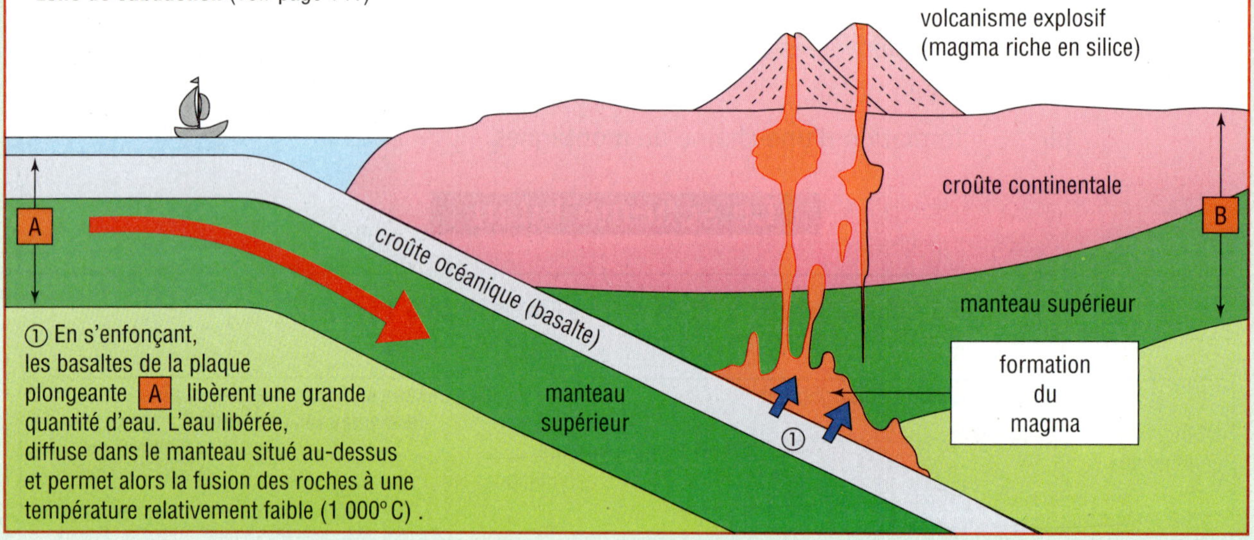

① En s'enfonçant, les basaltes de la plaque plongeante A libèrent une grande quantité d'eau. L'eau libérée, diffuse dans le manteau situé au-dessus et permet alors la fusion des roches à une température relativement faible (1 000° C) .

Pourquoi les plaques se déplacent-elles ?

Lorsqu'on chauffe de l'eau dans une casserole, cette eau ne reste pas immobile. Les différences de température provoquent des déplacements du liquide appelés mouvements de convection.
Ce modèle très simple permet de comprendre comment s'effectue le déplacement des plaques lithosphériques : la chaleur produite par la radioactivité de certains constituants du globe provoque de très lents mouvements de convection dans le manteau.

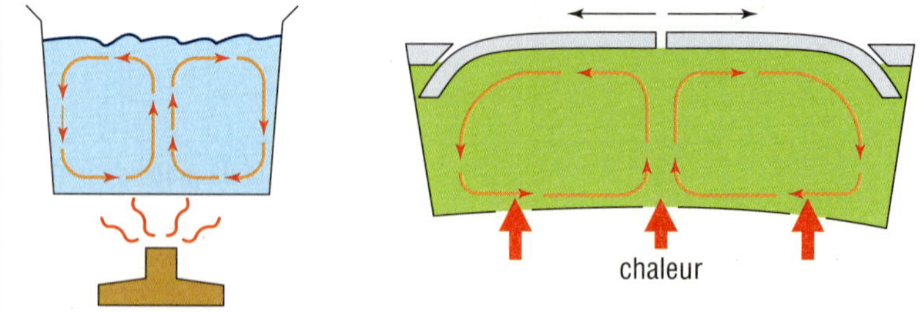

Bien que l'asthénosphère reste toujours à l'état solide, de la matière chaude monte à l'aplomb des dorsales et de la matière froide descend dans les zones de subduction.

Les mouvements de convection dans l'asthénosphère

interrogations

Comment expliquer la répartition des déformations de la lithosphère ?

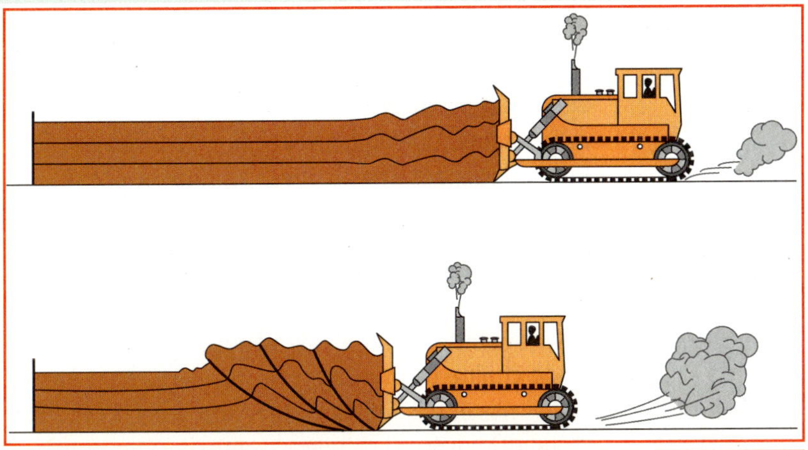

« Supposons qu'un bulldozer bouscule et comprime un entassement de couches d'argiles et de sables, superposées horizontalement sur une hauteur de quelques mètres. En avançant l'engin fabrique des reliefs comparables à une chaîne de montagnes. Plus l'engin avance et plus les transformations sont importantes. Tout d'abord les strates sont simplement plissées, puis des failles se forment à proximité du front de l'engin, pour affecter ensuite des zones de plus en plus éloignées. Les reliefs grandissent peu à peu et l'on finit par être en présence d'un système dont la forme évolue constamment, simulant assez bien la formation d'une chaîne de montagnes. »

M. Mattauer. « Monts et Merveilles ». Hermann.

Un modèle simple pour comprendre

La formation de plis et de failles (voir p. 155)

Vous avez vu à la page 154 que le « choc des continents » (une collision) entraîne des déformations de la lithosphère (plis, failles, formation d'une chaîne de montagnes...). Où se produisent actuellement de telles déformations ? La carte ci-contre répond à cette question. Pour l'exploiter, vous pouvez la décalquer et y ajouter les limites de plaques et des flèches indiquant le sens de déplacement de ces plaques.

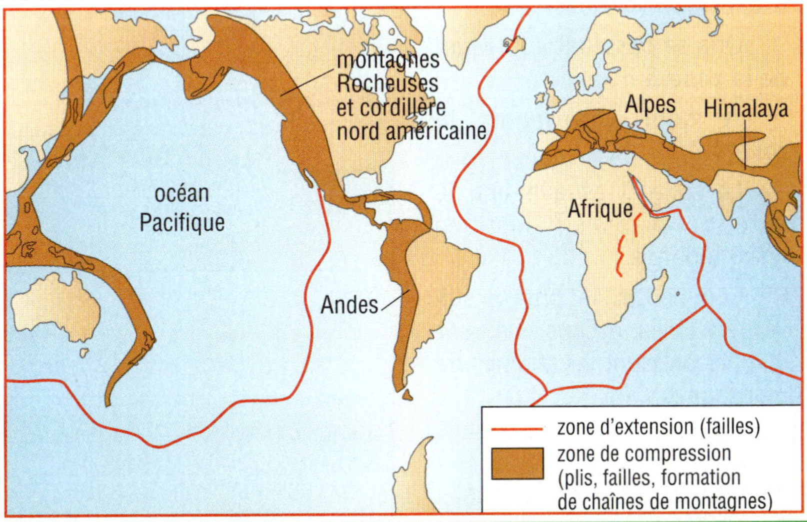

Les déformations actuelles de la lithosphère

EXERCICES

Je teste mes connaissances

A • Définissez les mots ou expressions :
Collision, pli, faille.

B • Vrai ou faux ?
Certaines affirmations sont exactes, recopiez-les. Corrigez ensuite les affirmations inexactes.
a. Les océans naissent dans les zones de convergence des plaques.
b. Les chaînes de montagnes naissent de l'affrontement de deux plaques.
c. Un océan disparaît lorsque deux croûtes continentales se rencontrent.
d. Au cours d'une collision, la chaîne de montagnes grandit.
e. Les continents ont toujours occupé la même place.

C • Chassez l'intrus...
...en justifiant votre choix.
a. Ouverture d'un océan, rift, séismes, collision, failles.
b. Collision, chaîne de montagnes, séismes, plis, rift, failles.

D • Exprimez des idées importantes...
... en rédigeant une phrase utilisant chaque groupe de mots pris dans l'ordre.
a. Écartement des plaques, océan, continents.
b. Affrontement des plaques, continents, océan.
c. Collision, plis, failles.

E • Expliquez pourquoi...
a. Les continents se déplacent.
b. Une collision entre deux plaques donne naissance à une chaîne de montagnes.
c. Des plis et des failles s'observent dans les chaînes de montagnes.

F • Questions à réponse courte
a. Quelle est la cause du « ballet » des continents ?
b. Citez deux conséquences de l'écartement des plaques.
c. Citez deux conséquences de l'affrontement des plaques.

J'utilise mes connaissances

1 Comprendre les conséquences des mouvements des plaques.

1 • Indiquez ce que représentent les lettres **a**, **b**, **c**, **d**, **e** et **f**.

2 • Les zones 1 et 2 correspondent-elles à des zones de convergence ou de divergence des plaques ? Expliquez ce qui se passe au niveau de chacune d'elles.

3 • Que se passe-t-il au niveau de la zone 3 ?

4 • À quoi correspond la zone 4 ?

5 • La zone 5 est-elle une limite de plaques ? Justifiez votre réponse.

6 • Commentez la phrase suivante : « les océans meurent lorsque naissent les chaînes de montagnes ».

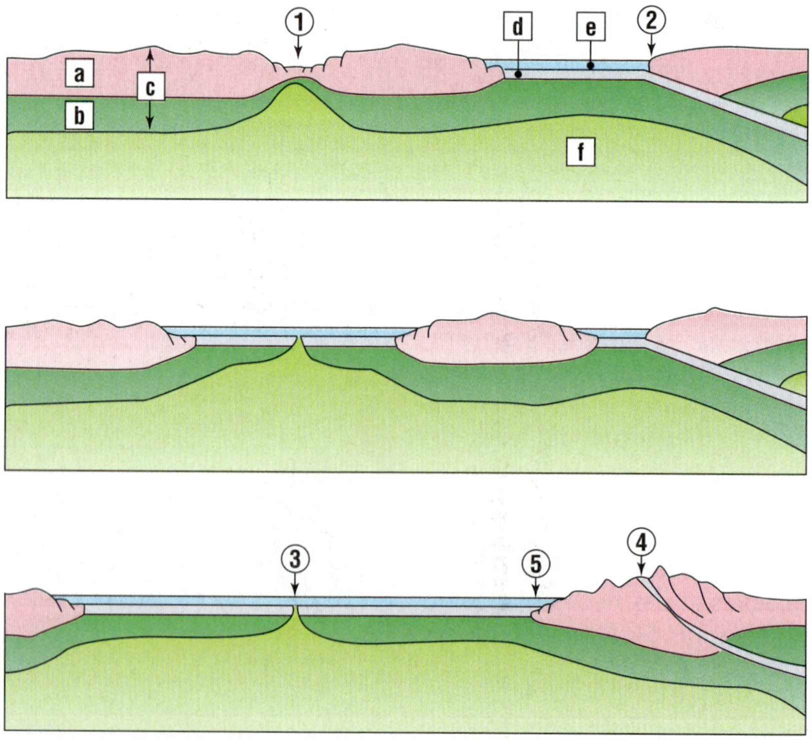

2 Interpréter une photographie de roche, le gneiss.

Cet échantillon de gneiss récolté dans le Massif central est formé des mêmes minéraux que le granite mais ces minéraux sont disposés en lits superposés dans la roche.

1 • Quelle est la forme particulière des lits de minéraux dans cet échantillon ?

2 • À l'origine, ces lits formaient dans la roche une série de plans superposés. Quelle hypothèse pouvez-vous formuler pour expliquer la disposition actuelle des lits ?

3 • Le fait que cette roche ait été récoltée dans le Massif central confirme-t-il votre réponse ? Pourquoi ?

3 Interpréter des indices géologiques.

Dans le Massif du Chenaillet (Hautes-Alpes), près du col du Montgenèvre, on peut observer, à plus de 2 000 mètres d'altitude, des basaltes ayant une allure caractéristique de laves en coussins. Ces laves ont un âge de 140 millions d'années.

1 • Rappelez dans quelles conditions se forment les « laves en coussins » ?

2 • Sachant que tous les basaltes en coussins, se forment dans les mêmes conditions, pouvez-vous préciser où se trouvaient ces basaltes il y a 140 Ma ?

3 • Comment pouvez-vous expliquer que ces basaltes se trouvent actuellement à haute altitude dans une chaîne de montagnes ?

Jégou.

Histoire de la Vie
Histoire de la Terre

1. Les grands traits de l'histoire de la vie
2. Tous les êtres vivants ont une origine commune
3. Transformations de la Terre et évolution de la vie

Histoire de la Vie
Histoire de la Terre

Extrait du PROGRAMME
(B.O. du 13 février 1997)

HISTOIRE DE LA VIE
HISTOIRE DE LA TERRE
(durée conseillée : 10 heures)

1. L'HISTOIRE DE LA VIE EST MARQUÉE PAR LA SUCCESSION ET LE RENOUVELLEMENT DES ESPÈCES ET DES GROUPES.

• Les archives géologiques montrent qu'au cours du temps des espèces sont apparues, d'autres ont disparu.

• Au fil des périodes, progressivement, des groupes d'êtres vivants sont apparus, se sont développés, ont régressé, et ont pu disparaître.

2. LES ESPÈCES SE SONT FORMÉES LES UNES À PARTIR DES AUTRES : C'EST L'ÉVOLUTION. TOUS LES ÊTRES VIVANTS ONT UNE ORIGINE COMMUNE.

• L'existence de ressemblances entre espèces apparues successivement suggère leur parenté.

• Une espèce nouvelle présente une organisation commune et des caractères nouveaux par rapport à une espèce antérieure dont elle serait issue.

• L'existence de formes intermédiaires conforte l'idée d'un lien entre les groupes.

• Un arbre d'évolution récapitule les filiations supposées entre espèces et groupes, et avec un hypothétique ancêtre commun.

3. LES CHANGEMENTS DU MONDE VIVANT ONT ACCOMPAGNÉ LES TRANSFORMATIONS DE LA TERRE.

• La Terre s'est formée il y a environ 4,5 milliards d'années. Les premières étapes de son évolution ont permis l'apparition de la vie, environ un milliard d'années plus tard.

• Les événements ayant affecté la surface de la Terre ont modifié les milieux et les conditions de vie : les peuplements ont changé.

• Les transformations géologiques et la succession des formes vivantes ont été utilisées pour subdiviser les temps géologiques en ères et en périodes de durée variable.

Paysage de l'époque carbonifère (illustration de Ch. Jégou, réalisée pour le Muséum d'histoire naturelle de Paris).

CHAPITRE 1

Les grands traits de l'histoire de la vie

Les problèmes à résoudre :

- La Terre est actuellement peuplée d'un grand nombre d'espèces animales et végétales. Les êtres vivants sont-ils apparus tous en même temps ou leur apparition a-t-elle été progressive, dans un certain ordre ?
- Chacun sait, par ailleurs, que les dinosaures ont totalement disparu. En est-il de même pour de nombreuses autres espèces ?

DOCUMENTS 3

Une comparaison intéressante de la vie sur les continents

La comparaison des documents 1 et 2 précédents a montré que l'histoire de la vie en milieu marin a été marquée par un renouvellement des espèces. En a-t-il été de même sur les continents ?

1 Sur les continents, il y a 130 millions d'années.

- **Les plantes terrestres** sont abondantes : mousses, fougères, conifères. Les fougères géantes, prédominantes à la fin de l'ère primaire, diminuent d'importance. Les forêts sont surtout constituées de gymnospermes, c'est-à-dire de plantes apparentées aux pins et sapins actuels. En revanche, il n'y a pas encore de « vraies plantes à fleurs ».
- **Chez les vertébrés,** les amphibiens et les reptiles ont fait la conquête de tous les milieux (terrestre, lacustre, marin...). Les premiers mammifères restent discrets. Dans les airs, en plus des oiseaux, on trouve des reptiles volants.
- **Les invertébrés** sont nombreux : insectes, myriapodes, araignées, mollusques gastéropodes...

a Une flore et une faune très différentes de celles que nous connaissons actuellement.

2 Sur les continents, il y a 20 millions d'années.

• À côté des fougères et des gymnospermes toujours présentes, les **angiospermes**, plantes à fleurs et à fruits (palmiers, magnolias, peupliers, chênes...), sont en plein essor et dominent le monde végétal.

• Par ailleurs, les **mammifères**, les **oiseaux** et les **insectes** dominent le monde animal. Les mammifères, présents depuis – 200 millions d'années, n'étaient que de petits animaux nocturnes, discrets et peu nombreux à l'époque des dinosaures. Après la disparition de ces derniers, il y a 65 Ma, les mammifères se diversifient et s'installent dans tous les milieux. Si l'ère secondaire était « l'ère des dinosaures », l'ère tertiaire est « l'ère des mammifères ».

b Le monde vivant a presque son visage actuel.

Activités

1. Dans quel groupe d'animaux actuels classe-t-on les dinosaures ?

2. Pourquoi dit-on que les dinosaures dominaient le monde il y a 140 millions d'années ? Y avait-il des mammifères à cette époque ? Si oui, pourquoi ne sont-ils pas représentés sur le dessin de reconstitution ?

3. Quelle importante modification du règne animal s'est produite après la disparition des dinosaures, il y a 65 millions d'années ?

4. Quel groupe de plantes dominait le monde végétal il y a 130 millions d'années ? Et il y a 20 millions d'années ?

5. Peut-on dire qu'il existe un renouvellement des groupes d'êtres vivants sur les continents comme en milieu marin ?

DOCUMENTS 4

Une apparition échelonnée des grands groupes d'êtres vivants

Nous avons pu constater que les vertébrés sont apparus plus tardivement que les invertébrés. D'autre part, parmi les vertébrés, tous les groupes ne sont pas apparus en même temps. Quel est l'ordre d'apparition des grands groupes d'êtres vivants ?

1 L'apparition des grands groupes d'animaux.

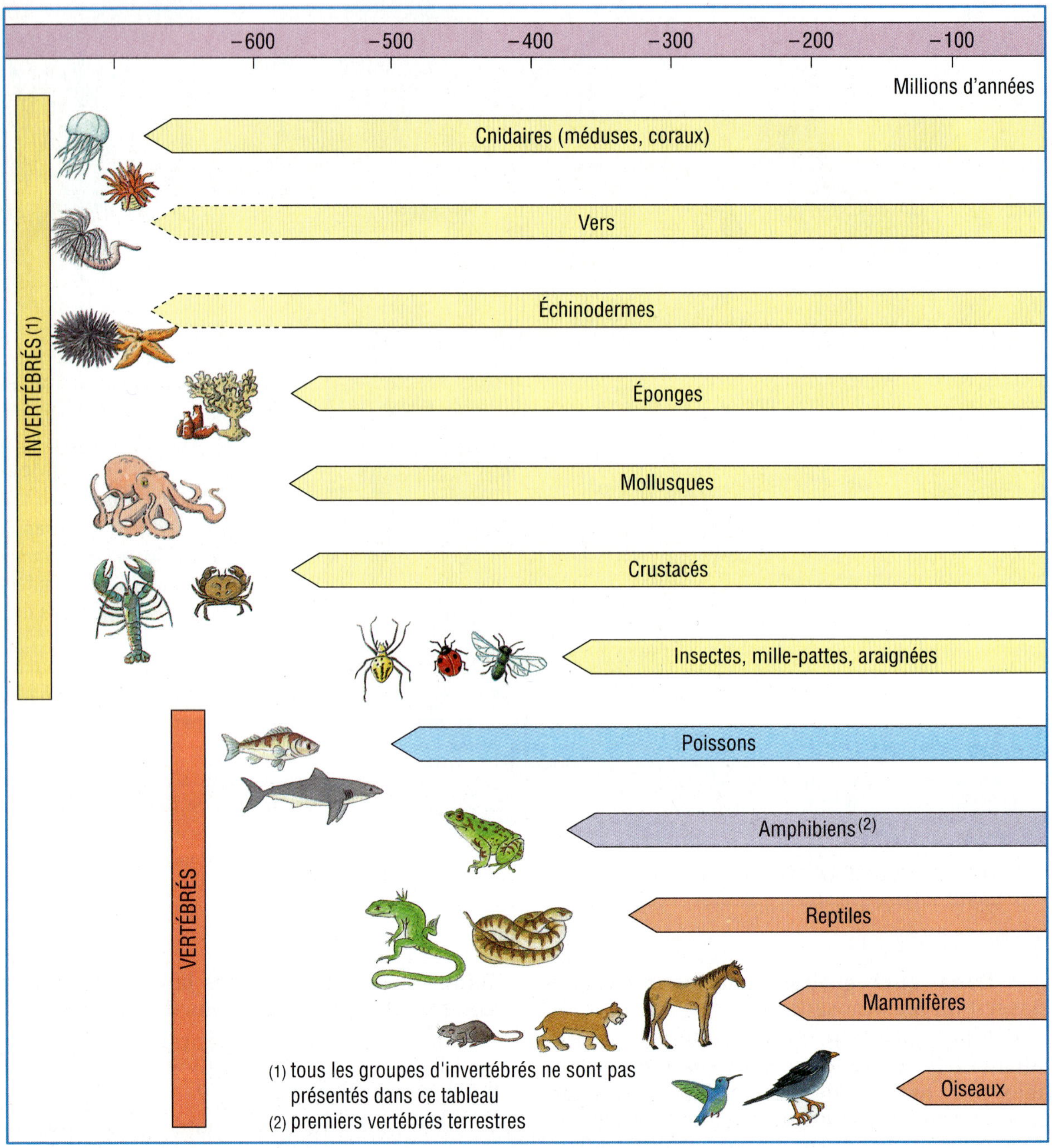

a Les grands groupes d'animaux ne sont pas apparus en même temps.

2 L'apparition des grands groupes de végétaux.

ⓑ Un fossile de fougère.

ⓒ Une forêt, il y a 200 Ma (Muséum d'histoire naturelle de Paris, illustration de Ch. Jégou).

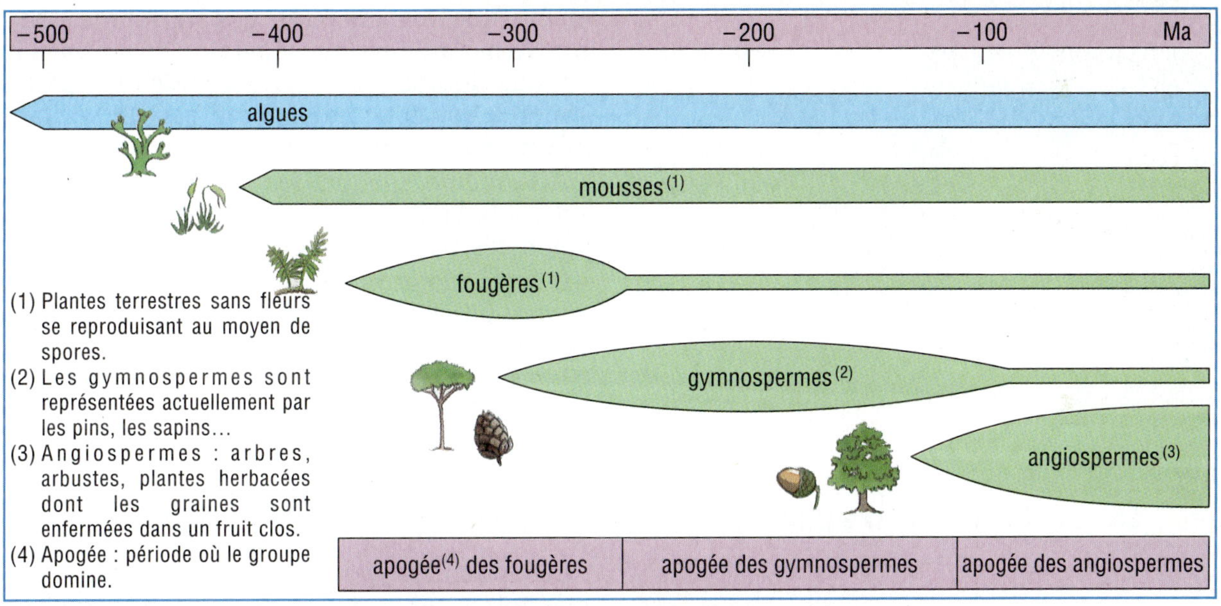

ⓓ Une apparition échelonnée des grands groupes de végétaux.

Activités

1. D'après le tableau ⓐ, citez deux groupes d'animaux actuels d'origine très ancienne et deux groupes d'animaux d'origine récente. S'agit-il de vertébrés ou d'invertébrés ?

2. Énumérez l'ordre d'apparition des grands groupes de vertébrés. Parmi ces vertébrés, lesquels ont une respiration aquatique ?

3. Citez l'ordre d'apparition des grands groupes de végétaux.

4. D'après vous, que représentent, dans le tableau ⓓ, les variations de largeur des bandes colorées correspondant à chaque groupe ?

5. Repérez sur les tableaux ⓐ et ⓓ où se situent les reconstitutions des pages 169, 170 et 171. Faites, d'après ces tableaux, l'inventaire des groupes d'êtres vivants qui pourraient être présents sur chacune de ces reconstitutions.

J'ai découvert

DOC 1 DOC 2 DOC 3 Les formes vivantes se renouvellent.

La comparaison de la vie dans les océans (ou sur les continents), à des périodes géologiques différentes, montre que les peuplements animaux et végétaux sont constitués d'espèces différentes d'une époque à l'autre. L'histoire de la vie est donc marquée par l'apparition puis la disparition d'espèces et parfois de groupes entiers. Cela a été le cas pour les trilobites, les ammonites, les dinosaures...

Cependant, si on replace les espèces disparues dans la classification actuelle des êtres vivants, on peut dégager quelques caractéristiques importantes de l'histoire de la vie :

- Il faut attendre le début de l'ère primaire (il y a 540 Ma) pour constater l'apparition d'une grande diversité d'êtres vivants en milieu marin. Dès cette époque, tous les grands groupes actuels d'invertébrés (mollusques, spongiaires, échinodermes...) sont présents, de même que les ancêtres des vertébrés. On y trouve par ailleurs une vingtaine de groupes inconnus de nos jours. Le début des temps fossilifères est donc caractérisé par un véritable foisonnement de formes vivantes.
- A la même époque, les continents sont des « déserts biologiques » qui ne sont pas encore colonisés par les êtres vivants.
- Les grands groupes de vertébrés ne sont pas encore présents et apparaissent donc plus tardivement que les invertébrés.

Photographie : La conquête du milieu aérien par les reptiles et les premiers oiseaux (archéoptéryx), il y a 150 Ma.

DOC 4 Un ordre précis d'apparition des grands groupes d'êtres vivants.

Les premiers vertébrés, des poissons sans mâchoires et sans nageoires, apparaissent dans les mers il y a environ 500 Ma. Cinquante millions d'années plus tard, se développent les premiers poissons à mâchoires.

Les autres groupes de vertébrés sont apparus dans l'ordre suivant : amphibiens, reptiles, mammifères et oiseaux. L'histoire des vertébrés est donc marquée par l'apparition progressive de groupes à l'organisation de plus en plus complexe (apparition de caractères nouveaux comme les mâchoires, les pattes, l'œuf à développement terrestre, le placenta)

Photographie : poisson daté de –50 Ma.

L'essentiel

Ce qu'il faut savoir

L'étude des fossiles montre qu'au début de l'ère primaire, il y a environ 570 Ma, une très grande variété de formes vivantes peuple les mers du monde alors que les continents de cette époque sont des déserts biologiques. Tous les grands groupes d'invertébrés sont déjà représentés.

La comparaison des peuplements animaux et végétaux, à des périodes géologiques différentes, permet de constater que :

– dans chaque grand groupe d'êtres vivants, les espèces se renouvellent (certaines apparaissent alors que d'autres disparaissent) ;

– l'ordre d'apparition des grands groupes d'êtres vivants n'est pas quelconque (chez les vertébrés par exemple, des groupes les premiers apparus jusqu'aux plus récents, on observe une tendance générale vers une organisation de plus en plus complexe).

Les mots-clés

- apparition des espèces
- disparition des espèces
- Cambrien
- Crétacé
- renouvellement des espèces

Le schéma bilan

LES GRANDS TRAITS DE L'HISTOIRE DE LA VIE

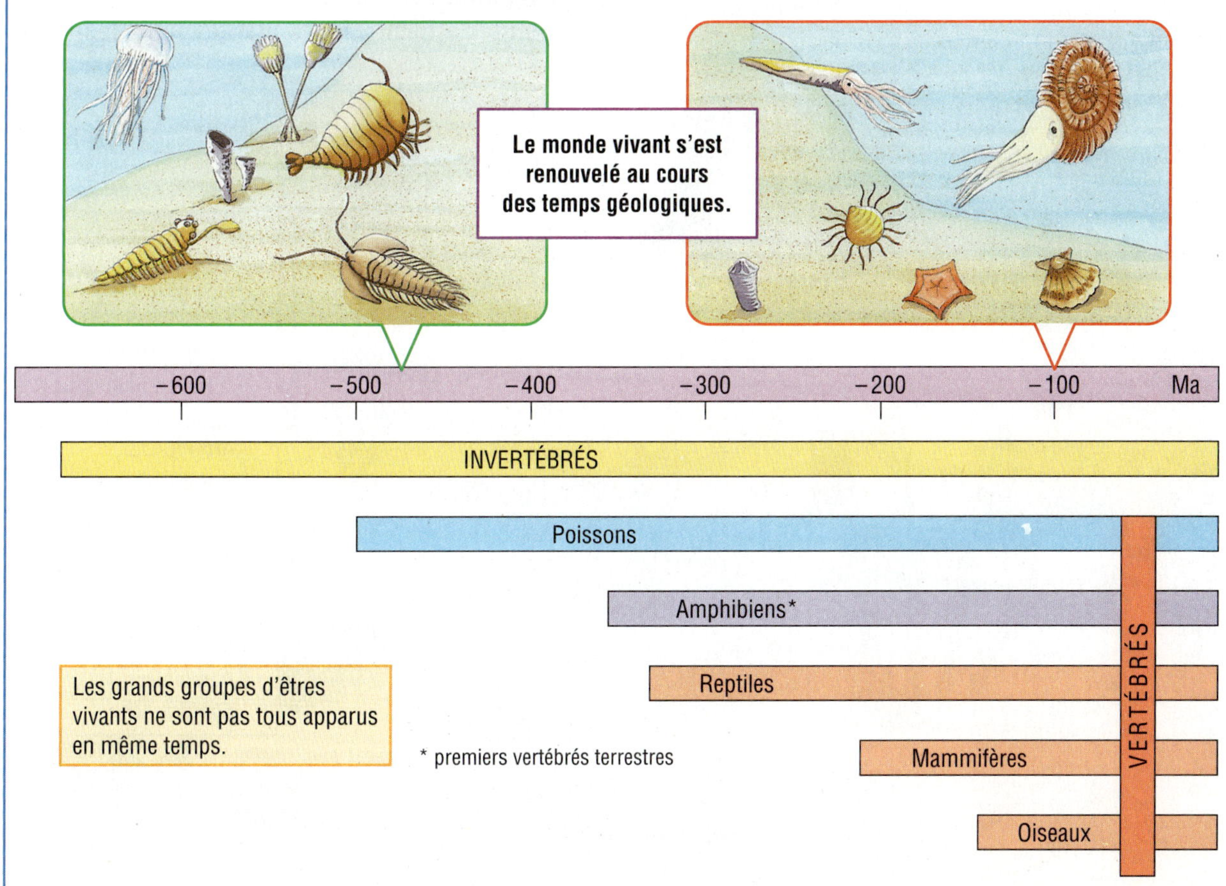

EXERCICES

Je teste mes connaissances

A • Définissez les mots ou expressions :
Fossile, Cambrien, Crétacé, vertébrés, invertébrés.

B • Vrai ou faux ?
a. Au Cambrien, la vie n'existe que dans les mers.
b. Tous les groupes d'êtres vivants présents au Cambrien existent toujours au Crétacé.
c. Les grands groupes d'êtres vivants sont tous apparus en même temps.
d. Les mammifères sont les vertébrés les plus anciens.

C • Dans quel ordre...
... ces groupes d'êtres vivants sont-ils apparus ?
a. Mammifères, reptiles, poissons, amphibiens, oiseaux.
b. Fougères, algues, plantes à fleurs.

D • Questions à réponse courte
a. Pourquoi, dans un paysage du Cambrien, aucun oiseau n'est représenté ?
b. Pourquoi n'y a-t-il pas de trilobites dans les mers du Crétacé ?
c. Quels groupes d'animaux et de végétaux se diversifient à l'ère tertiaire ?

J'utilise mes connaissances

1 Utiliser des tableaux de classification des êtres vivants

Il y a 300 Ma, le Nord-Est du Massif central était occupé par des rivières, des lacs et des marécages. Le dessin représente une reconstitution du paysage de l'époque, réalisée à partir des nombreux fossiles d'animaux et de végétaux retrouvés dans les schistes du bassin houiller de Montceau-les-Mines (d'après « Les fossiles témoins de l'Évolution ». Pour la Science).

1 • Quel est le groupe d'invertébrés le plus représenté ?

Dans quel milieu vivent ces animaux ?

2 • Quels groupes de vertébrés présents actuellement n'existaient pas à cette époque ?

3 • Les plantes visibles dans ce paysage sont-elles des plantes à fleurs ou des plantes sans fleurs ?

- *Plantes du groupe des fougères :*
  - Calamites (prêles géantes) ❶
  - Sigillaires ❷
  - Lépidodendron ❸
  - Pécoptéris (fougères géantes) ❹
- *Arthropodes :*
  - libellule géante) ❺
  - blatte ❻
  - limule ❼
  - scorpion ❽
- *Vers* ❾
- *Poissons* ❿
- *Amphibiens* ⓫
- *Reptiles* ⓬

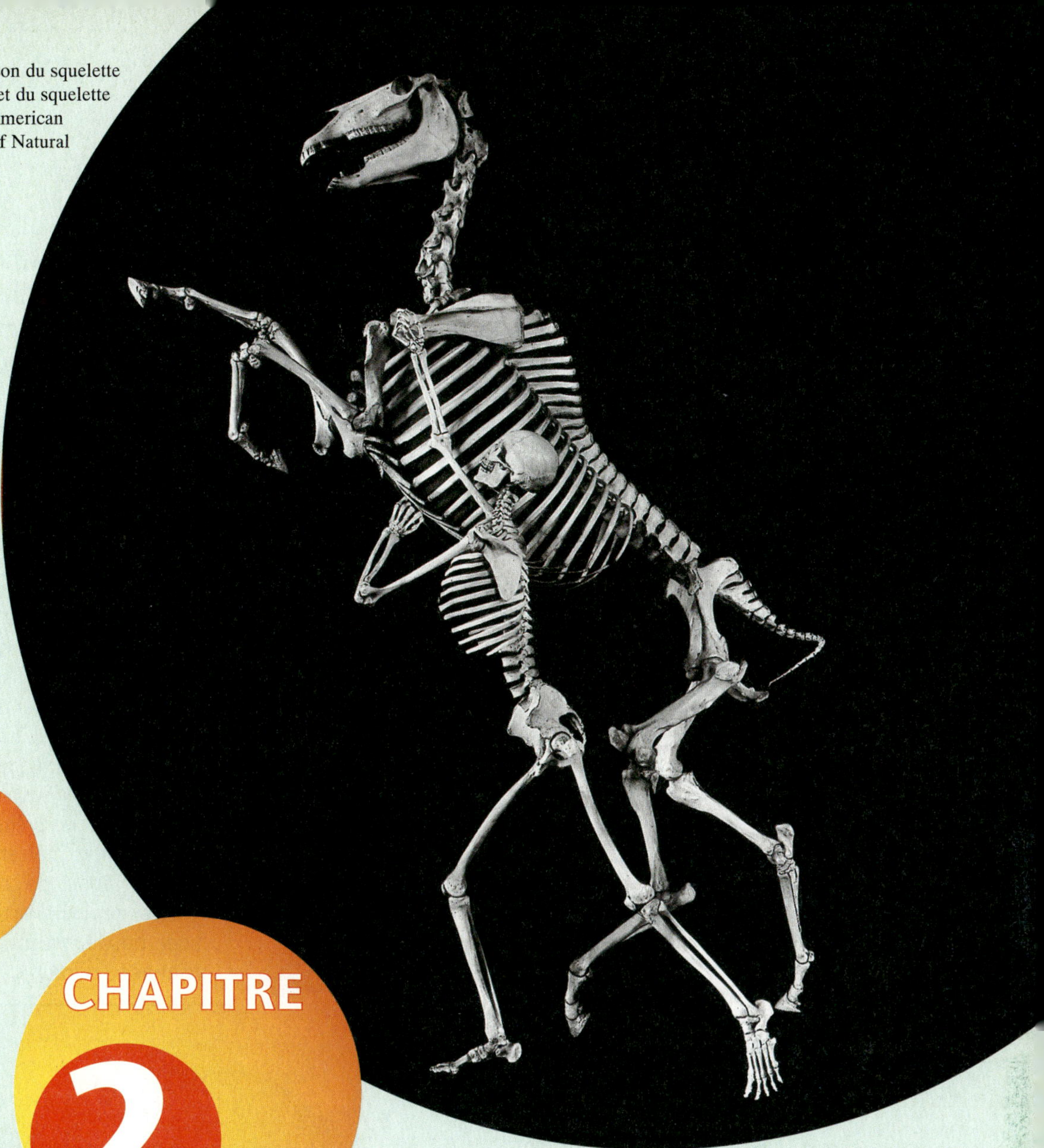

Comparaison du squelette du cheval et du squelette humain (American Museum of Natural History).

CHAPITRE

2

Tous les êtres vivants ont une origine commune

Les problèmes à résoudre :

- Les scientifiques pensent que les espèces, qui se sont succédé au cours de l'histoire de la vie, se sont formées les unes à partir des autres et que tous les êtres vivants ont une origine commune. Comment l'étude des fossiles peut-elle conduire à cette idée ?
- Les filiations supposées entre espèces et groupes sont représentées par des arbres d'évolution. De quoi s'agit-il ?

DOCUMENTS 1

Une succession d'espèces dans un même groupe

L'histoire de la vie est marquée par une succession et un renouvellement des espèces au sein des groupes. Quelles ressemblances et quelles différences y a-t-il entre les différentes espèces qui se succèdent dans le temps ? Pour répondre, nous prendrons comme exemple les hommes préhistoriques.

1 Les fossiles d'hommes préhistoriques.

a Tête osseuse d'un « homme habile » (*Homo habilis)* découvert au Kenya, daté de 1,6 Ma.

Comme pour les autres vertébrés, les restes fossiles des hommes préhistoriques sont essentiellement des os.
À partir de fragments épars qu'ils assemblent comme les éléments d'un puzzle, les scientifiques ont reconstitué les crânes et les squelettes de plusieurs types d'hommes préhistoriques.
Les hommes préhistoriques ont par ailleurs légué de nombreux témoignages de leurs activités et de leur mode de vie : outils, traces d'habitat, peintures, sculptures...

Les moulages internes des crânes

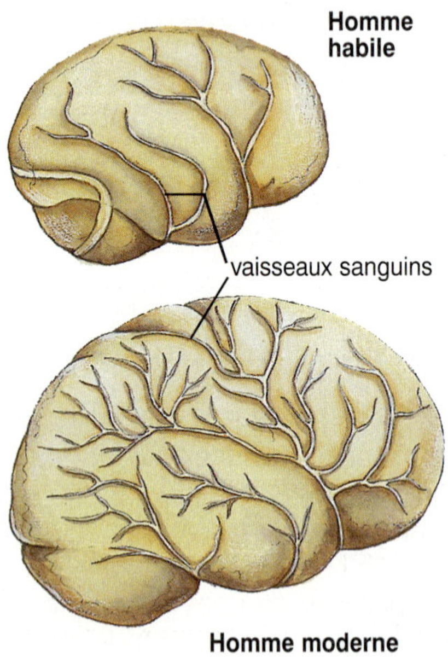

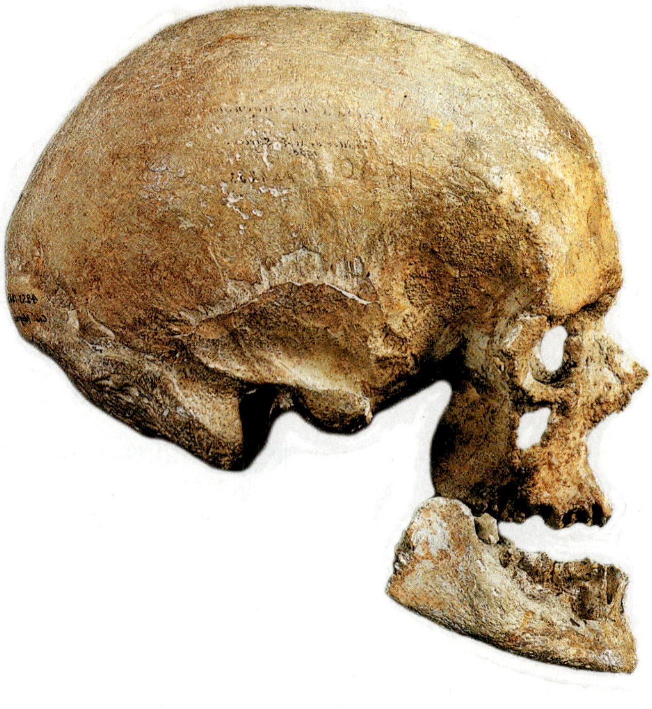

b Tête osseuse d'un « homme moderne » *(Homo sapiens sapiens)* trouvé en France (les Eyzies, Dordogne).

2 Brève présentation de la lignée* humaine.

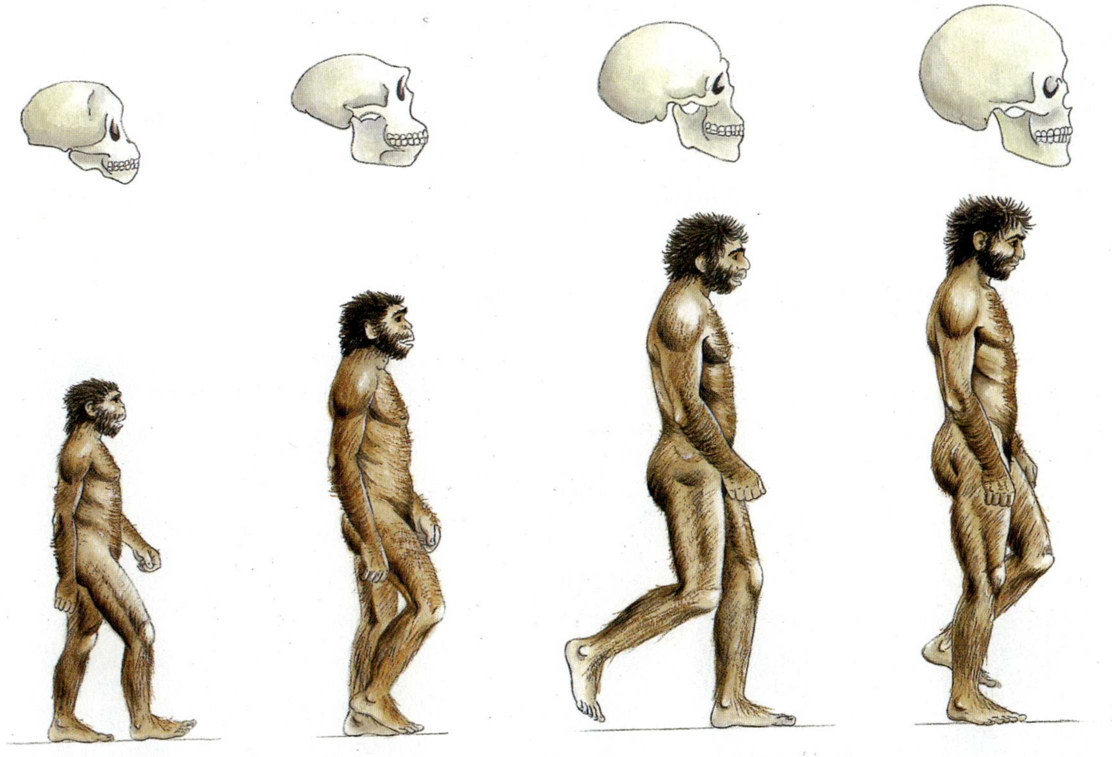

d'après « L'homme. Ses origines ». F. Facchini - Flammarion

Homme habile

Homo habilis

- Connu depuis 3 Ma
- Éteint depuis 1,5 Ma
- Taille : 1,20 à 1,30 m pour un poids de 40 kg
- Volume de l'encéphale : 600 à 700 cm^3
- Il pouvait sans doute parler
- A fabriqué les premiers outils en pierre (galets aménagés)
- Localisation : Afrique de l'est.

Homme debout

Homo erectus

- Connu depuis 1,9 Ma
- Éteint depuis 100 000 ans
- Taille : 1,50 m à 1,60 m pour un poids de 55 kg
- Volume de l'encéphale : 800 à 1 200 cm^3
- Crée une industrie du biface et de l'éclat de silex
- A domestiqué le feu
- Localisation : Afrique, puis Europe et Asie (Chine).

Homme de Néanderthal

Homo sapiens neanderthalensis

- Connu depuis 200 000 ans
- Le plus récent : 35 000 ans
- Taille : 1,50 m à 1,70 m pour un poids de 90 kg
- Volume de l'encéphale : jusqu'à 1 600 cm^3
- Outillage plus diversifié
- Premières sépultures
- Présent dans toute l'Europe.

Homme de Cro-Magnon

Homo sapiens sapiens

- Connu depuis 125 000 ans
- Le plus récent : actuel
- Taille : 1,70 m pour un poids de 70 kg
- Volume de l'encéphale : 1 400 cm^3 environ
- Diversification remarquable des outils
- Apparition de l'art, de l'élevage et de l'agriculture
- Localisation : monde entier.

LEXIQUE

- **Préhistoire** : histoire de l'homme avant l'invention de l'écriture (celle-ci s'est produite à une date très variable d'une région du globe à l'autre).
- **Encéphale** : centres nerveux situés dans la boîte crânienne.
- **Lignée** : succession d'espèces qui présentent entre elles des liens de parenté.

Activités

1. Quels restes permettent de connaître la préhistoire* ?

2. Décalquez les photographies a et b. Indiquez sur vos dessins l'emplacement de l'encéphale*. Que remarquez-vous ?

3. Sur une échelle des temps, situez la période au cours de laquelle a vécu chacun des quatre types d'hommes préhistoriques présentés ci-dessus.

4. Comparez « l'homme habile », « l'homme debout » et « l'homme moderne ». Quelles sont les ressemblances ? Quelles sont les différences ?

5. D'après vous, pourquoi parle-t-on de « lignée humaine » ?

DOCUMENTS 2

Liens de parenté et arbre d'évolution

Les différentes espèces d'hommes préhistoriques présentent à l'évidence des liens de parenté. Existe-t-il une filiation directe entre ces différentes espèces ? Pourquoi considère-t-on que certains australopithèques sont les ancêtres de la lignée humaine ?

1 Les australopithèques : des préhommes.

En 1974, en Éthiopie, une expédition, conduite notamment par Yves Coppens, met à jour les restes d'un australopithèque que les chercheurs baptisent Lucy : 52 fragments osseux appartenant au même individu, ce qui est exceptionnel.

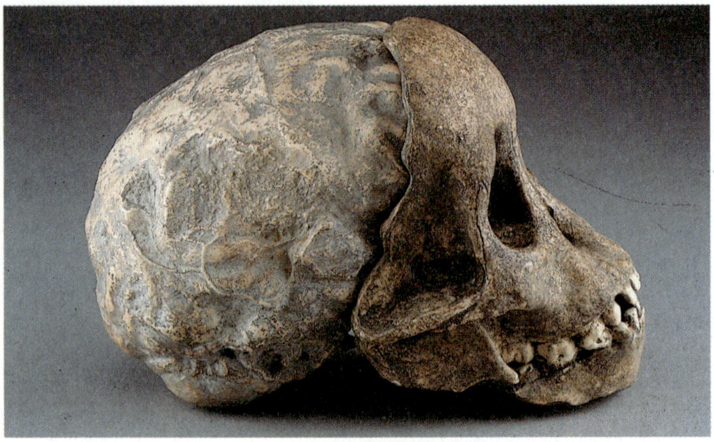

a Tête osseuse d'un australopithèque.

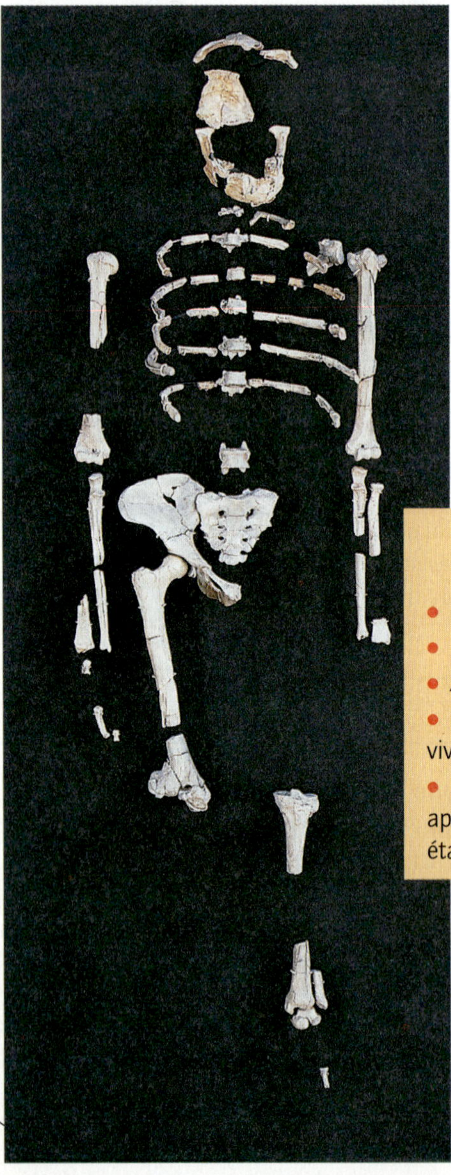

b Une découverte capitale : les restes de Lucy.

Carte d'identité de Lucy

- ***Taille :*** 1,05 m
- ***Volume du cerveau :*** 340 cm^3
- ***Âge :*** 20 ans
- ***Espèce :*** Australopithecus afarensis qui vivait il y a 3 Ma
- ***Important :*** la reconstitution du bassin apporte la preuve indiscutable que Lucy était bipède.

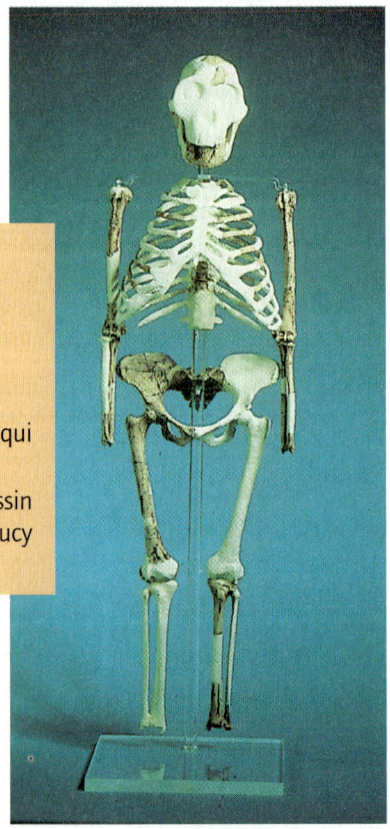

c La reconstitution du squelette de Lucy (document Y. Coppens).

2 Un arbre d'évolution de la lignée humaine.

La famille des hominidés caractérisée par la bipédie (aptitude à marcher debout sur deux pieds) comprend deux groupes :
- les australopithèques, singes bipèdes, connus uniquement à l'état fossile ;
- les hommes (homme habile, homme debout...).

La famille des hominidés n'est représentée actuellement que par une seule espèce : l'homme moderne.

Carte d'identité des australopithèques

On en connaît plusieurs espèces : A. africain, A. robuste...

- ***Taille :*** 1,10 à 1,30 m
- ***Connus depuis :*** 5 Ma
- ***Le plus récent :*** 2,2 Ma
- ***Caractéristiques :*** ce sont les seuls singes bipèdes connus, cependant on ne les considère pas comme des hommes car :
  - ils ne fabriquent pas d'outils ;
  - leur cerveau n'évolue pas.

Les australopithèques présentent de nombreux caractères communs avec les singes actuels. Ils étaient bipèdes alors que les singes actuels se servent tous de leurs quatre membres pour se déplacer.

Pour cette raison, les australopithèques sont considérés comme les plus proches parents des hommes préhistoriques : des préhommes.

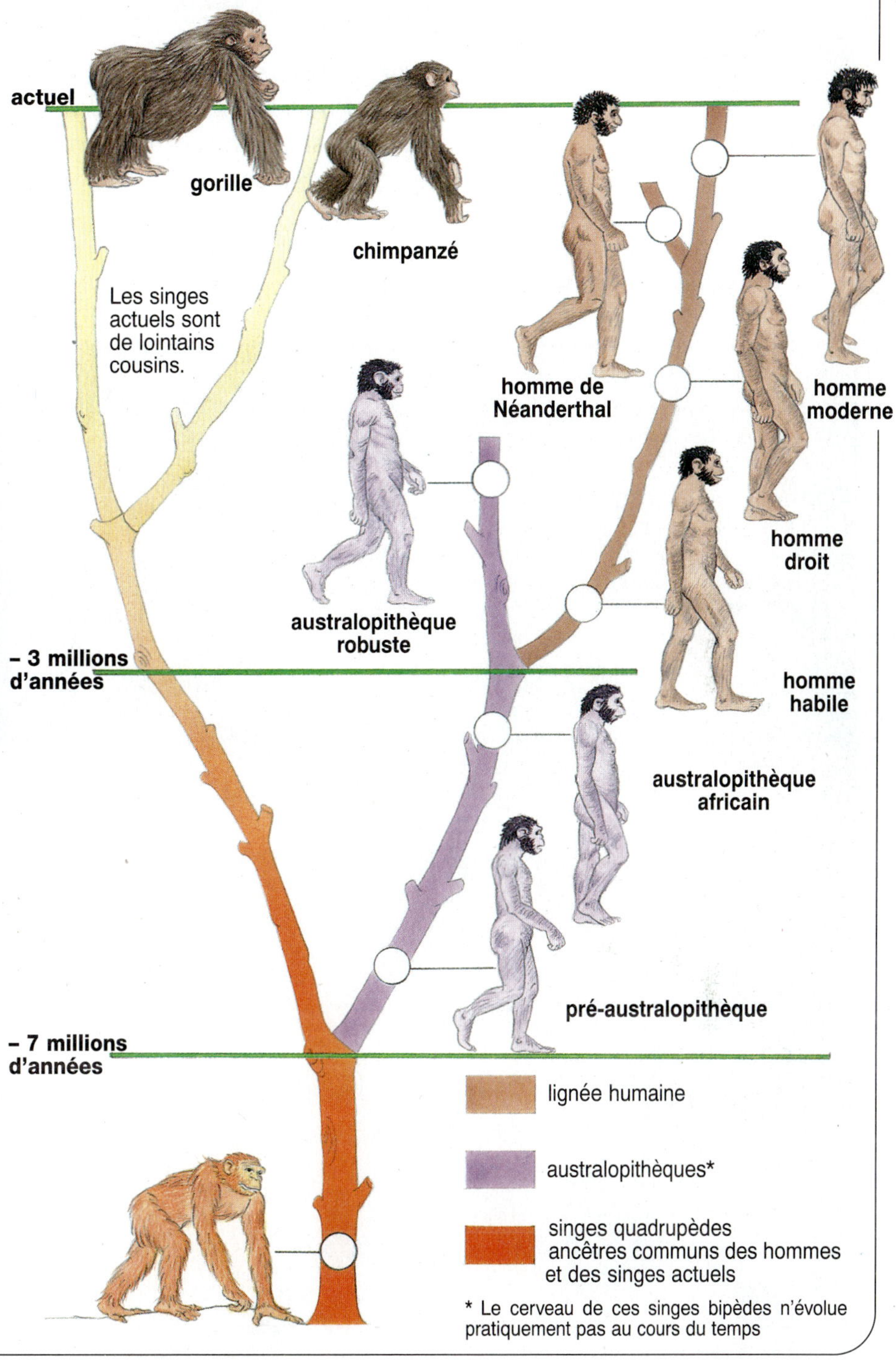

Activités

1. Pourquoi la découverte du squelette de Lucy est-elle un événement important ?

2. Pourquoi considère-t-on que certains australopithèques sont les ancêtres des hommes préhistoriques ?

3. Les hommes actuels sont-ils les descendants de l'homme de Néanderthal ? D'après l'arbre d'évolution ci-dessus, énumérez dans l'ordre la succession d'espèces ayant abouti à l'homme moderne.

4. Les singes actuels sont-ils les descendants des australopithèques ? Pourquoi peut-on dire que les singes actuels sont nos très lointains cousins ?

DOCUMENTS 3

Des ressemblances étonnantes entre groupes différents

À première vue, le bras d'un homme, l'aile d'un oiseau, la patte avant d'une tortue ou d'une otarie ne se ressemblent guère. Et pourtant, en regardant de près le squelette des membres de ces vertébrés, on découvre d'étonnantes ressemblances.

1 Une grande diversité...

a Rouge-gorge.

b Tortue marine.

c Otarie.

d Chauve-souris.

2 ...et pourtant un même plan d'organisation.

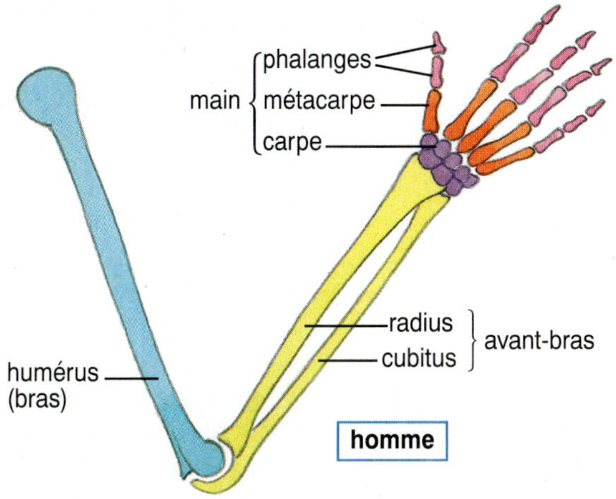

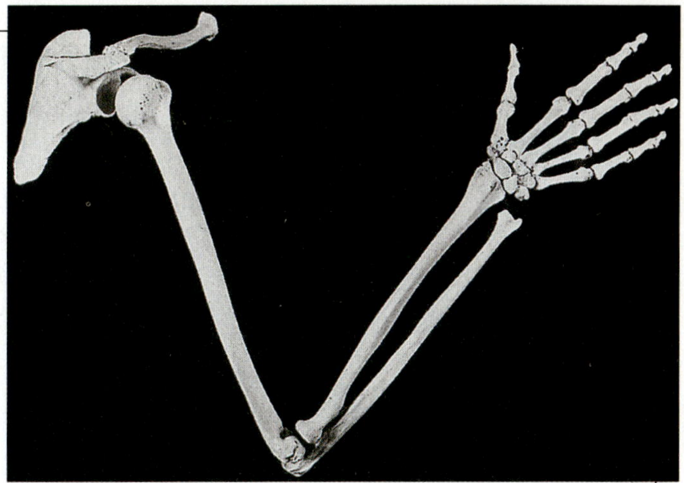

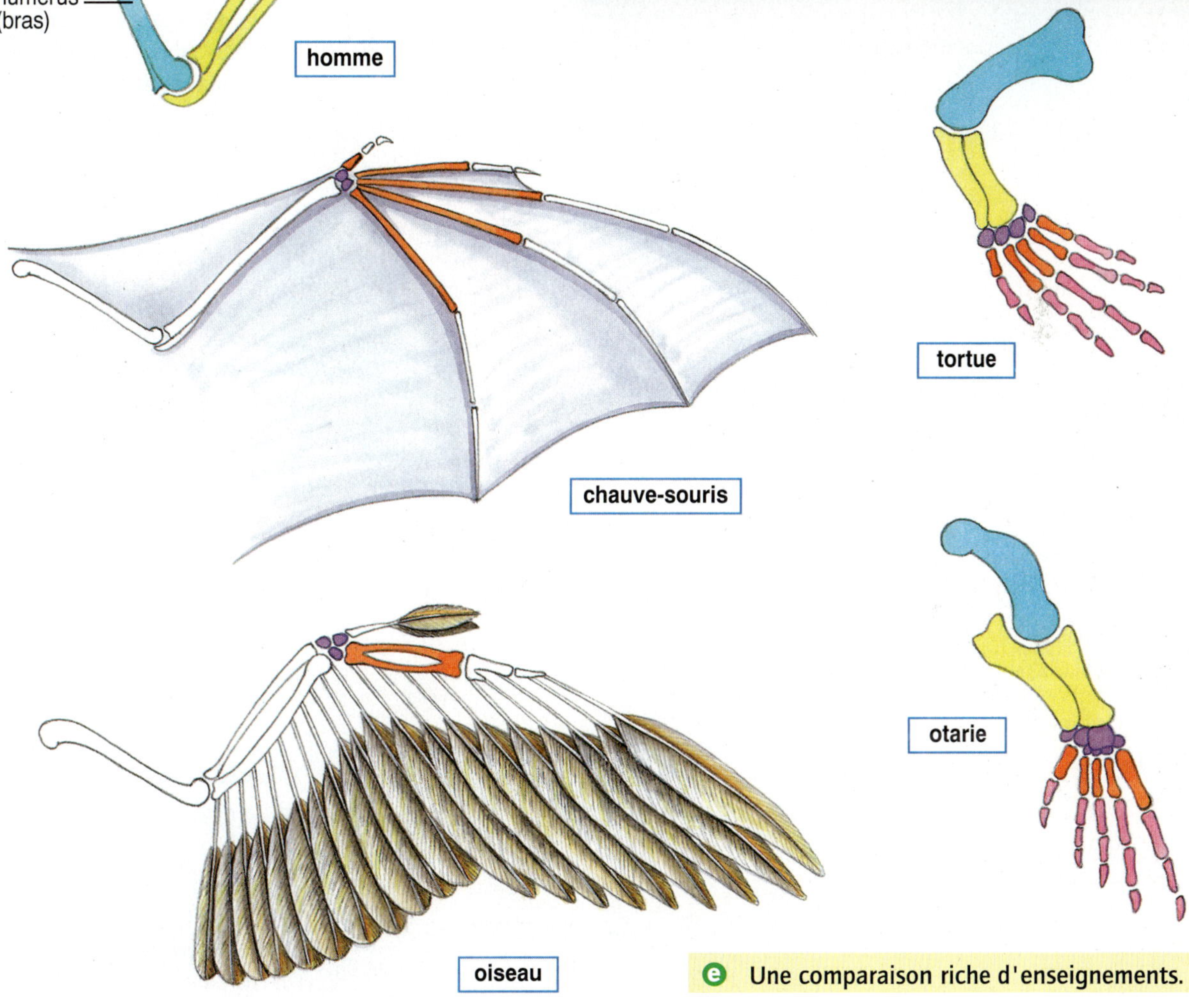

e Une comparaison riche d'enseignements.

Activités

1. À quels grands groupes de la classification des vertébrés (page 212) appartiennent les animaux présentés à la page 182 ?

2. Identifiez les os repérés ci-dessus sur les squelettes de l'otarie et de la tortue.

3. Décalquez le squelette des membres de chauve-souris et d'oiseau, puis, en utilisant le même code de couleurs que pour le membre humain, faites apparaître les différentes parties qui constituent le membre. Repérez ces mêmes parties sur la photographie **d**.

4. Pourquoi dit-on que les membres des vertébrés ont le même « plan d'organisation » ?

5. Pouvez-vous formuler une hypothèse pour expliquer les ressemblances constatées ?

DOCUMENTS 4

L'idée d'une parenté entre les groupes

La photographie ci-dessous présente un fossile âgé de 150 millions d'années : celui du plus ancien oiseau connu, l'archéoptéryx. Ce fossile est célèbre parce qu'il conforte l'idée d'une parenté entre les oiseaux et les reptiles. De quoi s'agit-il ?

1 Une découverte exceptionnelle.

a L'archéoptéryx : le plus ancien animal à plumes connu.

Carte d'identité

- ***Nom :*** Archéoptéryx.
- ***Groupe :*** oiseau (il possède des plumes).
- ***Taille :*** celle d'un pigeon.
- ***Lieu de découverte :*** Allemagne (Bavière). On en a découvert 7 au monde, tous dans la même région.
- ***Âge :*** 150 Ma.
- ***Mode de vie supposé :*** il grimpe aux arbres à la recherche d'insectes et se laisse tomber en vol plané. À terre, il court sur ses deux pattes jusqu'à l'arbre le plus proche où il grimpe se cacher.
- ***Signes particuliers :*** bec garni de dents pointues, longue queue de reptile.

2 Moitié oiseau, moitié reptile.

La comparaison des squelettes de l'archéoptéryx, d'un petit dinosaure bipède et d'un oiseau actuel montre que l'archéoptéryx constitue une étape de transition entre le groupe des reptiles et celui des oiseaux. C'est une « forme intermédiaire ». L'opinion selon laquelle l'écaille des reptiles est l'« ancêtre » de la plume est aujourd'hui admise par les scientifiques.

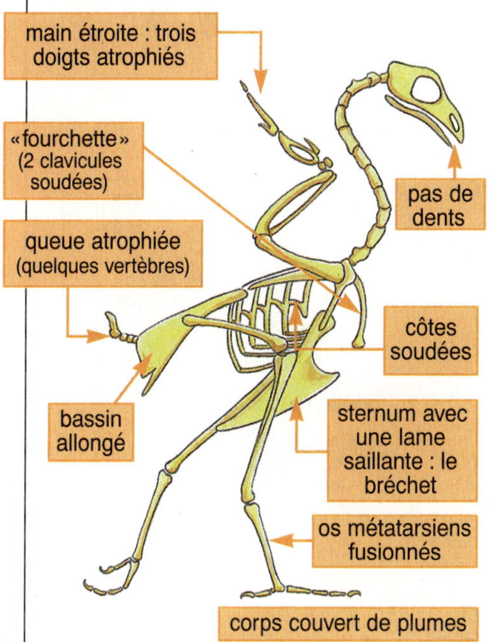

ⓑ Squelette d'un oiseau actuel : la poule.

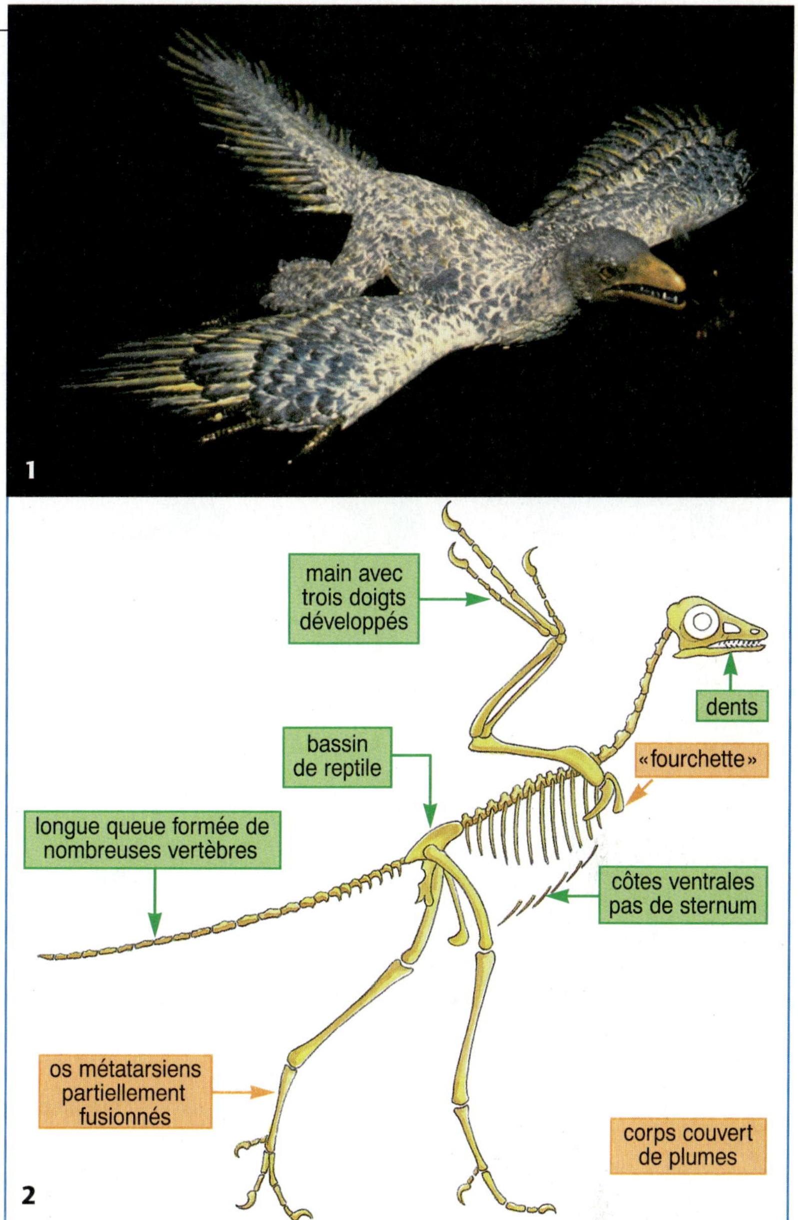

ⓒ Reconstitution de l'archéoptéryx. 1 : reconstitution. 2 : squelette.

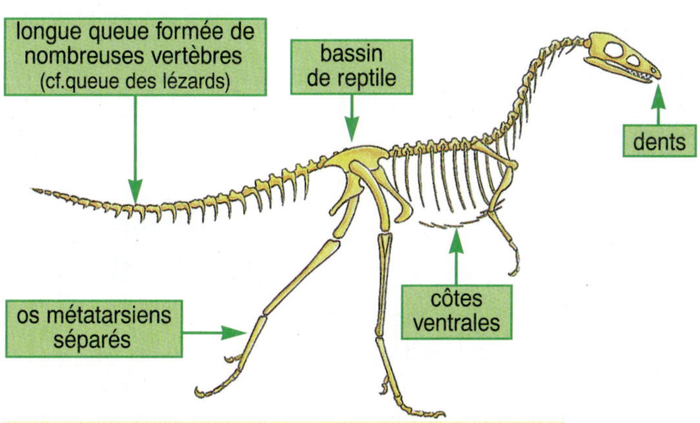

ⓓ Squelette d'un petit dinosaure bipède (reptile).

Activités

1. Repérez, sur la photographie ⓐ, les éléments suivants : tête, bec, dents, cou, bassin, queue, cuisse, jambe, pied, bras, avant-bras, main, plumes de la queue, plumes de l'aile.

2. Quels caractères permettent de classer l'archéoptéryx dans le groupe des oiseaux ?

3. Énumérez les caractères de reptile possédés par l'animal.

4. Pourquoi une telle « forme intermédiaire » conforte-t-elle l'idée d'une parenté entre le groupe des reptiles et celui des oiseaux ?

L'évolution du monde vivant

DOCUMENTS 5

Les documents précédents ont montré l'existence de filiations entre les différents groupes de vertébrés. Peut-on traduire ces liens de parenté par un arbre d'évolution ? Au-delà des vertébrés, peut-on envisager l'existence d'un ancêtre commun à tous les êtres vivants ?

1 L'arbre d'évolution des vertébrés.

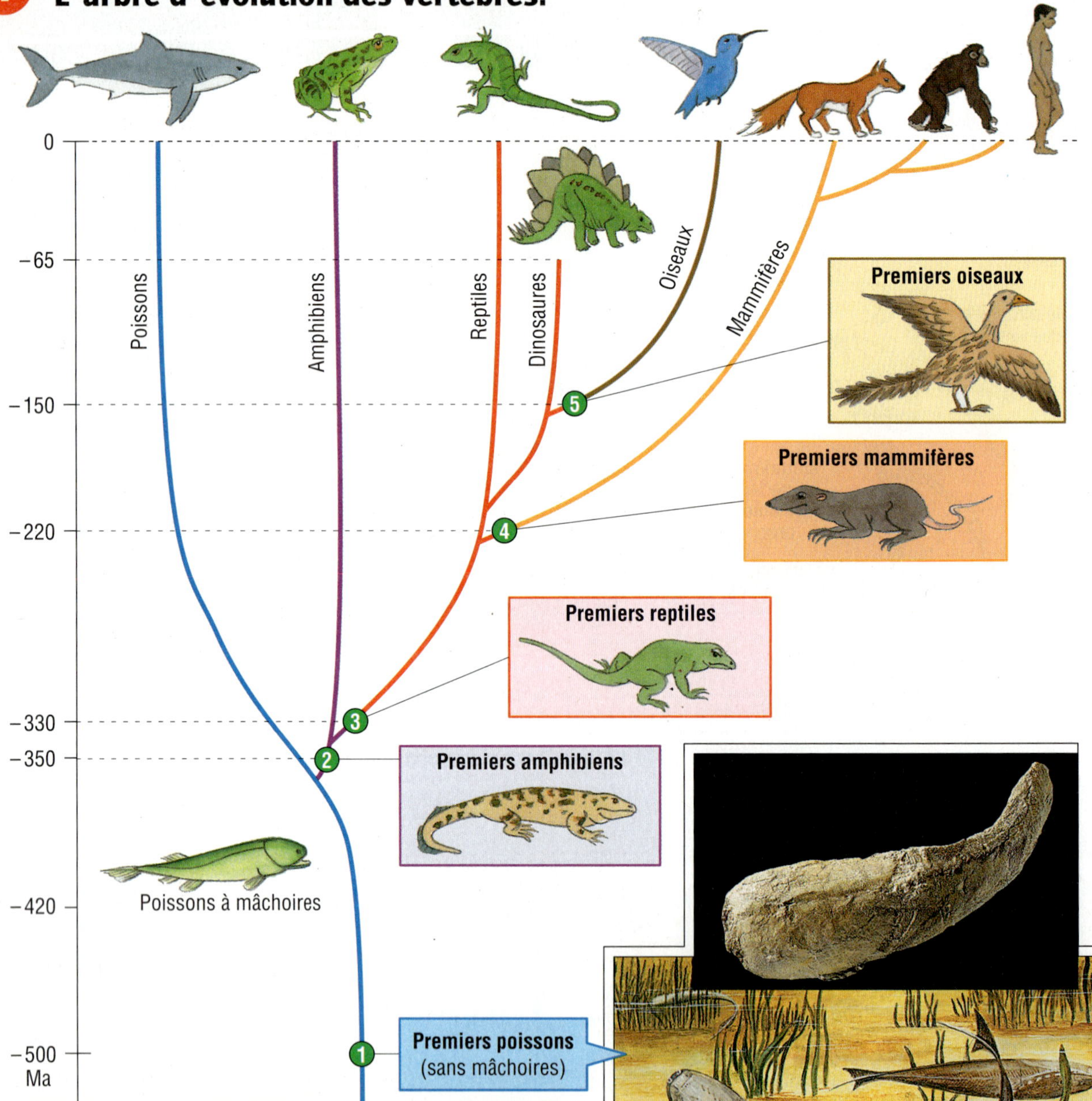

a Tous les vertébrés ont une origine commune. Les premiers, des poissons sans mâchoires et sans nageoires (à l'aspect de têtard), sont apparus il y a 500 millions d'années. Les photographies présentent un fossile daté de 470 Ma (longueur 27 cm) et sa reconstitution.

2 Un hypothétique ancêtre commun pour tous les êtres vivants.

Établir des relations de filiation entre deux espèces ou deux groupes, revient à chercher leurs ancêtres communs.
Quels sont les ancêtres communs aux vertébrés et aux invertébrés ? On pense tout naturellement aux plus anciens êtres vivants connus, âgés de 3 800 millions d'années : les cyanobactéries.
Mais il est probable que la vie est apparue sur terre encore plus tôt, il y a 4 000 millions d'années, avec des bactéries marines capables de supporter des températures atteignant 80 °C, comme certaines bactéries actuelles vivant dans les sources chaudes.
Ces bactéries anciennes seraient alors les hypothétiques ancêtres communs à tous les êtres vivants actuels : une origine commune à toutes les espèces est en effet hautement probable.

b Des microorganismes appelés cyanobactéries sont responsables de ces constructions calcaires formées de couches successives et datées de 3 500 millions d'années. Ce sont les plus anciennes traces de vie connues.

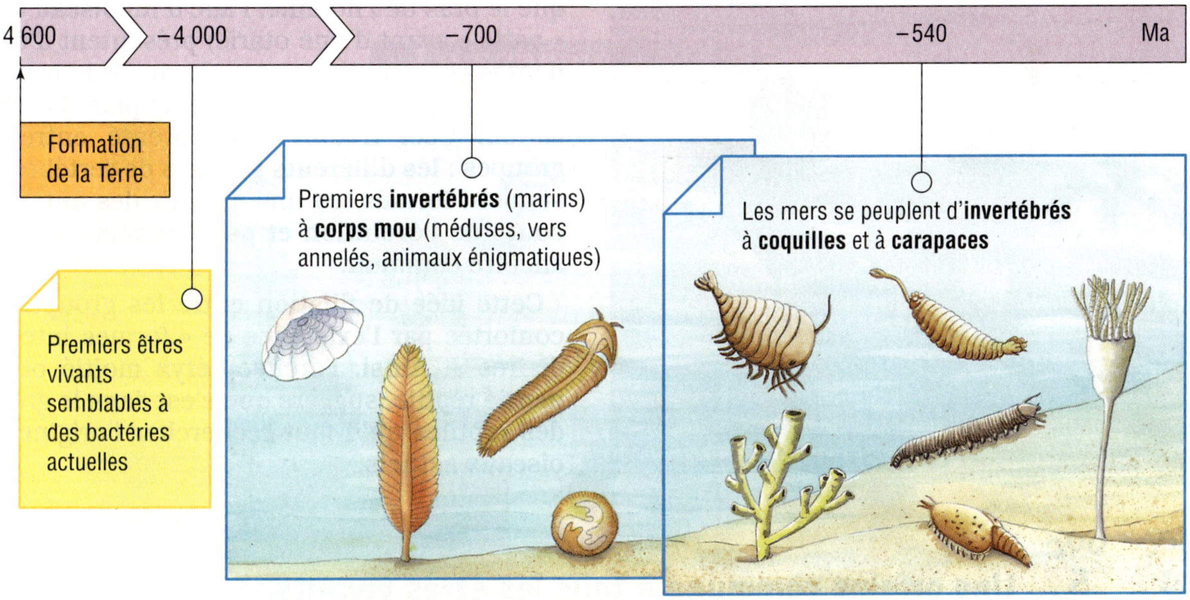

c On pense que les ancêtres communs à tous les êtres vivants étaient des organismes très simples, semblables aux bactéries actuelles et qui vivaient dans la mer à plus de 10 mètres de profondeur, à l'abri des rayons ultraviolets.

Activités

1. Indiquez, d'après le document **a**, les dates d'apparition des premiers oiseaux, des premiers reptiles, des premiers amphibiens, des premiers mammifères.

2. Les poissons actuels et les amphibiens actuels ont-ils des ancêtres communs ? Si oui, à quel groupe appartiennent ces ancêtres ? Mêmes questions pour les oiseaux et les reptiles.

3. Citez, du plus récent au plus ancien, les groupes de vertébrés ancêtres de l'homme.

4. Quel est l'hypothétique ancêtre commun à tous les êtres vivants ?

EXERCICES

Je teste mes connaissances

A • Définissez les mots ou expressions :
Lignée, arbre d'évolution, ancêtre commun.

B • Vrai ou faux ?
a. L'homme descend du chimpanzé.
b. Les mammifères et les oiseaux ont des ancêtres communs.
c. L'archéoptéryx est un oiseau qui possède certains caractères de reptiles.
d. Les australopithèques sont les ancêtres de la lignée humaine.

C • Classez dans l'ordre chronologique...
... en fonction de l'évolution :
a. Ces groupes de vertébrés : mammifères, oiseaux, amphibiens, poissons, reptiles.
b. Ces différents êtres vivants : hommes, bactéries, invertébrés à coquille, poissons, invertébrés à corps mou.

D • Questions à réponse courte.
a. Quelles sont les principales caractéristiques de l'évolution de l'homme ?
b. Quels sont les hypothétiques ancêtres communs à tous les êtres vivants ?
c. Quel est le groupe de vertébrés apparu en premier ?

E • Est-ce exact ?
a. L'homme moderne est un descendant de l'homme debout.
b. Le cerveau de l'homme de Cro-Magnon est plus développé que celui de l'homme debout.

F • Expliquez pourquoi...
a. l'archéoptéryx conforte l'idée d'une parenté entre les reptiles et les oiseaux ;
b. les membres des vertébrés ont le même plan d'organisation.

J'utilise mes connaissances

1 Interpréter l'arbre d'évolution de la lignée du cheval.

Les paléontologues ont retrouvé des quantités de dents et d'os fossiles qui leur ont permis de reconstituer l'histoire du cheval. Les os des membres apportent des renseignements sur le mode de locomotion de l'animal tandis que les dents permettent de connaître son régime alimentaire. L'ensemble de ces informations a permis de construire l'arbre d'évolution des Equidés (du latin *equus* = cheval).

1 • Quel est le plus ancien représentant de la lignée du cheval ? Précisez ses caractéristiques (régime alimentaire, particularités des membres).

2 • En utilisant l'arbre d'évolution, énumérez dans l'ordre chronologique la succession des espèces ayant abouti au cheval actuel.

3 • Dans cette lignée, comment évoluent les membres d'une part, le régime alimentaire d'autre part.

4 • Sachant que l'Hyracothérium avait la taille d'un gros chat, quelle autre modification importante s'est produite au cours de l'évolution de cette lignée ?

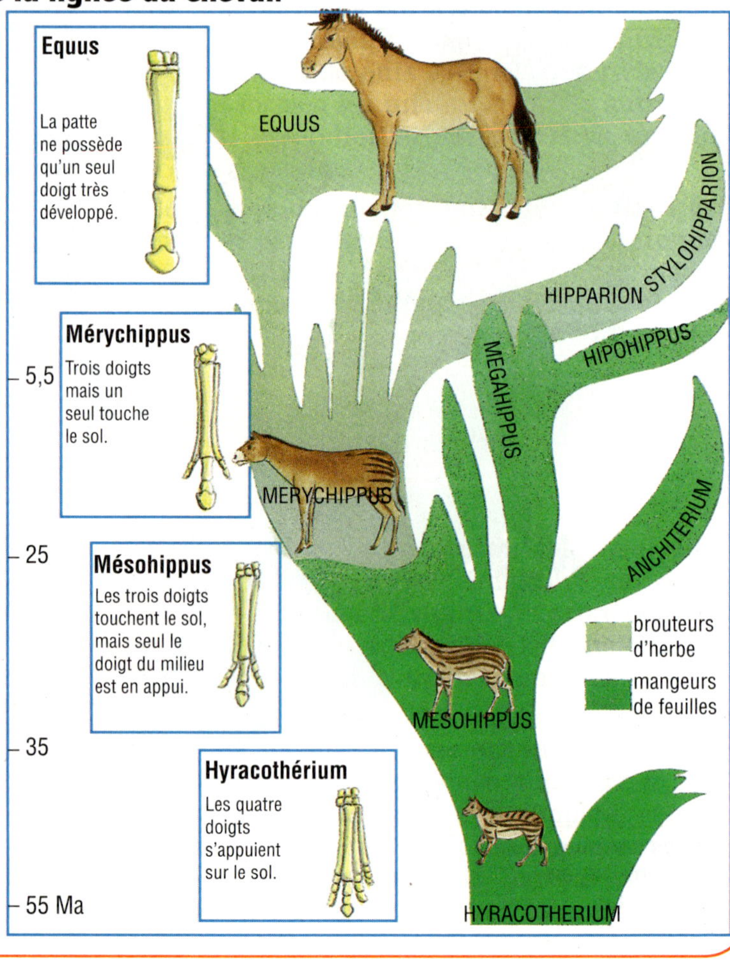

EXERCICES

2 Etablir une parenté entre les groupes.

Au Muséum d'Histoire Naturelle de Paris, on peut observer la reconstitution d'un Dimetrodon, animal fossile de la fin de l'ère Primaire et appartenant à un groupe dans lequel se trouverait l'ancêtre des mammifères.

1 • En utilisant les informations du dessin :

– dites quels caractères permettent de classer le Dimetrodon dans le groupe des reptiles ;

– énumérez quelques caractères de mammifère que possède le Dimetrodon.

2 • Cet animal est qualifié par les spécialistes de reptile mammalien. D'après ce qui précède, pouvez-vous justifier cette appellation ?

3 • Les géologues considèrent que le dimétrodon est une « forme intermédiaire ». Expliquez pourquoi.

4 • Complétez l'arbre d'évolution ci-contre à l'aide des mots suivants : mammifères, reptiles, premiers reptiles, reptiles mammaliens, puis tracez les flèches qui indiquent les filiations.

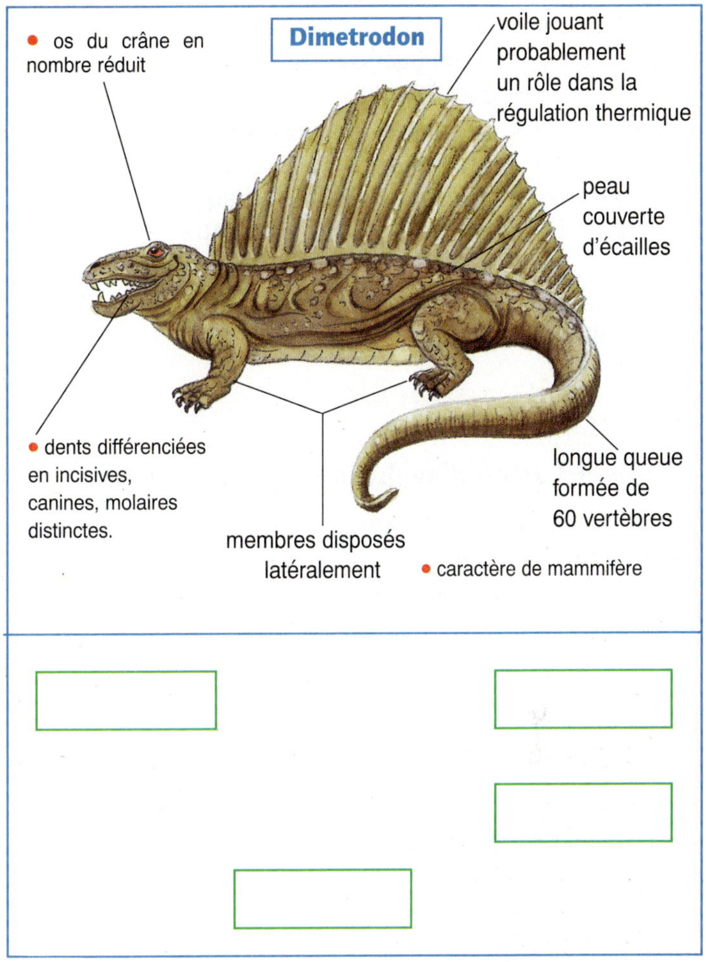

3 Expliquer des ressemblances entre des groupes différents.

1 • A quels groupes de vertébrés appartiennent respectivement la grenouille, le pigeon et l'homme ?

2 • Décalquez le squelette des membres de la grenouille et du pigeon puis, en utilisant le même code de couleurs, faites apparaître les quatre parties qui constituent chaque membre.

3 • Pourquoi dit-on que ces trois membres sont construits selon un même plan d'organisation ?

4 • Comment pouvez-vous expliquer les ressemblances constatées ?

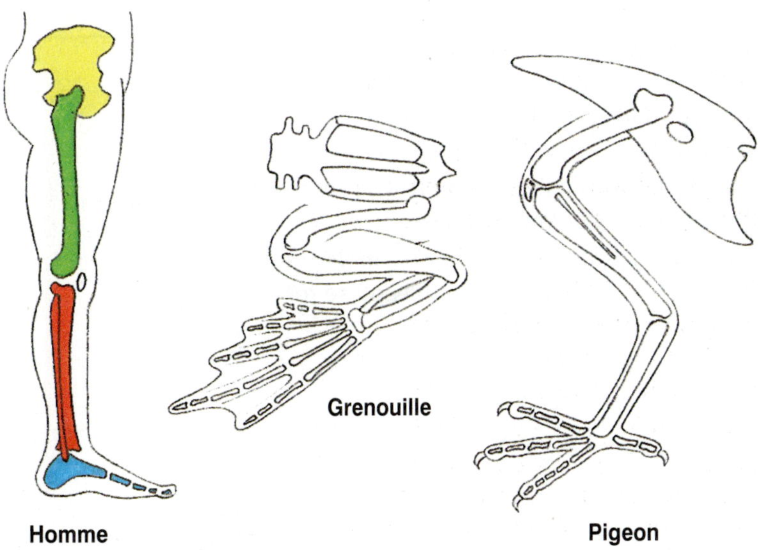

4 Comparer deux représentants de la lignée humaine.

Les dessins ci-contre représentent les crânes de deux hommes préhistoriques et les outils en silex retrouvés avec ces fossiles.

1 • Comparez les deux outils en silex. Lequel a nécessité pour sa réalisation le travail le plus important ? Attribuez un outil à chaque homme préhistorique en justifiant votre choix.

2 • Montrez que cet exemple permet d'illustrer l'évolution de la lignée humaine.

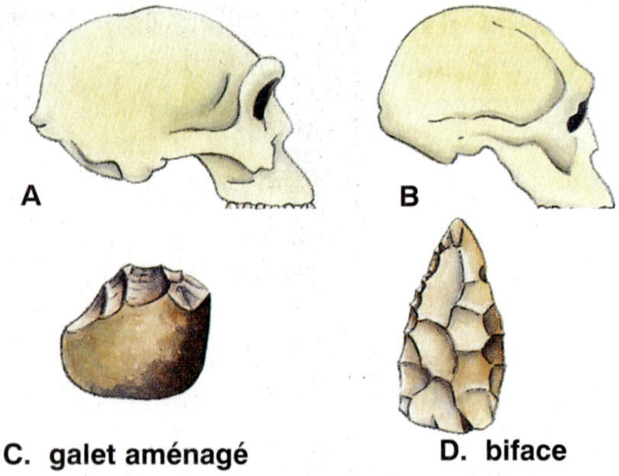

5 Utiliser l'arbre d'évolution des dinosaures.

Le film de Spielberg « *Le monde perdu* » met en scène de nombreux dinosaures dont le Tyrannosaurus rex, le Compsognathus et le Stegosaurus. Les documents ci-joints présentent les caractéristiques de ces trois dinosaures et leurs places respectives (repérées par des numéros) sur l'arbre d'évolution des dinosaures.

① Tyrannosaurus

- 14 mètres, 6 tonnes
- bipède, membres antérieurs réduits
- carnivore
- vivait il y a 70 Ma environ

② Compsognathus

- 60 cm, 3 kg
- bipède
- carnivore
- vivait il y a 150 Ma environ

③ Stegosaurus

- 9 mètres, 3 tonnes
- quadrupède
- herbivore
- vivait il y a 150 Ma environ

1 • Comparez ces trois dinosaures. Quels sont les deux qui se ressemblent le plus ?

2 • En utilisant l'arbre d'évolution, recherchez si ces trois animaux ont un ancêtre commun ? S'ils appartiennent à la même lignée ? Justifiez vos réponses.

3 • Ces trois dinosaures, contemporains dans le film de Spielberg, ont-ils pu se rencontrer en réalité ? Pourquoi ?

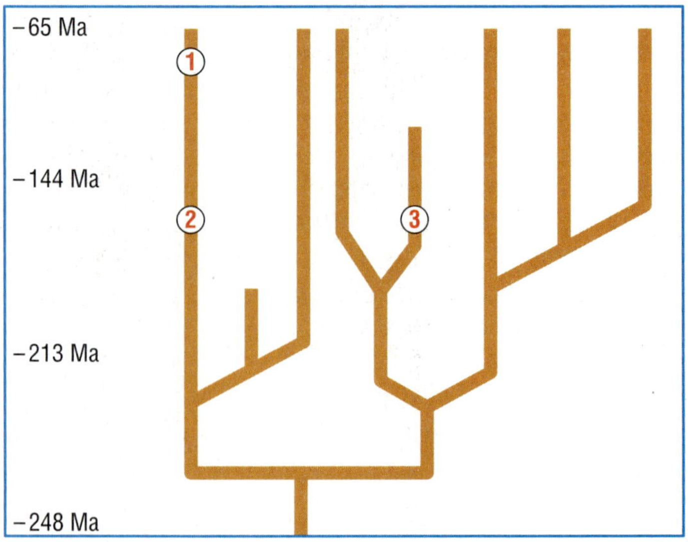

Mammouth (grotte de Rouffignac, en Dordogne).

CHAPITRE

3 Transformations de la Terre et évolution

Les problèmes à résoudre :

- Quels événements survenus à la surface de la Terre ont accompagné et influencé l'évolution de la vie ?
- Comment les scientifiques ont-ils utilisé ces événements géologiques et la succession des formes vivantes pour effectuer un découpage des temps géologiques ?

DOCUMENTS 1

Les conditions d'apparition des premiers êtres vivants

La Terre s'est formée, il y a 4,6 milliards d'années, mais les premiers êtres vivants ne sont apparus qu'un milliard d'années plus tard environ. Pourquoi un tel décalage ? Quelles modifications de la Terre ont permis l'apparition de la vie ?

1 Sur la Terre primitive, la vie est impossible.

1. Nuage de gaz et de poussières.

2. Les grains de poussières s'attirent et forment des corpuscules de plus en plus gros.

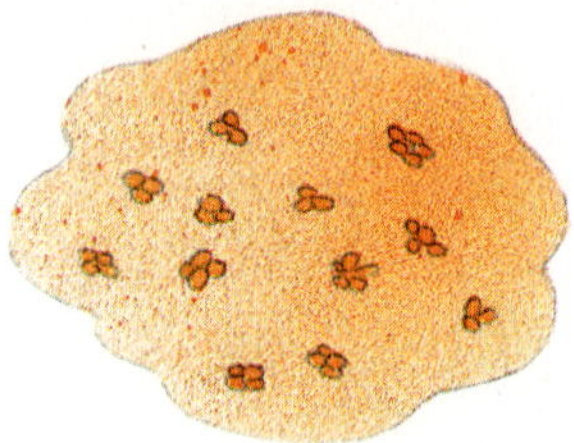

3. Les corpuscules semblables aux météorites (qui arrivent encore parfois sur notre planète) s'attirent et se soudent pour former une planète primitive : c'est l'accrétion.

4. La Terre juvénile subit longtemps un important bombardement météoritique.

5. L'atmosphère primitive se forme par dégazage de la planète.

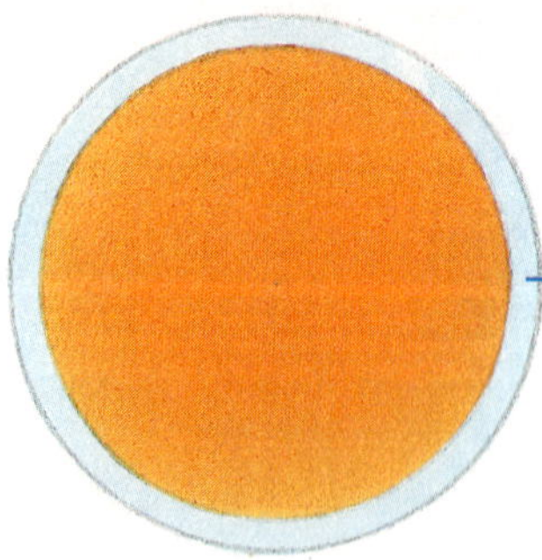

Atmosphère primitive

- Eau : 80 %
- Dioxyde de carbone : 19 %
- Azote : 1 %
- Traces de méthane et d'ammoniac
- Oxygène absent.

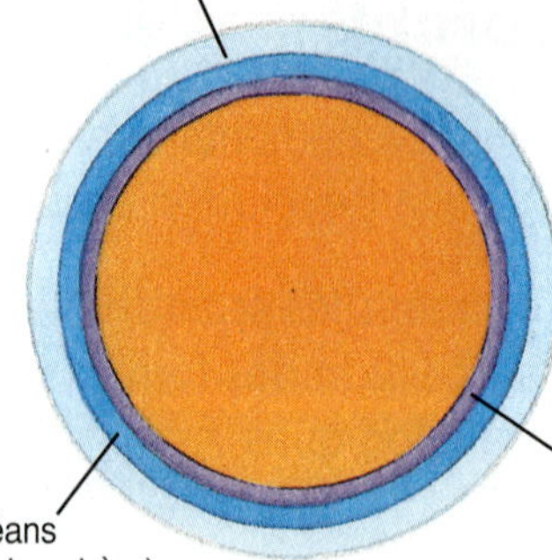

6. Début de formation d'une croûte solide. Formation des océans par condensation de la vapeur d'eau atmosphérique.

ⓐ La Terre : une planète avec de l'eau.

- **La température de la Terre**

La Terre s'est formée il y a environ 4,6 milliards d'années par accrétion. La température de cette Terre toute jeune est alors supérieure à 2 000 °C. Cette chaleur considérable provient du phénomène d'accrétion d'une part, de la radioactivité de certaines roches d'autre part. La chaleur d'accrétion s'est dissipée en quelques centaines de millions d'années. Ainsi, le refroidissement de la partie superficielle de la Terre a permis la formation d'une croûte de plus en plus résistante.

- **Atmosphère et océans**

Au début, la Terre n'a pas d'atmosphère. Celle-ci se forme pendant les 100 premiers millions d'années par dégazage du manteau. La composition de cette atmosphère primitive est très différente de celle de l'atmosphère actuelle : c'est celle des gaz rejetés par les volcans actuels.

À la suite de cet important dégazage, la vapeur d'eau de l'atmosphère primitive se condense en formant l'océan primitif.

2 Un milliard d'années plus tard, la vie devient possible.

Les premiers êtres vivants apparus dans les océans entre - 4 et - 3,5 milliards d'années, sont comparables à des bactéries actuelles.

• **Les conditions sur Terre, il y a 3,8 milliards d'années :**
- **température** de l'eau de mer : 80 °C ;
- l'eau de mer et l'atmosphère sont totalement **dépourvues d'oxygène** ;
- la Terre est soumise à un intense **rayonnement ultraviolet**, interdisant la vie sur les continents et dans les eaux peu profondes (moins de 10 mètres).

• **Pour comprendre il faut savoir que :**
Certaines bactéries actuelles sont :
- anaérobies (c'est-à-dire capables de vivre sans oxygène) ;
- capables de supporter des températures élevées (90 °C dans certaines sources chaudes).

Si des bactéries peuvent actuellement vivre dans de telles conditions, on peut penser que la vie a pu apparaître dans des océans primitifs présentant des conditions comparables.

ⓑ Actuellement, dans des sources chaudes (geysers de Yellowstone aux États-Unis par exemple), des bactéries vivent à une température de 90 °C.

Il y a 3,5 milliards d'années, l'apparition de cyanobactéries est une révolution biologique. Ces êtres vivants fabriquent leur matière organique en utilisant l'énergie solaire. Ce phénomène s'accompagne d'un dégagement d'**oxygène**.

Pendant très longtemps, cet oxygène va rester piégé dans les océans. De l'oxygène libre dans l'atmosphère n'apparaît que vers –2 milliards d'années. Une nouvelle fonction, la respiration, devient alors possible.

Par la suite, une couche d'**ozone** se forme dans la haute atmosphère à partir de l'oxygène ; elle protège des rayons ultra-violets nocifs et permet à la vie de s'installer sur les continents.

ⓒ L'étude de stromatolites actuels des lagunes d'Australie a permis de comprendre le rôle capital des cyanobactéries dans l'évolution de la vie.

Atmosphère actuelle
- Azote : 78 %
- Oxygène : 21 %
- Dioxyde de carbone : 0,03 %
- Un peu de vapeur d'eau.

Activités

1. Présentez, sous forme d'un tableau, une comparaison des conditions de vie sur Terre, il y a 4,6 milliards d'années et 1 milliard d'années plus tard.

2. Quelle est l'origine de l'atmosphère primitive ? De l'océan primitif ?

3. Pourquoi les premiers êtres vivants ne sont-ils pas apparus dans la couche superficielle des océans ?

4. Quelle est l'origine de l'oxygène atmosphérique ? Quelles conséquences l'apparition de ce gaz a-t-elle eu sur l'évolution de la vie ?

DOCUMENTS 2

Déplacement des continents et conditions de vie sur Terre

Nous avons vu que le déplacement des plaques lithosphériques entraîne le déplacement des continents, l'élargissement ou, au contraire, la disparition des océans. Ces mouvements qui affectent la surface de la Terre modifient-ils les milieux et les conditions de vie ?

1 Tectonique des plaques et changements climatiques.

On trouve actuellement des traces de glaciations dans des terrains datant de la fin de l'ère Primaire (vers - 250 Ma) en Amérique du sud, en Afrique du sud, en Inde et en Australie. Cette constatation peut surprendre car actuellement, ces régions, très éloignées du continent antarctique, ne sont évidemment pas soumises à un climat polaire.

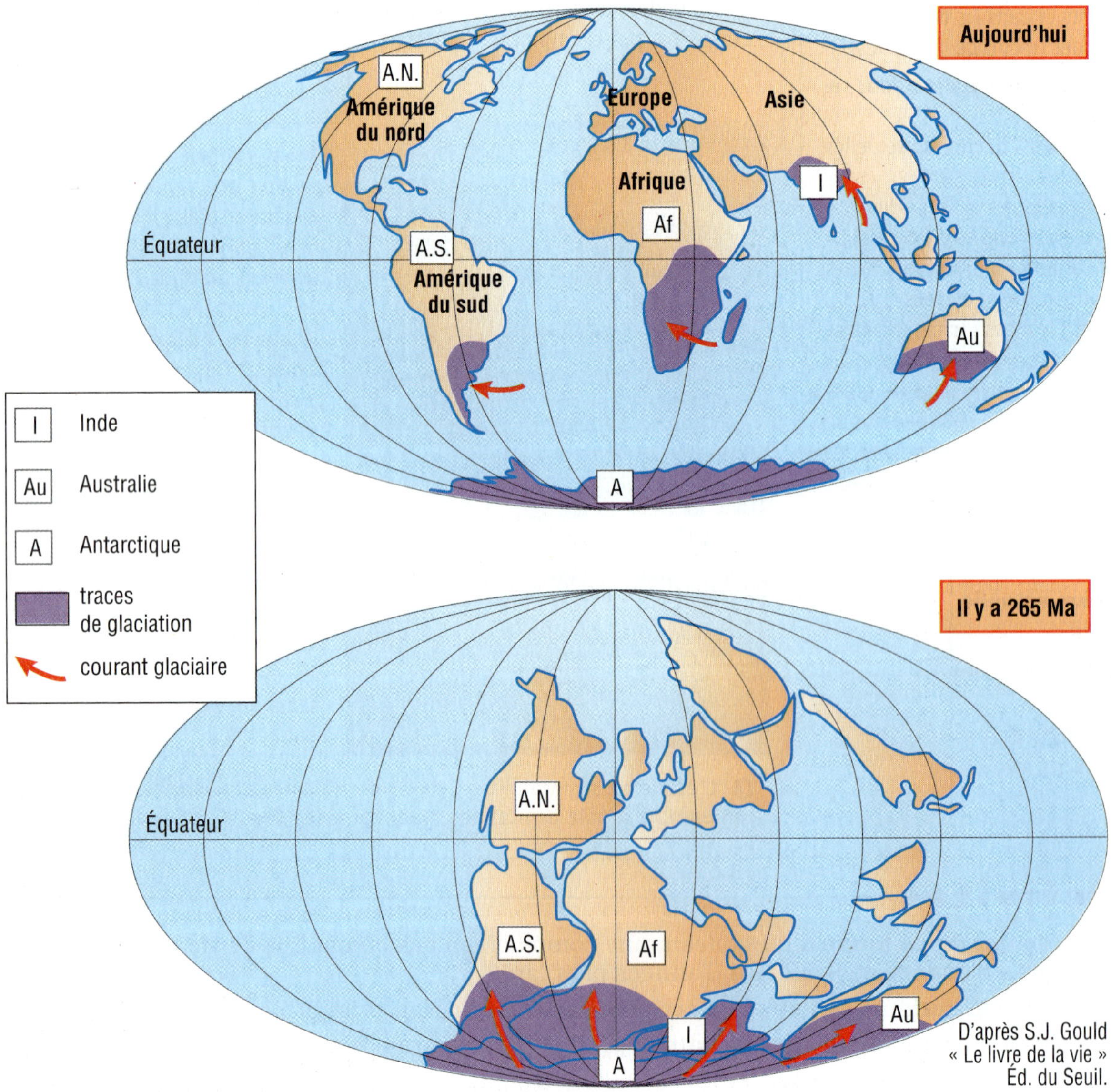

D'après S.J. Gould « Le livre de la vie » Éd. du Seuil.

ⓐ Des variations climatiques spectaculaires.

2 D'autres changements liés à la tectonique des plaques.

b Les déplacements des masses continentales modifient les circulations océaniques et atmosphériques : elles ont ainsi un impact considérable sur les climats.

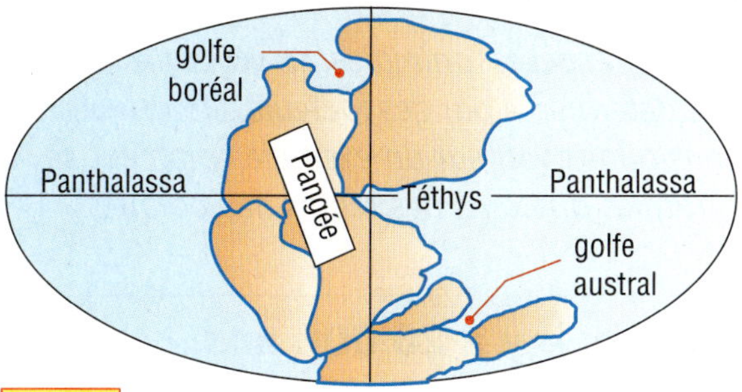

–250 Ma

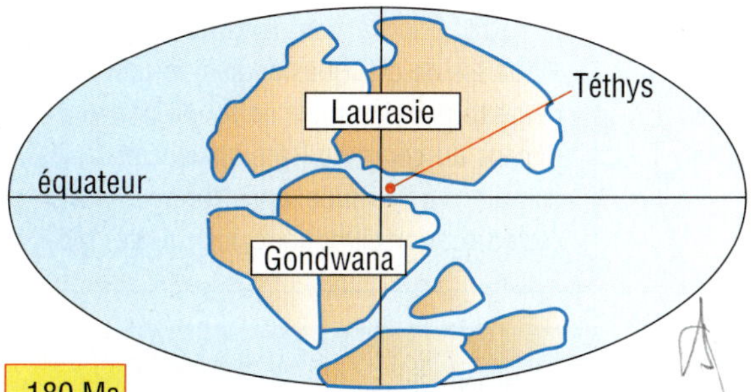

–180 Ma

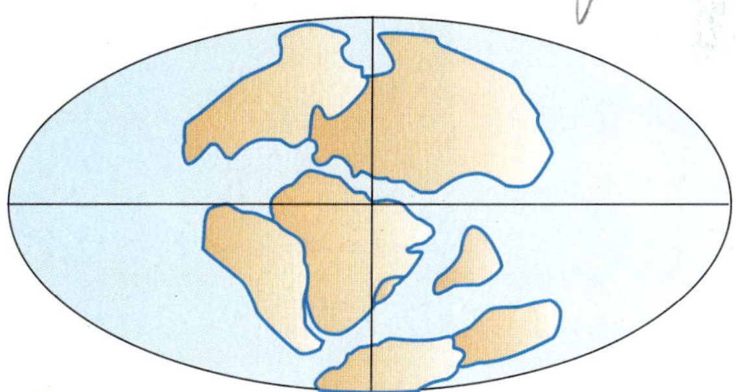

–135 Ma

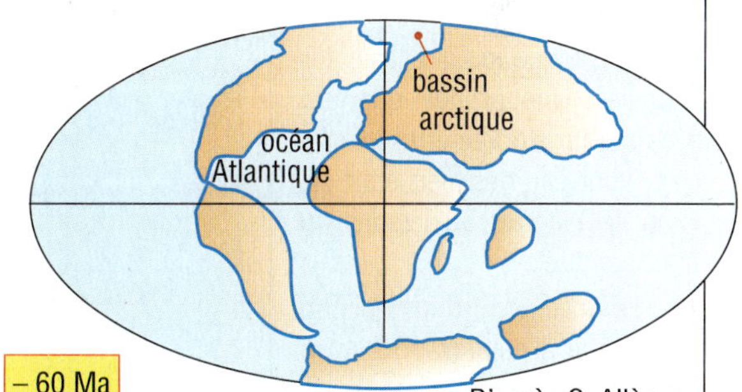

– 60 Ma

D'après C. Allègre « L'écume de la Terre » (Ed. Fayard).

En plus des changements de position des continents sur le globe terrestre, la tectonique des plaques entraîne d'autres modifications :
- l'ouverture et la fermeture d'océans, ce qui modifie la circulation des courants océaniques ;
- la création de reliefs montagneux qui perturbent la circulation atmosphérique.

Les courants océaniques froids ou chauds ont une influence majeure sur la répartition des climats et, par conséquent, sur celle des êtres vivants. Ainsi, l'apparition de la Thétys dans la zone intertropicale a permis l'établissement d'un courant chaud entre les deux masses continentales (Laurasie au nord et Gondwana au sud). Plus tard, l'extrémité ouest de la Thétys se ferme alors que l'océan Atlantique s'ouvre largement et communique avec le bassin arctique. Des courants d'eaux froides descendent alors des régions polaires vers les basses latitudes.

Activités

1. En comparant les deux cartes de la page ci-contre, expliquez la raison pour laquelle des glaciers étaient présents à la fin de l'ère primaire en Amérique du sud, en Afrique du sud, en Inde et en Australie.

2. Quelles ont été les conséquences, au niveau des courants marins, de la formation de la Téthys ? de l'ouverture de l'océan Atlantique ?

3. En utilisant les informations de cette double page, expliquez comment la tectonique des plaques peut modifier les milieux de vie et les conditions climatiques.

DOCUMENTS 3

Les variations du climat modifient les peuplements

La répartition géographique des espèces animales et végétales actuelles n'est pas quelconque : elle est déterminée par des facteurs climatiques (température, pluviométrie...). Nous allons voir sur un exemple comment se sont traduites les variations climatiques au cours des temps géologiques.

1 Les principaux « milieux de vie » en Europe, il y a 20 000 ans.

A

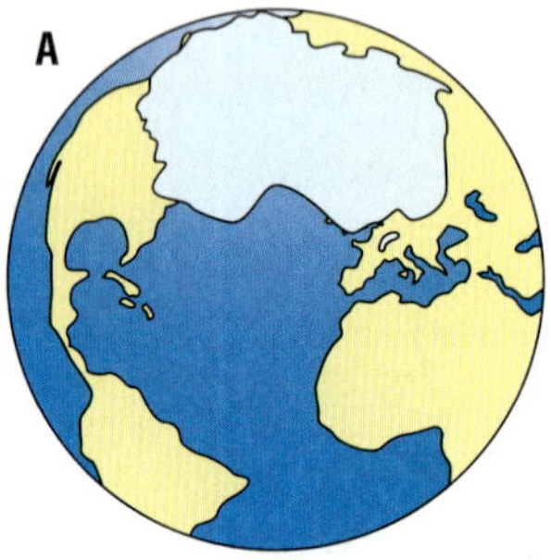

B

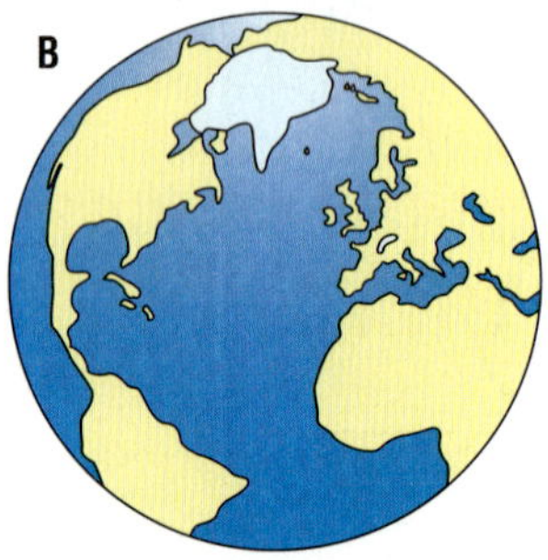

a Extension des glaciers :
A. il y a 20 000 ans ;
B. actuellement.

Il suffit que la température moyenne s'abaisse de quelques degrés pour que la neige tombée en hiver ne fonde pas totalement au cours de l'été suivant et s'accumule ainsi, année après année. Dans cette situation climatique, les calottes glaciaires des régions polaires et les glaciers de montagne s'étendent. L'étude des traces laissées par les glaciers en Europe a permis de mettre en évidence plusieurs phases glaciaires. Les milieux de vie ont été modifiés plusieurs fois.

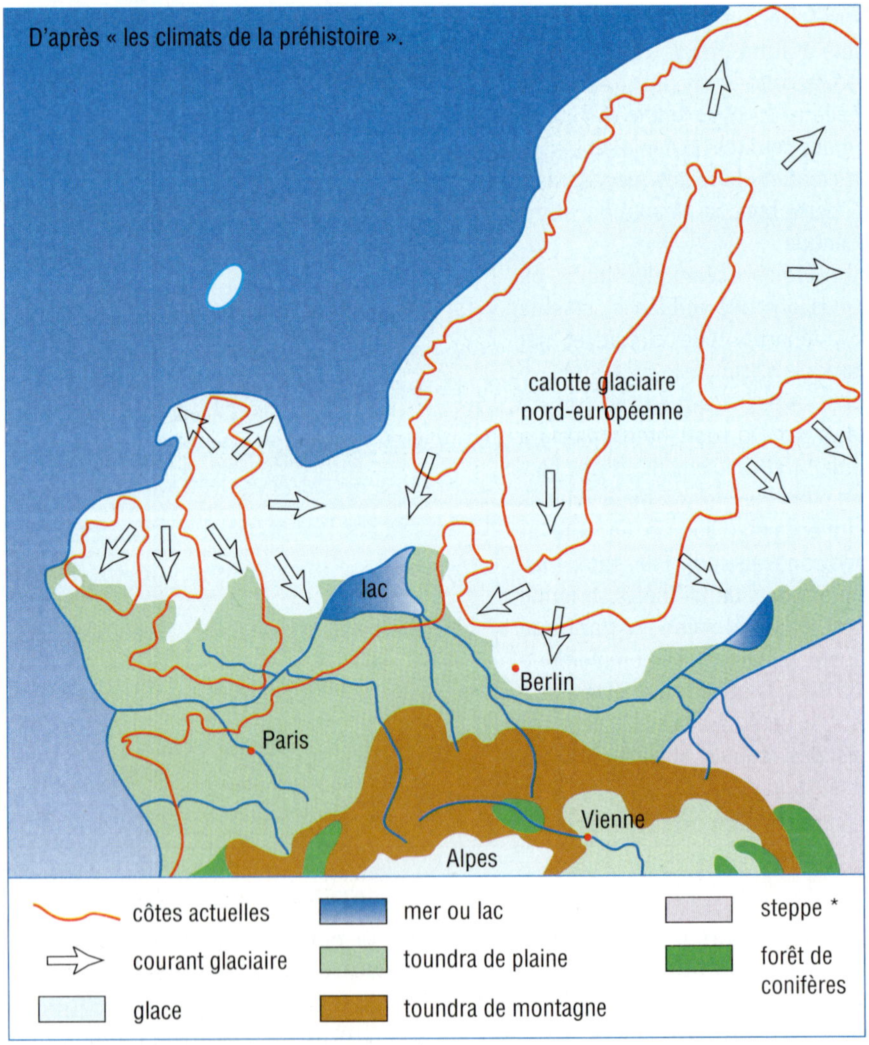

- Le trait rouge indique les côtes actuelles. Une grande quantité d'eau étant stockée dans les glaciers, le niveau des mers était environ 100 mètres au-dessous du niveau actuel.
- La Loire se jetait dans l'océan Atlantique à environ 150 km à l'ouest de l'emplacement actuel de son embouchure.
- La Manche étant émergée, un fleuve important s'écoulait dans la partie centrale transportant notamment les eaux de la Seine, de la Tamise et du Rhin.
- La toundra* occupait une zone de 200 à 300 km à l'extérieur du front glaciaire.

b Une « géographie » bien différente de celle d'aujourd'hui.

2 Les modifications des peuplements animaux.

Beaucoup d'espèces animales et végétales tolèrent des variations climatiques importantes : leur présence en France a ainsi été permanente depuis des centaines de milliers d'années, en dépit des bouleversements climatiques qui ont affecté notre pays.

Certaines espèces, en revanche, sont indicatrices de conditions climatiques précises. La présence en un lieu donné de fossiles de ces espèces fournit alors des indications sur le climat et le « cadre de vie » de l'époque. Ainsi, il y a 20 000 ans, on trouvait en France :
- des bœufs musqués, vivant aujourd'hui en Scandinavie et au Canada ;
- des mammouths, dont les derniers troupeaux se sont éteints en Sibérie ;
- des rennes.

c Il y a 20 000 ans, des artistes ont peint sur les parois des grottes les animaux qu'ils chassaient.

Carte d'identité du renne

- Animal des grandes plaines glacées (toundra) dont il broute l'herbe rare et les lichens.
- Supporte bien le froid.
- Sabots larges et écartés qui permettent la marche sur la neige. Très effilés, ils constituent également des outils pour perforer la couche de glace sous laquelle mousses et lichens sont enfouis.

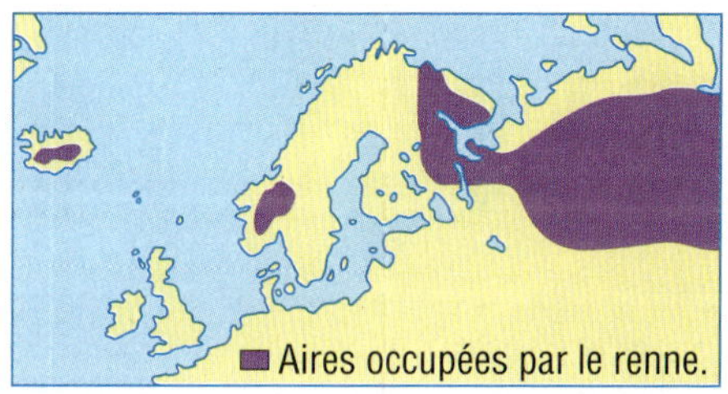

d L'habitat actuel du renne en Europe.

LEXIQUE

- **Steppe** : grande plaine inculte, sans arbres, au climat sec, à la végétation pauvre et herbeuse.
- **Toundra** : steppe de la zone arctique dont le sol est gelé en profondeur une partie de l'année. Sa végétation est caractérisée par des associations de mousses, de lichens et de quelques plantes herbacées.

Activités

1. Quelle relation peut-on établir entre le niveau moyen des mers d'une part, les conditions climatiques générales d'autre part ? Quelles seraient les conséquences prévisibles sur le tracé des côtes marines d'un réchauffement général de la Terre ?

2. Expliquez pourquoi la présence du renne en France il y a 20 000 ans est un indice intéressant.

3. Sachant qu'il y a 120 000 ans, on trouvait des hippopotames en France et même au Danemark et en Angleterre, quelle hypothèse pouvez-vous formuler concernant le climat de l'Europe occidentale à cette époque ?

DOCUMENTS 4

Les causes probables de la disparition des dinosaures

L'histoire de la vie est marquée par l'apparition, le développement, le déclin et enfin la disparition de nombreux groupes d'êtres vivants. Mais, à certaines époques, le nombre des extinctions augmente de façon spectaculaire. Sait-on expliquer les causes de ces disparitions massives ?

1 La disparition de tous les dinosaures, il y a 65 Ma.

a Droméosaure : petit dinosaure carnivore de Provence (taille approximative d'un homme). Ses pattes postérieures, armées d'une énorme griffe, font de lui un prédateur agile.

Un des événements les plus étonnants de l'histoire de la vie est la disparition, il y a 65 Ma, de tous les dinosaures. Ces animaux occupent alors tous les milieux. Certains sont quadrupèdes, d'autres bipèdes ; leur régime alimentaire est soit végétarien, soit carnivore et leurs tailles sont très diverses. Aucun ne survivra.

À la même époque, de nombreuses autres disparitions massives se produisent :

- sur les continents (nombreux reptiles autres que les dinosaures, nombreux végétaux terrestres) ;
- dans les océans (reptiles marins, ammonites, bélemnites...).

Dessin de Ch. Jégou réalisé avec le Muséum d'Histoire Naturelle d'Aix-en-Provence.

b Il y a 65 Ma, les dinosaures, maîtres incontestés du règne animal (certains ont plus de 20 m de longueur), présents sur tous les continents, disparaissent irrémédiablement.

2 Sait-on expliquer de telles extinctions ?

Pour expliquer la disparition brutale des dinosaures, plus de 60 hypothèses ont été formulées. Actuellement, de nombreux scientifiques supposent que la fin des dinosaures est due à une catastrophe écologique mondiale provoquée :
- soit par la chute sur la Terre d'une météorite* géante ;
- soit par les énormes éruptions volcaniques qui se sont en effet produites, il y a environ 65 Ma.

Dans les deux cas, les conséquences sont identiques.

Des conséquences identiques

« Les conséquences climatiques et écologiques d'un impact et celles d'un volcanisme à grande échelle seraient assez semblables. La première serait l'obscurité due à l'injection de grandes quantités de poussières dans l'atmosphère. Cette obscurité aurait ralenti, voire arrêté, la photosynthèse*, causant l'effondrement des chaînes alimentaires. Elle aurait pu aussi conduire à une période de froid intense. »

V. Courtillot. « Pour la Science ». Déc. 1990.

Un impact d'origine extraterrestre

« Il y a quelque 65 millions d'années, un astéroïde ou une comète gigantesque a jailli du ciel et a heurté la Terre à une vitesse supérieure à dix kilomètres par seconde. L'énorme énergie libérée lors du choc a déclenché d'innombrables cataclysmes, des tempêtes et des raz de marée, le froid et la nuit, puis un réchauffement par effet de serre, des pluies acides et des incendies planétaires. Lorsque le calme revint, la moitié de la faune et de la flore avait péri. Une page de l'histoire de la Terre était tournée.

W. Alvarez et F. Asaro. « Pour la Science ». Déc. 1990

Une éruption volcanique massive

En Inde, un volcanisme très abondant – et daté de 65 millions d'années – a produit d'immenses empilements de lave, connus sous le nom de trapps du Deccan. Certaines coulées recouvrent plusieurs dizaines de milliers de kilomètres carrés et leur volume dépasse 10 000 kilomètres cubes. Dans la partie occidentale de l'Inde, l'épaisseur totale des trapps dépasse 2 400 mètres (la moitié de la hauteur du mont Blanc). À l'origine, l'ensemble devait recouvrir plus de deux millions de kilomètres carrés et le volume de lave dépasser deux millions de kilomètres cubes. »

D'après V. Courtillot. « Pour la Science ». Déc. 1990.

D'après « Les fossiles témoins de l'évolution », *Pour la Science* - Belin.

LEXIQUE

- **Météorite :** roches d'origine extraterrestre qui, en tombant sur la Terre, laissent une traînée brillante lorsqu'elles traversent l'atmosphère : ce sont les « étoiles filantes ».
- **Photosynthèse :** mode de nutrition des plantes chlorophylliennes qui, en présence de lumière, produisent leur matière organique à partir de substances uniquement minérales. Ces plantes constituent le premier maillon des chaînes alimentaires.

Activités

1. Qu'appelle-t-on « extinction massive » ? L'extinction massive qui s'est produite il y a 65 millions d'années ne concerne-t-elle que les dinosaures ?

2. Quelles sont les deux hypothèses les plus fréquemment proposées pour expliquer la disparition des dinosaures ?

3. Expliquez de façon simple la phrase suivante : « L'obscurité aurait causé l'effondrement des chaînes alimentaires ».

DOCUMENTS 5

Le découpage des temps géologiques

Nous avons vu que les géologues découpent l'histoire de la Terre en ères (primaire, secondaire...), elles-mêmes subdivisées en périodes plus courtes (Trias, Jurassique et Crétacé pour l'ère secondaire, par exemple). Quels critères utilisent-ils pour découper ainsi les temps géologiques ?

1 Des repères dans le temps.

Les géologues utilisent ces périodes d'extinctions massives pour marquer des coupures dans les temps géologiques :

– les **divisions les plus importantes**, ou **ères**, correspondent à l'apparition ou à la disparition de grands groupes d'organismes (disparition des trilobites à la fin de l'ère Primaire, des ammonites et des dinosaures à la fin de l'ère secondaire,...) ;

– les **extinctions de moindre importance**, ne concernant que quelques espèces ou petits groupes, sont utilisées pour **diviser les ères en périodes** plus courtes. Ainsi par exemple, l'ère secondaire est divisée en trois périodes.

Ces coupures correspondent aussi à de grands événements géologiques liés à la tectonique des plaques (formation de chaînes de montagnes...).

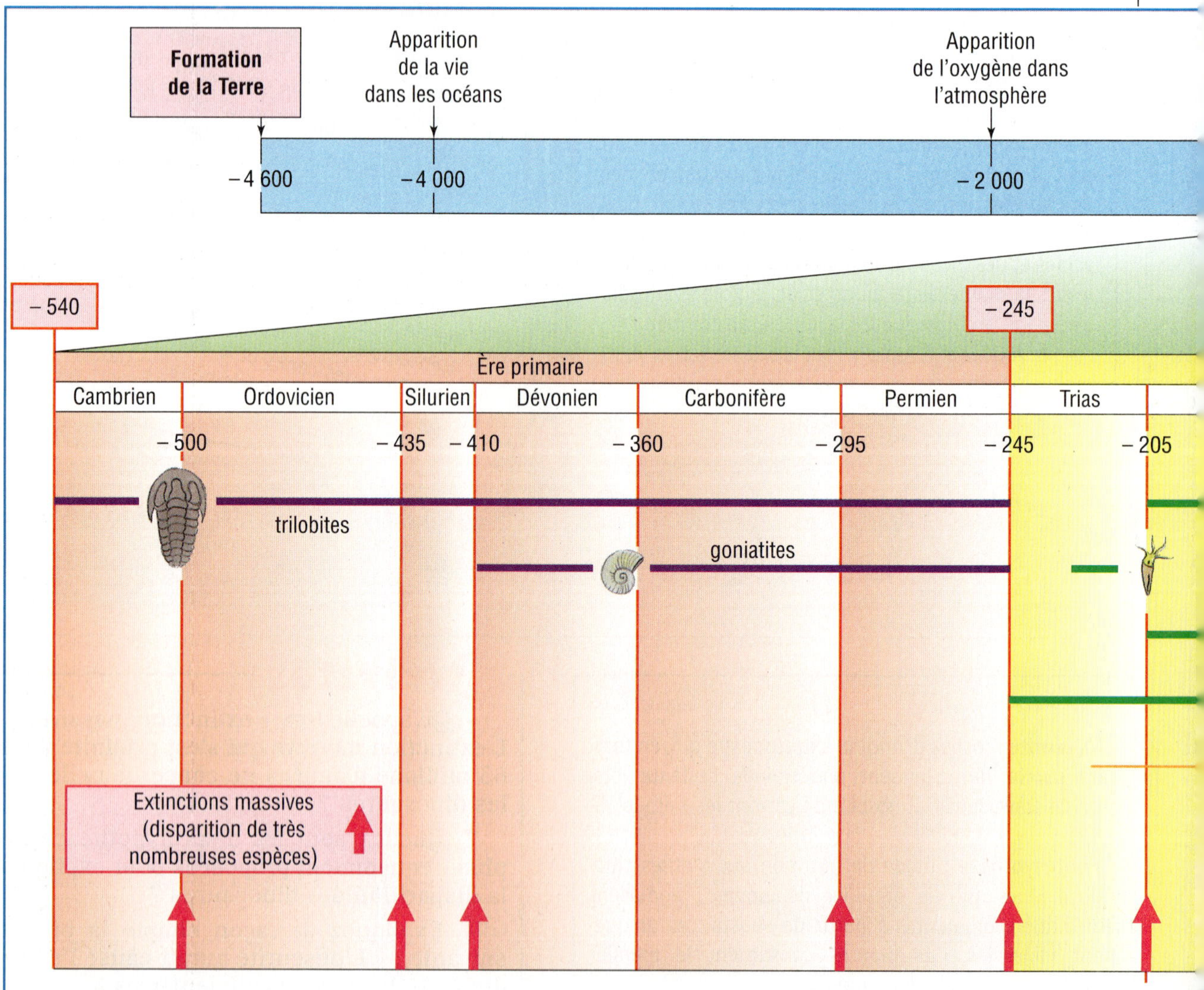

2 La réalisation d'une frise chronologique.

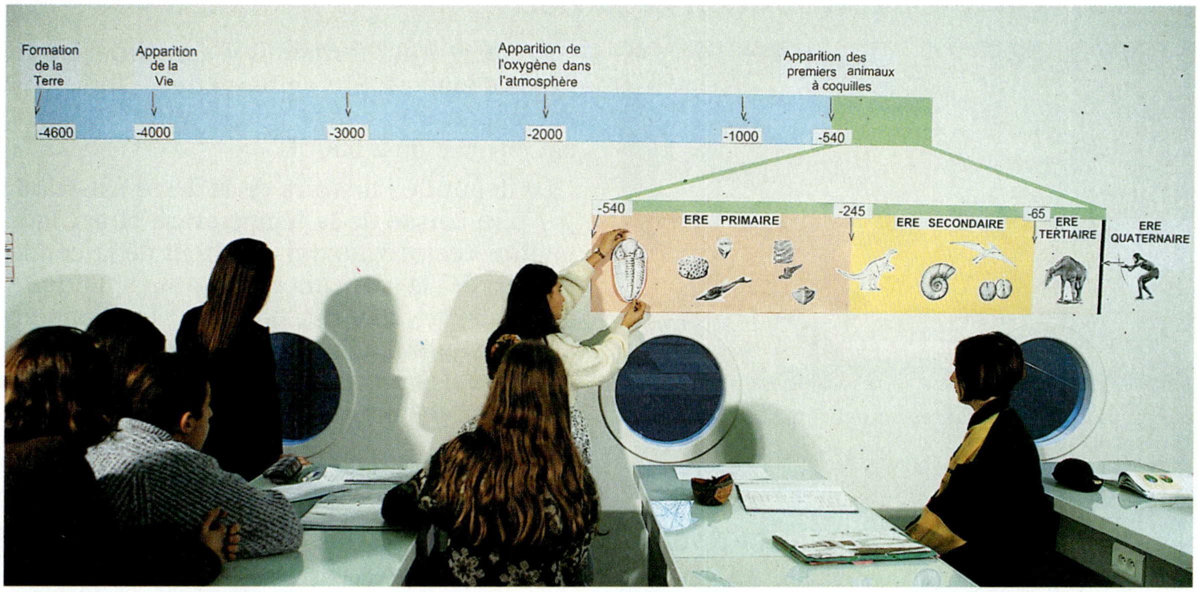

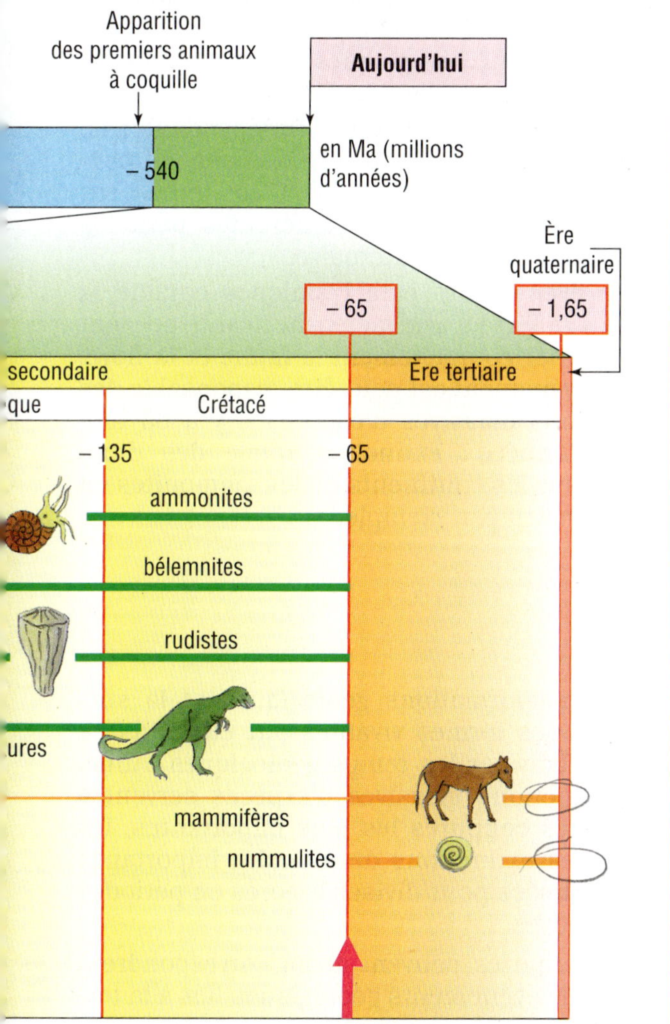

Des étapes importantes

- – 700 Ma : Premiers animaux (des invertébrés marins à corps mou).
- – 570 Ma : Invertébrés marins à coquille et à carapace.
- – 500 Ma : Premiers vertébrés (des poissons marins sans mâchoires).
- – 425 Ma : Premiers poissons marins avec mâchoires.
- – 420 Ma : Premières plantes terrestres.
- – 385 Ma : Premiers insectes (invertébrés terrestres).
- – 350 Ma : Premiers vertébrés terrestres (amphibiens).

Activités

1. Quels critères les géologues utilisent-ils pour découper les temps géologiques ?

2. Quelle est la durée des différentes ères géologiques ?

3. Quels événements majeurs marquent la fin de l'ère primaire ? de l'ère secondaire ?

4. Réalisez une frise chronologique de l'histoire de la Terre (en prenant comme échelle 1 cm pour 10 Ma si vous construisez collectivement une frise à afficher dans la classe, ou 1 cm pour 100 Ma si vous la dessinez dans votre cahier).

Placez sur cette frise les limites des différentes ères et situez les événements suivants :

– apparition de la vie sur le globe, de la vie sur les continents, des vertébrés, de l'homme ;

– constitution de la Pangée, formation de l'Himalaya.

DOC 1 Les conditions d'apparition de la vie.

Photographie : Stromatolites actuels en Australie.

La Terre s'est formée il y a environ 4,6 milliards d'années. Sur cette « jeune » Terre, la vie est impossible car la température en surface est environ de 2 000 °C.

Le début de l'histoire de la Terre est marqué par une baisse de la température et par la formation des océans qui résultent de la condensation de la vapeur d'eau atmosphérique : ainsi, la vie devient possible. Les premiers êtres vivants étaient sans doute des bactéries comparables à celles vivant actuellement dans des sources chaudes.

DOC 2 DOC 3 DOC 4 Evénements géologiques et modifications du monde vivant.

Photographie : Cratère meteor creusé par la chute d'une météorite en Arizona (U.S.A.), il y a 50 000 ans.

Les événements ayant affecté la surface de la Terre ont modifié les milieux et les peuplements ont changé. Ainsi :

- La tectonique des plaques change les conditions de vie en un lieu donné.
- Des fluctuations du climat, indépendantes de la tectonique des plaques, modifient les peuplements en un lieu donné. C'est le cas par exemple, en France, des différentes périodes glaciaires de l'ère quaternaire.
- Des événements cataclysmiques comme la chute sur Terre d'une météorite géante peuvent bouleverser complètement la faune et la flore. Un tel événement est peut-être responsable des extinctions massives d'espèces il y a 65 millions d'années : extinction totale des dinosaures sur les continents et des ammonites en milieu marin par exemple.

DOC 5 Le découpage des temps géologiques.

Les transformations géologiques et la succession des formes vivantes ont été utilisées pour subdiviser les temps géologiques. Ainsi, les extinctions massives d'espèces servent à établir les coupures les plus importantes, les ères ; les extinctions de moindre importance sont utilisées pour diviser les ères en périodes plus courtes.

Les coupures peuvent aussi correspondre à de grands événements géologiques liés à la tectonique des plaques (regroupement des continents, formation de chaînes de montagnes...).

L'essentiel

Ce qu'il faut savoir

La Terre s'est formée, il y a 4,6 milliards d'années. Les premières étapes de son évolution (diminution de la température, formation des océans...) ont permis l'apparition de la vie, environ un milliard d'années plus tard.

Les événements géologiques ayant affecté la surface de la Terre (déplacement des continents, formation des chaînes de montagnes, fluctuations du climat, chute sur Terre de météorites géantes...) ont modifié les milieux et les peuplements ont changé. Parfois même, ces modifications de la faune et de la flore ont été définitives suite à des extinctions massives d'espèces et à l'apparition de nouvelles espèces.

Ces extinctions massives ainsi que les grands événements géologiques ont été utilisés pour subdiviser les temps géologiques en ères puis en périodes plus courtes.

Les mots-clés

- conditions d'apparition de la vie
- événements géologiques
- modifications des peuplements
- découpages des temps géologiques

Le schéma bilan

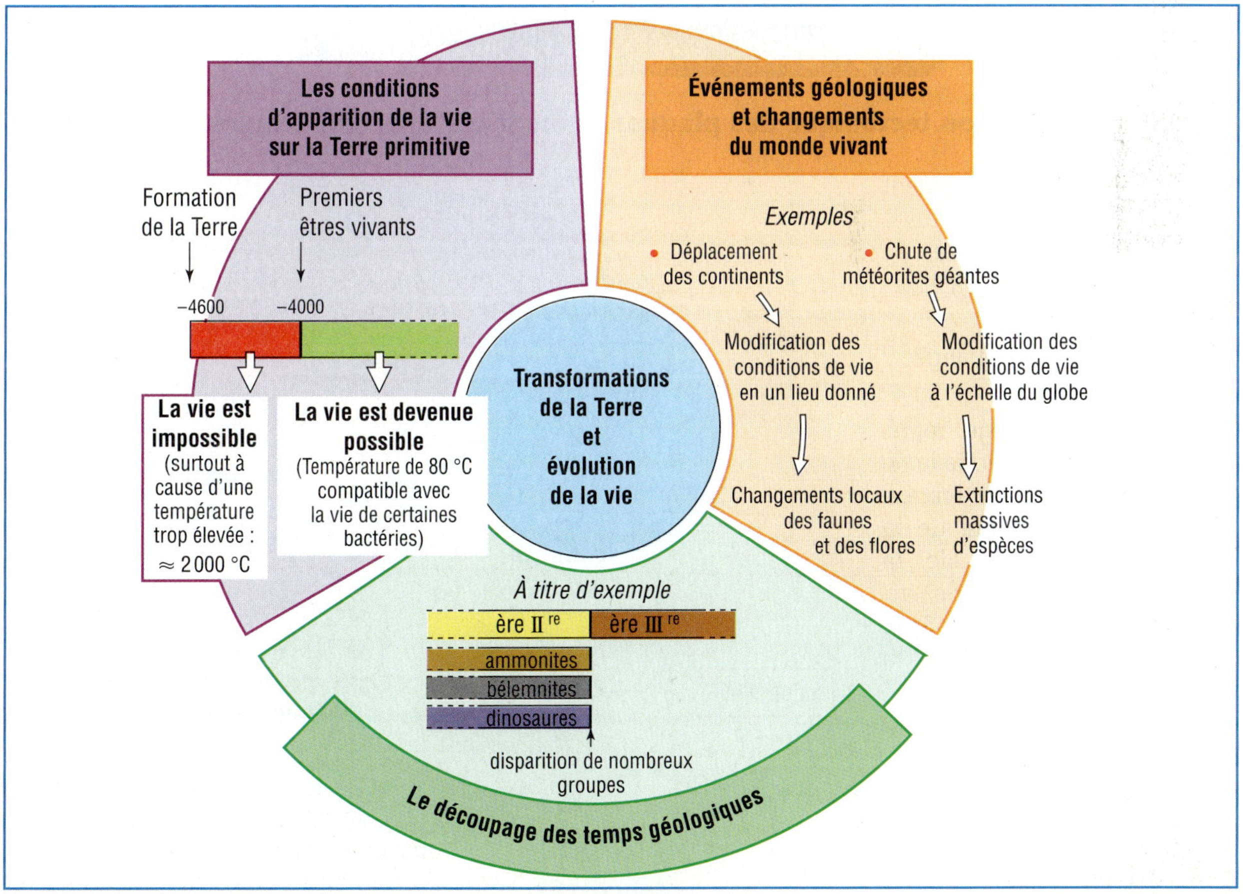

EXERCICES

Je teste mes connaissances

A • Définissez les mots ou expressions :
Modifications des peuplements, extinction massive, ères géologiques.

B • Vrai ou faux ?

a. La Terre s'est formée il y a environ 4,6 milliards d'années.

b. L'atmosphère primitive de la Terre possède de l'oxygène.

c. Il y a 4 milliards d'années, la vie apparaît sur les continents.

d. Les temps géologiques sont divisés en ères de durées identiques.

e. La fin de l'ère primaire est marquée par l'extinction des dinosaures.

f. Les limites des ères géologiques correspondent à l'apparition ou à la disparition de grands groupes d'êtres vivants.

C • Exprimez des idées importantes...
... en rédigeant une phrase pour chaque groupe de mots pris dans l'ordre :

a. Cyanobactéries, matière organique, énergie solaire, dégagement d'oxygène.

b. Ozone, rayons ultraviolets, vie aérienne.

c. Déplacements des continents, climats, peuplements.

d. Temps géologiques, ères, périodes.

D • Questions à réponse courte.

a. Sous quelle forme et dans quel milieu la vie est-elle apparue sur la Terre ?

b. Quels furent les premiers organismes producteurs d'oxygène ?

c. Quelles peuvent-être les causes de modifications climatiques dans une région donnée du globe ?

d. Quelles sont les causes probables de la disparition des dinosaures ?

E • Expliquez pourquoi...

a. La vie était impossible sur la Terre primitive.

b. Les cyanobactéries ont joué un rôle important dans l'évolution de la vie.

c. La vie devient possible sur les continents vers – 400 Ma.

d. La tectonique des plaques a une influence sur les climats.

e. Au cours de l'ère quaternaire, les peuplements de l'Europe ont souvent changé.

J'utilise mes connaissances

1 Mettre en relation tectonique des plaques et modifications climatiques.

Les dessins ci-joints présentent l'aspect du globe terrestre à deux périodes différentes de son histoire : à –250 Ma et aujourd'hui.

1 • Qu'est-ce que la Pangée ? Qu'est-elle devenue ?

2 • La flèche rouge représente l'emplacement de la région qui deviendra la France. Comparez la latitude de la France à l'époque de la Pangée à sa latitude actuelle. Quel pouvait-être, selon vous, le climat de la France à cette époque ?

–250 Ma

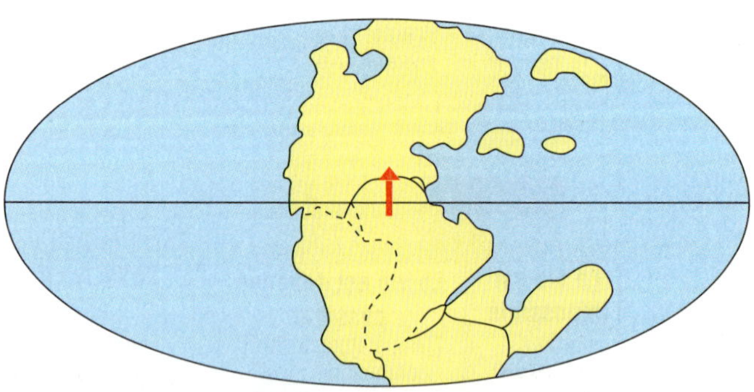

aujourd'hui

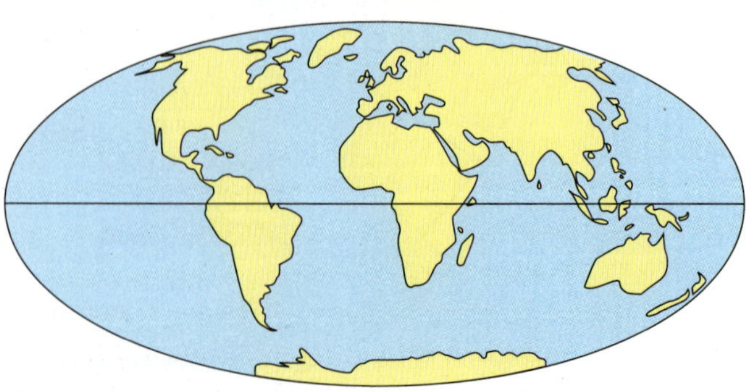

2 Retrouver quelques événements de l'histoire de la Terre.

1 • Recopiez ces deux frises, puis indiquez dans les bonnes étiquettes les lettres correspondant aux événements suivants :
A. Apparition des vertébrés ; B. apparition de l'homme ; C. apparition de la vie ; D. apparition de la vie aérienne ; E. apparition d'oxygène dans l'atmosphère ; F. disparition des dinosaures.

2 • Sur la première frise, coloriez en bleu la période pendant laquelle les milieux terrestres sont restés déserts. Sa durée correspond-elle au quart, à la moitié ou aux 9/10 de l'ensemble du calendrier géologique ?

3 • Sur la deuxième frise, placez les limites des quatre ères géologiques (–2 Ma, –65 Ma, –240 Ma, –570 Ma) puis coloriez l'ère primaire en rouge, l'ère secondaire en bleu, l'ère tertiaire en jaune et l'ère quaternaire en vert. Comparez la durée de ces ères. Que constatez-vous ?

4 • Quel événement correspond à la limite secondaire-tertiaire ? L'ère quaternaire a été définie pour souligner l'apparition de l'Homme mais des découvertes récentes permettent de situer vers –3,5 Ma les premiers hominidés connus. Dans quelle ère se place alors l'apparition de l'Homme ?

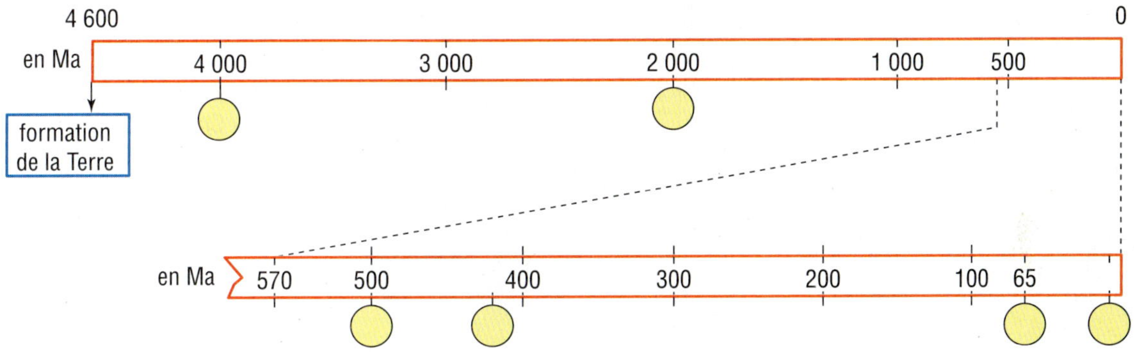

3 Comprendre les conséquences des variations du climat à l'ère quaternaire.

Les graphiques ci-joints apportent des renseignements sur le climat, les périodes glaciaires et le niveau de la mer pendant l'ère quaternaire dans le sud-ouest de la France.

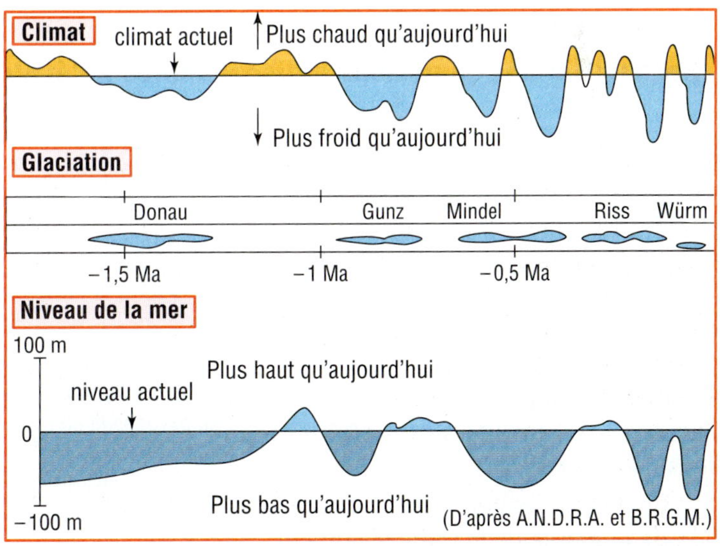

(D'après A.N.D.R.A. et B.R.G.M.)

1 • Dites en une phrase simple comment évolue le climat de cette région au cours de l'ère quaternaire.

2 • Les géologues ont défini cinq périodes glaciaires. Certaines d'entre elles ont présenté de brefs épisodes de réchauffement qui n'ont pas eu d'influence sur le niveau moyen des mers. Quelle relation pouvez-vous établir entre les variations du niveau de la mer et les variations climatiques majeures ? Proposez une explication.

3 • Les quatre animaux suivants : éléphant, bœuf musqué, mammouth, rhinocéros, sont contemporains soit de la dernière période glaciaire, soit de la période interglaciaire précédente. Attribuez à chaque période les animaux correspondant et justifiez votre choix.

4 Expliquer les conséquences d'un impact de météorite.

Il y a environ 200 Ma, une météorite géante a percuté notre planète à quelques kilomètres de l'emplacement actuel de Rochechouart près de Limoges. Au moment de l'impact, la météorite, animée d'une vitesse de plus de 70 000 km/h, s'est vaporisée. Les roches du sous-sol, broyées, fondues, ont formé des brèches ou impactites visibles sur le terrain. La région a été dévastée jusqu'à plus de 200 km du point d'impact. Toute vie a été rayée dans un rayon de 500 km par l'addition de plusieurs phénomènes : effet de souffle, émission de vapeurs toxiques, nuées ardentes, séismes...

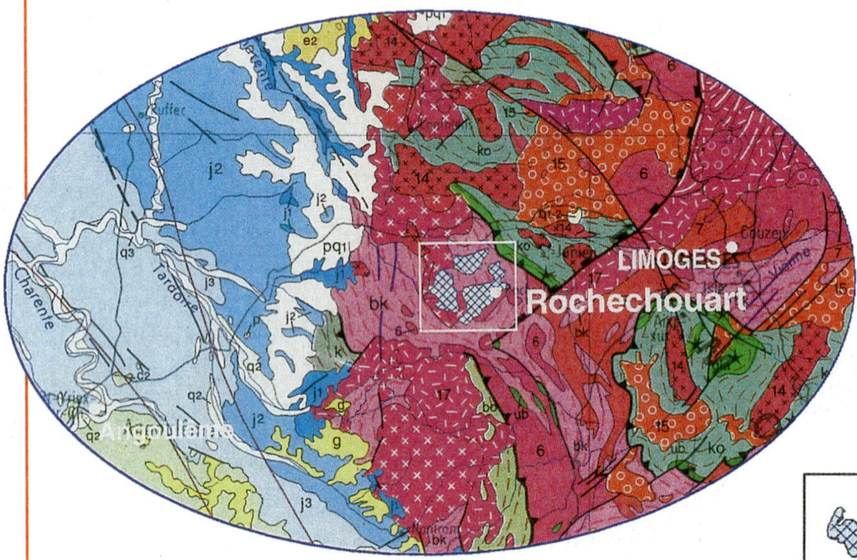

© BRGM, 1997.

1 • A partir des renseignements fournis, indiquez quelles caractéristiques de cette météorite sont responsables de la violence du choc.

2 • Recherchez quelles ont été les conséquences géologiques et biologiques de cet impact.

3 • Cette météorite a-t-elle été responsable de la disparition des dinosaures ? Justifiez votre réponse.

Quelques chiffres

- **Diamètre de la météorite** : 1,5 km.
- Masse : **6 milliards de tonnes.**
- Energie libérée au moment du choc : 14 millions de fois la bombe d'Hiroshima ou un séisme de magnitude 11.
- **Cratère :** 20 km de diamètre, 6 km de profondeur.
- **Volume du socle vaporisé :** 13 km^3.
- **Volume du socle fondu :** 66 km^3.

D'après « Les structures d'impacts météoritiques ». Cl. Marchat.

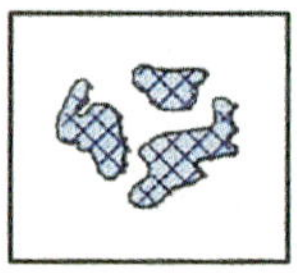

Impactites de Rochechouart
On nomme impactites les roches qui ont été créées ou modifiées par l'onde de choc due à l'impact de la météorite.

5 Rechercher des conditions indispensables à l'évolution de la vie.

1 • Quand la vie apparaît-elle sur notre planète ?

2 • Quand l'oxygène et l'ozone apparaissent-ils dans l'atmosphère terrestre ? D'où proviennent-ils ? Quel est l'intérêt de chacun d'eux pour les êtres vivants ?

3 • Le deuxième graphique vous permet-il d'expliquer l'installation de la vie sur les continents vers - 400 millions d'années ?

4 • Comment expliquez-vous l'évolution de la masse de matière vivante et notamment « l'explosion de la vie » à partir de -2 milliards d'années ?

D'après « la Planète Terre ». Ed. Ophrys.

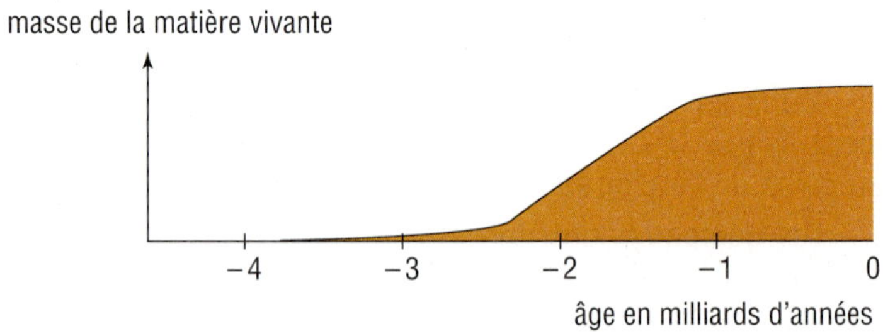

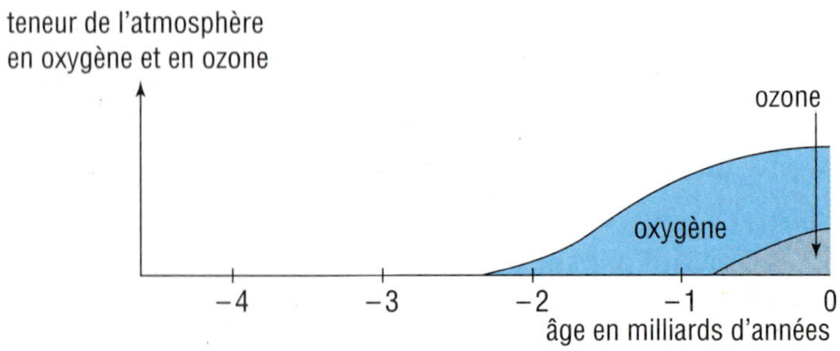

Quelques documents de référence

- Pour découvrir la classification des êtres vivants
- Pour repérer les grands groupes du règne animal
- Pour reconnaître les fossiles et reconstituer les paysages
- Carte des fonds sous-marins
- Carte géologique de la France

Des documents ... pour découvrir la classification

Le monde vivant

On distingue 5 grands groupes d'êtres vivants :
- les bactéries ;
- les protistes ;
- les champignons ;
- les végétaux ;
- les animaux.

Tous les êtres vivants sont constitués de cellules. × 300

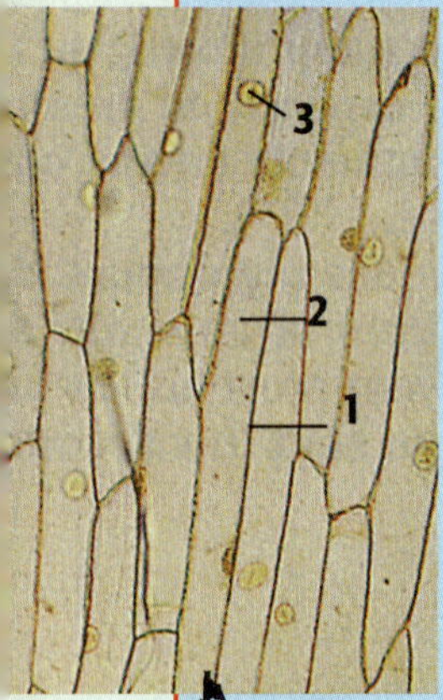

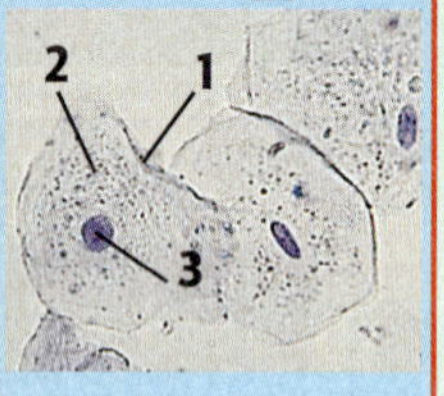

Ils sont unicellulaires (une seule cellule) ou pluricellulaires.
1. membrane
2. cytoplasme
3. noyau

× 150

Rappel de la classe de 6e

Une **bactérie** est un être vivant microscopique (ordre de grandeur : un millième de millimètre) constitué d'une seule cellule. Cette dernière, très simple, ne possède pas de véritable noyau.

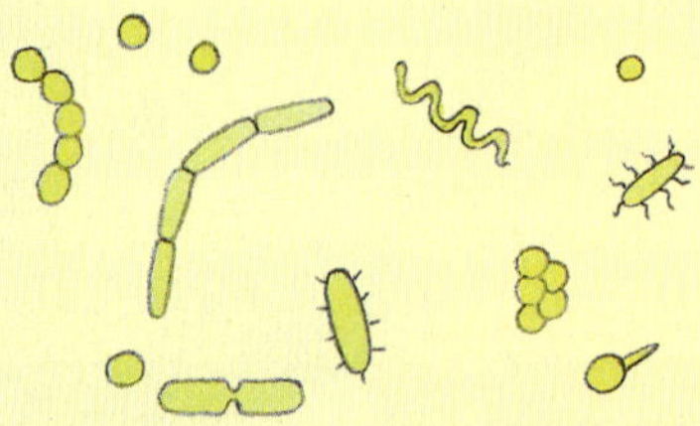

1. Les bactéries

Un **protiste** est un être vivant microscopique (la plupart font 10 à 50 µm, mais certains sont visibles à l'œil nu) constitué généralement d'une seule cellule. Cette dernière a une organisation complexe et possède un véritable noyau.

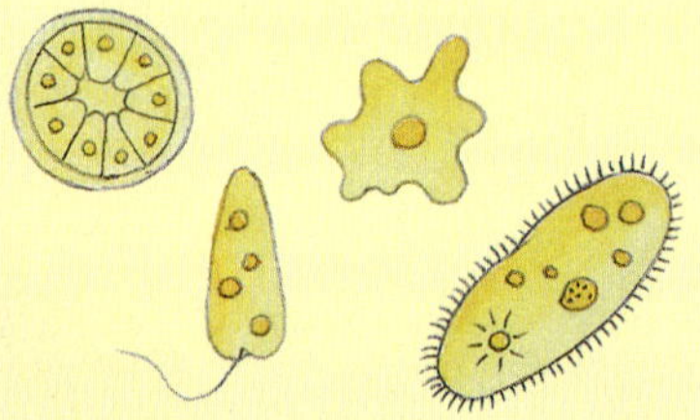

2. Les protistes

Un **champignon** est un être vivant pluricellulaire (chaque cellule possède un noyau véritable), immobile, non chlorophyllien, sans tiges ni feuilles.

3. Les champignons

Une **plante** est un être vivant pluricellulaire (chaque cellule possède un véritable noyau), immobile, chlorophyllien (se nourrit par photosynthèse).

4. Les végétaux

Un **animal** est un être vivant pluricellulaire, mobile (sauf exception), non chlorophyllien qui se nourrit en mangeant des végétaux ou d'autres animaux.

5. Les animaux

des êtres vivants

a

b

La classification des végétaux

Définition :
- organismes pluricellulaires chlorophylliens (premiers maillons des chaînes alimentaires).
- organismes immobiles.

- Plantes qui fleurissent et produisent des graines
  - graines enfermées dans un fruit clos → **ANGIOSPERMES** — *ex. :* ***genêt*** a
  - graines non enfermées dans un fruit. Elles sont posées sur les écailles d'un cône → **GYMNOSPERMES** — *ex. :* ***pin*** b
- Plantes qui ne fleurissent jamais et ne produisent jamais de graines
  - avec tiges et feuilles
    - avec des racines → **FOUGÈRES** — *ex. :* ***polypode*** c
    - sans racines → **MOUSSES** — *ex. :* ***polytric*** d
  - sans tiges ni feuilles
    - généralement aquatiques → **ALGUES** — *ex. :* ***laminaire*** e
    - terrestres → **LICHENS** — *ex. :* ***xanthoria*** f

c

d

e

f

Des documents ... pour repérer les grands

Vertébrés

Un animal qui a une colonne vertébrale et des os ou des arêtes est un **VERTÉBRÉ**.

VERTÉBRÉS

- La peau porte des poils, la femelle possède des mamelles → **MAMMIFÈRES**

- La peau porte des plumes → **OISEAUX**

- La peau porte des écailles soudées → **REPTILES**

- La peau est nue → **AMPHIBIENS**

- La peau porte des écailles non soudées → **POISSONS**

Invertébrés

Un animal qui n'a pas de colonne vertébrale est un **INVERTÉBRÉ**.

La libellule et l'anémone de mer sont, l'une et l'autre, des invertébrés. Le premier de ces animaux a un côté droit et un côté gauche (c'est-à-dire un plan de symétrie) ; le second n'a pas de côté droit ni de côté gauche.

La plupart des espèces vivent :
- en milieu marin
- en eaux douces
- en milieu terrestre

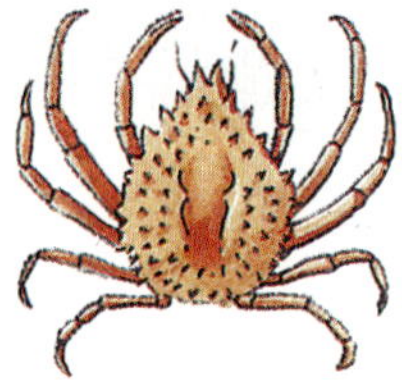

INVERTÉBRÉS

- L'animal a un côté droit et un côté gauche (il a un plan de symétrie)
- N'a ni droite ni gauche (pas de symétrie ou symétrie radiale)

groupes d'animaux

- Le corps est enfermé dans une carapace plus ou moins dure, et porte des pattes articulées → **ARTHROPODES**
  - Il porte 2 paires d'antennes 5 paires de pattes ou plus → **CRUSTACÉS**
  - Il porte 1 paire d'antennes
    - 3 paires de pattes → **INSECTES**
    - plus de 3 paires de pattes → **MYRIAPODES**
  - Il ne porte pas d'antennes. Il a 4 paires de pattes → **ARACHNIDES**

Crabe

Hanneton

Lithobie

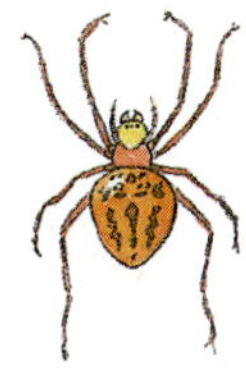

Araignée

- Le corps est mou
  - Le corps possède généralement une coquille. → **MOLLUSQUES**
    - Coquille à 2 valves Branchies lamelleuses → **LAMELLIBRANCHES**
    - Une seule coquille généralement spiralée → **GASTÉROPODES**
    - Pied découpé en tentacules entourant la tête → **CÉPHALOPODES**
  - Le corps est allongé. Il n'a pas de coquille → **VERS**

Moule

Escargot

Pieuvre

Lombric

- Il est recouvert de plaques calcaires portant souvent des piquants → **ÉCHINODERMES**
- Son corps est mou et porte des tentacules qui entourent la bouche → **CNIDAIRES**
- Corps mou sans tentacules → **SPONGIAIRES**

Étoile de mer

Anémone de mer

Éponge

Des documents

... pour reconnaître des fossiles

Les trilobites

Tous les trilobites sont des fossiles marins

Animaux actuels

Il n'y a plus de représentant actuel : les trilobites sont des arthropodes uniquement fossiles dont le corps, protégé par une carapace articulée, est divisé en trois parties.

Ces animaux étaient tous marins, les uns nageurs, les autres rampant sur le fond.

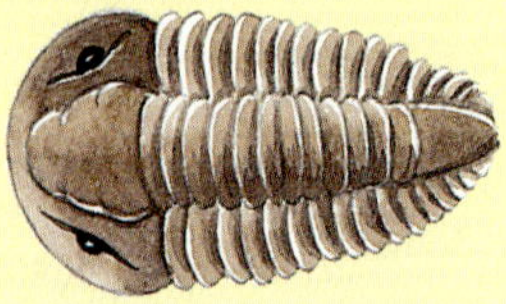

Les échinodermes

Animaux actuels

On en distingue plusieurs groupes, tous marins, parmi lesquels :

- les « étoiles de mer » et les oursins ;
- les « lys de mer » vivant fixés sur le fond et ressemblant aux encrines fossiles (3).

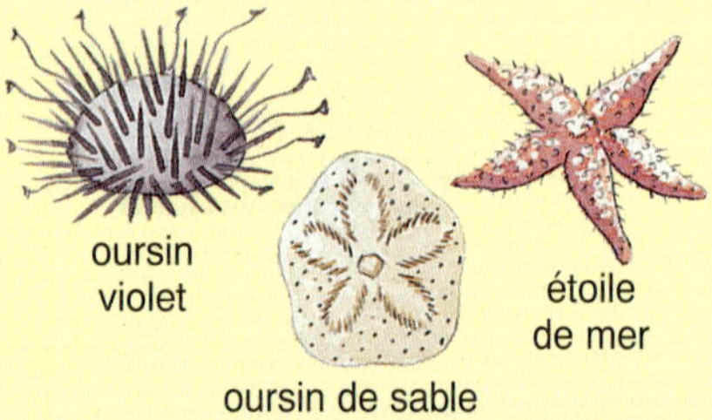

Les oursins réguliers (1) sont adaptés à la vie sur fond rocheux à profondeur variable alors que les irréguliers (2) vivent sur fond sablo-vaseux à faible profondeur.

Les échinodermes sont tous marins

et reconstituer des paysages

Les polypiers

Animaux actuels
Les coraux actuels vivent dans les mers tropicales aux eaux très limpides, peu profondes (moins de 40 m) et à une température d'au moins 20 °C.

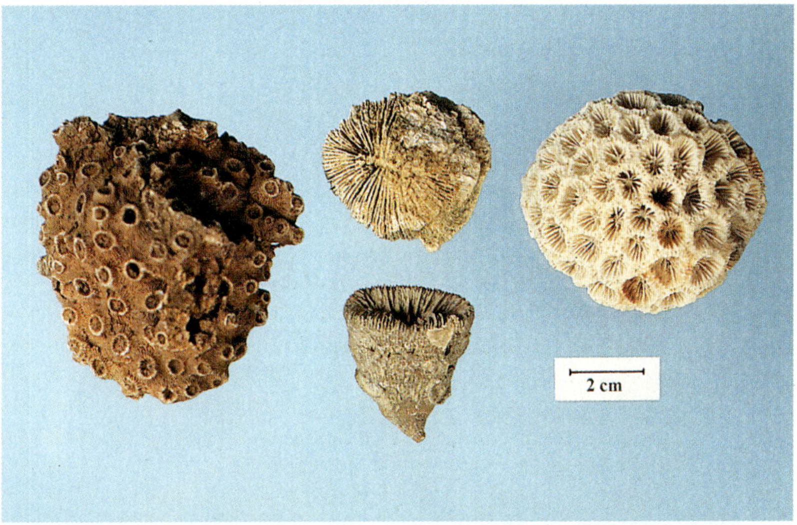

Le polypier est le squelette calcaire sécrété par des animaux fixés du groupe des coraux

Calcaire à nummulites ou pierre à liards

Les nummulites

Animaux actuels
Il n'y a pas de représentant actuel des nummulites.
Les nummulites sont des fossiles marins qui ressemblent à des pièces de monnaie de 5 à 10 millimètres de diamètre en général. Ces animaux fabriquaient un test (coquille) enroulé en spirale et divisé par des cloisons.

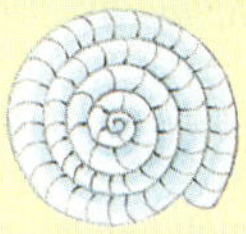

Les brachiopodes

Animaux actuels
Les brachiopodes sont des invertébrés marins qui vivent généralement fixés sur le fond par un pédoncule. Le corps est enfermé dans une coquille à deux valves.

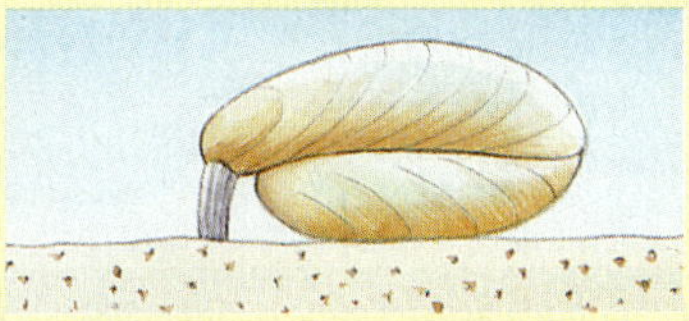

Trois brachiopodes fossiles

Des documents ... pour reconnaître des fossiles

Il existe des milliers d'espèces d'ammonites

Les mollusques céphalopodes

Animaux actuels

Les mollusques céphalopodes actuels sont tous marins. Parmi eux, on peut citer des animaux que vous connaissez : les poulpes (pieuvres), les seiches, les calmars... Ces animaux possèdent tous des tentacules munis de ventouses. Ce sont des animaux voisins des bélemnites fossiles (voir ci-dessous).

Le seul représentant actuel du groupe des ammonites est le **nautile** (dessin ci-dessous) qui vit dans les eaux chaudes de l'océan Indien.

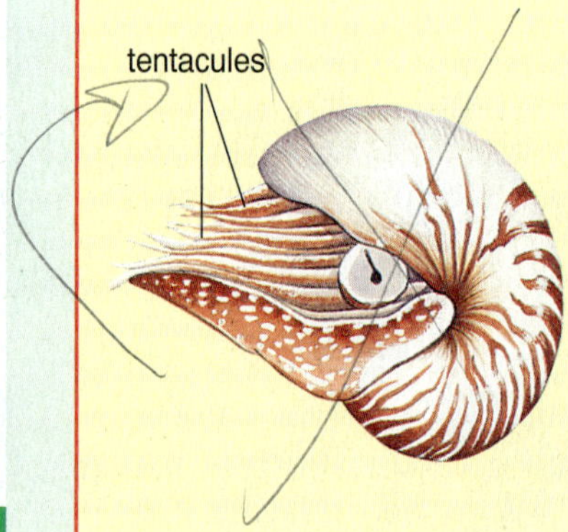

Animaux actuels

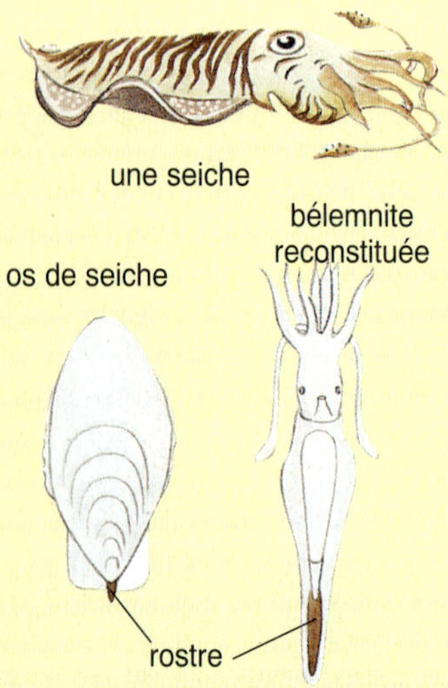

Rostre de bélemnite dans une roche calcaire

et reconstituer des paysages

Quelques exemples de bivalves fossiles marins

Les mollusques ~~bivalves~~

Animaux actuels

Les mollusques bivalves sont des invertébrés au corps mou enfermé dans une coquille à deux valves. Les représentants actuels sont nombreux. La plupart sont marins ; d'autres, plus rares, vivent en eau douce (lacs, étangs).

coque

pétoncle

huître

Les mollusques gastéropodes

Animaux actuels

Ce sont des invertébrés au corps mou qui possèdent une coquille faite d'une seule pièce. L'escargot des jardins ou l'escargot de Bourgogne sont des représentants actuels connus de tous.

Sur le littoral marin vivent de nombreuses espèces de gastéropodes ; d'autres espèces vivent en eau douce.

turritelle

bigorneau

gibbule

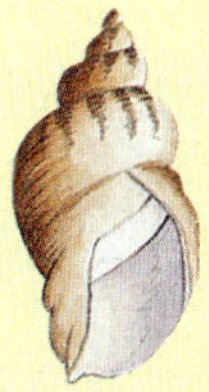

buccin

Quelques exemples de gastéropodes fossiles marins

Carte géologique de la France

D'après la carte géologique éditée par le Service Géologique National du Bureau de Recherches Géologiques et Minières (B.R.G.M.) à Orléans, simplifiée.

Roches sédimentaires

- Quaternaire
- Tertiaire
- Secondaire
- Primaire

Autres roches

- Granite
- Gneiss
- Antécambrien*
- Roches volcaniques

*Antécambrien = Précambrien : période précédant le Cambrien, c'est-à-dire période précédant l'ère primaire (voir page 202).

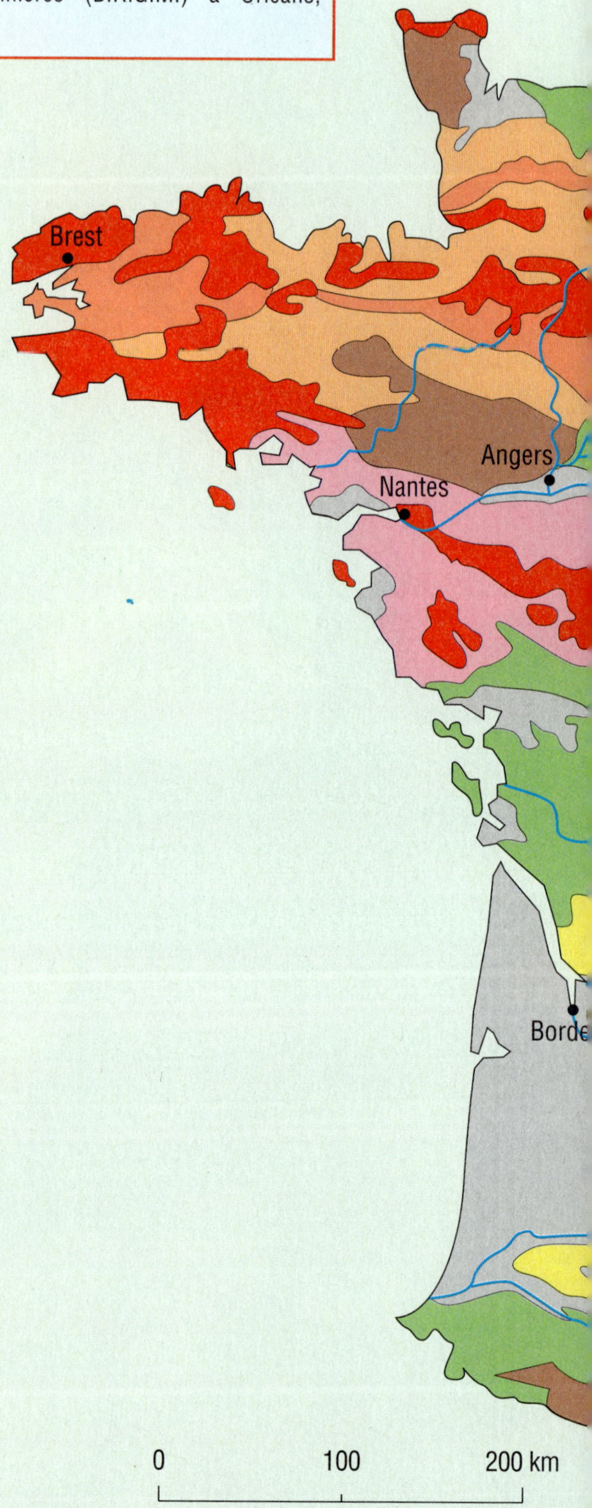

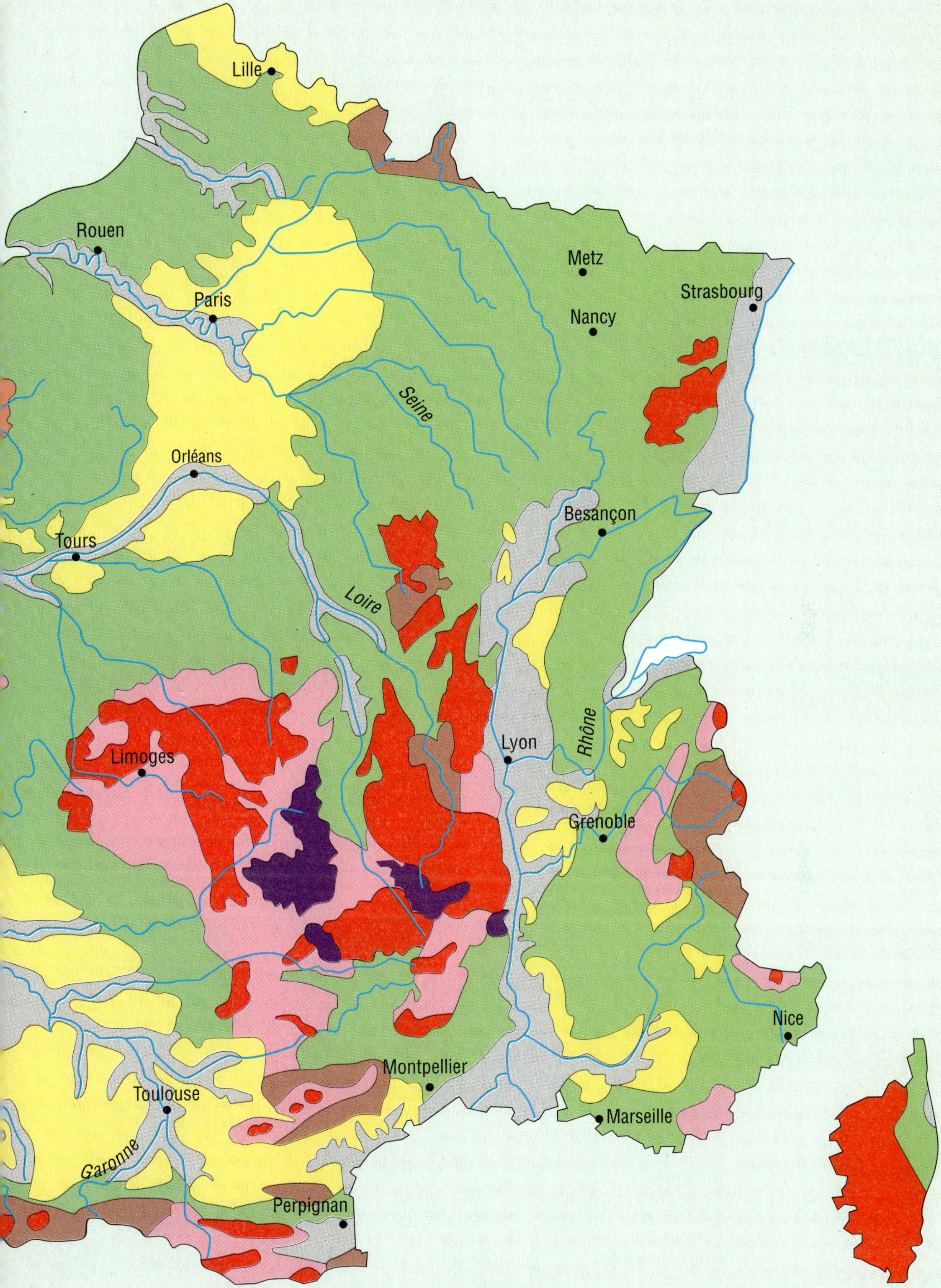
Lille
Rouen
Paris
Metz
Strasbourg
Nancy
Seine
Orléans
Tours
Besançon
Loire
Lyon
Rhône
Limoges
Grenoble
Nice
Montpellier
Toulouse
Marseille
Garonne
Perpignan

index

Une définition de certains mots de cet index est proposée dans la rubrique « Lexique ». Cette définition se trouve aux pages indiquées en **caractères gras.**

index

Les auteurs tiennent à remercier pour leurs conseils, les informations et les documents qu'ils ont fournis :

- **J.-L. Cheminée,** directeur des observatoires volcanologiques français à l'Institut de Physique du Globe de Paris (I.P.G.P.)
- **F. Guichard,** Muséum National d'Histoire Naturelle (action pédagogique et culturelle).
- **J. Lambert,** Bureau de Recherches Géologiques et Minières (B.R.G.M.)
- **G. Roult** et l'équipe Géoscope de l'I.P.G.P.
- **G. Belligaud** pour la mise à disposition de sa remarquable collection de fossiles.

CRÉDITS PHOTOGRAPHIQUES

Couv et **p. 1** *(haut)*, Ph © J. Mantel/ Sipa
Couv et **p. 1** *(bas)*, Ph © F. Siteman/ Ask Images
p. 8 et **p. 9** : Ph © Forestier/Campagne Campagne/T
p. 11 : Ph © C. Vaisse/Hoa Qui/T
p. 16 : 2 ph © M. Petzold/T
p. 17 : *ht* Ph © Pix/T
p. 19 : *dte* Ph © Perrodin/Campagne Campagne/T
p. 20 : *ht* Ph © Yann Arthus-Bertrand/ Altitude/T
p. 20 : *mil* Ph © S. Bérard
p. 20 : *bas* Ph © M. Petzold/T
p. 21 : *mil* reprise de la photo p. 17
p. 21 : *bas* reprise de la photo p. 16
p. 24 : Ph © C. et B. Desjeux
p. 25 : *bg* Ph © M. Petzold
p. 25 : *bd* Ph © Campagne Campagne
p. 26 : Ph © S. Bérard
p. 28 : 2 Ph © M. Petzold/T
p. 31 : *bas* Ph © Couturié/Nature/T
p. 31 : *ht* Ph © M. Petzold/T
p. 33 : Ph © C. Lizeaux/T
p. 34 : *bas* 2 Ph © M. Petzold/T
p. 34 : *ht* Ph © C. Lizeaux/T
p. 36 : *bas* Ph © M. Petzold/T
p. 36 : *ht* Ph © A. Nicolas/Explorer/T
p. 37 : *dte* Ph © J. Debelmas/T
p. 37 : *gche* Ph © C. Cuny/Rapho/T
p. 39 : Ph © M. Petzold/T
p. 40-42 : Ph © M. Petzold
p. 43 : Ph © H. Veiller/Explorer
p. 44 : Ph © M. Petzold
p. 46 : *hg* Ph © Aerial, Aix en Provence/T
p. 46 : *hd* Ph © Yann-Arthus-Bertrand/ Altitude/T
p. 47 : *ht* Ph © M. Petzold/T
p. 48 : *htg* Ph © Yann Arthus-Bertrand/ Altitude/T
p. 48 : *mil* Ph © M. Petzold/T
p. 49 : *hg* Ph © Claude Carre/Jacana/T
p. 49 : *hd* Ph © J.-Cl. Gall/T
p. 49 : *bas* Ph © T. Petit/Bios/T
p. 50 : 2 Ph © M. Petzold/T
p. 51 : *gche* Ph © Cisowski/Rapho/T
p. 51 : *dte* (1), Ph © H. Chaumeton/ Nature/T
p. 52 : *hg* reprise de la photo p. 50
p. 52 : *bd* Ph © Nature/T
p. 53 : *hm* Ph © Prevost/Nature/T
p. 53 : *md* Ph © F. Danrigal/Jacana/T
p. 53 : *bas* Ph © M. Petzold/T
p. 54 : *ht* Ph © D. Philippe/Altitude/T
p. 54 : *bas* 2 Ph © D. Serrette, Institut de Paléontologie,/MNHN/T
p. 55 : *gche* Ph © G. Bignot, Laboratoire de macropaléontologie, Université Pierre et Marie Curie,/T
p. 55 : *dte* Ph © C. Jehanno/CFR-Labo CEA-CNRS/T
p. 56-59 : 2 Ph © M. Petzold/T
p. 60 : *bas* Ph © Cl Lizeaux/T
p. 62 : *bas* Ph © M. Brigaud/Photothèque EDF/T
p. 63 et **p. 64** : *ht*, 65, 3 Ph © Union nationale des producteurs de granulats/T
p. 67 : Ph © Pix/T
p. 68 : Ph © P. Almasy/Vloo/T
p. 69 : *ht* Ph © BPB, France
p. 70 : *bd* Ph © M. Petzold/T
p. 72 : *ht* Ph © Y. Arthus-Bertrand/ Altitude/T
p. 72 : *bas* Ph © Union nationale des producteurs de granulats/T
p. 73 : Ph © Cl. Lizeaux/T
p. 74 : *ht* Ph © Schneider/Office national des forêts/T
p. 74 : *bas* Ph © J.P. Chasseau/Office national des forêts/T
p. 75 : Ph © W. Stevens/Gamma/T
p. 76 : *ht* Ph © A. Le Toquin/T
p. 76 : *bas* 2 Ph © Thiriet/Campagne Campagne/T
p. 77 : *ht* Ph © Bavaria Bildagentur/ Pix/T
p. 77 : *bas* Ph © Agence de l'eau Adour-Garonne/T
p. 78 et **p. 79** : Ph © Bourseiller/ Hoa-Qui
p. 81 : Ph © P. Robert/Sygma
p. 83 : *bas* Ph © Garner/Cosmos
p. 83 : *ht gche* et *dte*, 2 Ph © P. Mouroux
p. 84 et **p. 85** : © équipe Géoscope, IPG, Paris
p. 86 : Ph © D. Parkers/S.P.L./Cosmos
p. 90 et **p. 91** : 2 Ph © U.S.G.S., National Earthquake Information Center
p. 92 : 2 Ph © AFP
p. 94 : Ph © Haruyoshi Yamaguchi/ Sygma
p. 95 : *bas* Ph © CASSBA (financé par le Ministère de la Recherche), programme Génie civil, fédération nationale du Bâtiment et Commissariat à l'énergie atomique.
p. 95 : *ht* Ph © Bourseiller/Hoa-Qui
p. 96 : *ht* Ph © coll. A. Viallat
p. 98 : Ph © R. Armijo/IPGP
p. 101 : Ph © Krafft/Hoa-Qui
p. 102 : *ht, g* Ph © Krafft/Hoa-Qui
p. 102 : *ht, d* Ph © « Earthnet/ GDTA, traitement BRGM »
p. 102 : *bas* Ph © Krafft/Hoa-Qui
p. 104 : *ht* Ph © B. Thompson/Woodfin Camp/Cosmos
p. 104 : *bas* Ph © Krafft/Hoa-Qui
p. 105 : *ht* Ph © R. Werth/Woodfin camp/Cosmos
p. 105 : *bas* Ph © Krafft/Hoa-Qui
p. 109 : *ht, d* 2 Ph © M. Sagot
p. 110 : *mil* Ph © Marc Sagot
p. 110 : *bas* Ph © M. Sagot
p. 112 : Ph © Krafft/Hoa-Qui
p. 114 : *mil* Ph © A. Lacroix/MNHN, Paris, Minéralogie
p. 115 : Ph © S. Bérard
p. 118 : 2 Ph © J.-L. Cheminée/IPGP
p. 119 : Ph © J.-L. Cheminée/IPGP
p. 120 : *ht* Ph © J. Damase/Explorer
p. 122 : Ph © G. Boudon/IPGP
p. 123 : Ph © J.-L. Cheminée
p. 124 : *ht* Ph © Krafft/Hoa-Qui
p. 124 : *mil* et *bas*, 2 Ph © J.-L. Cheminée
p. 125 : *mg* Ph © J.-L. Cheminée
p. 125 : *mil* Ph © Damase/Medialp
p. 125 : *md* Ph © Fumiuri - Orion-Press/ Sipa Press
p. 125 : *bg* Ph © Krafft/Hoa-Qui
p. 126 : *ht* Ph © Garcia-Saba/REA
p. 126 : *bas* Ph © Krafft/Hoa-Qui
p. 127 : Ph © Bourseiller/Hoa-Qui
p. 128 et **p. 129** : 5 Ph © M. Sagot
p. 131 : 2 Ph © M. Sagot
p. 132 et **p. 133**, Ph © Krafft/Hoa-Qui
p. 135 : Ph © Y. Arthus-Bertrand/ Altitude
p. 137 : Ph © Krafft/Hoa-Qui
p. 141 : Ph © U.S.G.S., National Earthquake Information Center
p. 143 : Ph © B. Karft/Sygma
p. 144 : *bas* Ph © Krafft/Hoa-Qui
p. 144 : *ht* Ph © R. Ressmeyer/Corbis/ Cosmos
p. 147 : Ph © U.S.G.S., National Earthquake Information Center
p. 149 : Ph © La Roque/Auscape/ Explorer
p. 152 : Ph © Coll. DITE/NASA
p. 154 : *ht* Ph © 1990 The Geosphere Project/Tom Van Sant, Santa Monica, Ca, USA
p. 154 : *bas* Ph © CNRS/GéoSciences, Rennes
p. 155 : *ht, g* Ph © B. Pambour/ Medialp
p. 155 : *b, g* Ph © J. Debelmas
p. 156 : Ph © M-SAT, Clermont-Ferrand
p. 158 : Ph © Krafft/Hoa-Qui
p. 161 : *bas* Ph © J. Debelmas
p. 162 et **p. 163**, Ph © C. Jégou
p. 165 : Ph © C. Jégou
p. 166 : *ht* Ph © G. Colombeau
p. 166 : *bas* Ph © D. Serrette/MNHN, Paris, Paléontologie
p. 168 : *ht* 3 Ph © D. Serrette/MNHN, Paris, Paléontologie
p. 168 : *bas* The Natural History Museum, Londres, Ph © du musée
p. 173 : *ht, g* Ph © D. Serrette/MNHN, Paris, Paléontologie
p. 173 : *ht, d* Ph © Ch. Jégou
p. 174 : *ht* Peinture murale (détail) de C.R. Knight, Ph © The Field Museum, Neg # CK 39T, Chicago
p. 174 : *bas* Ph © D. Serrette/MNHN, Paris, Paléontologie
p. 176 : Ph © D. Serrette/MNHN, Paris, Paléontologie
p. 177 : Neg N° 325985 Photo Andersobn, courtesy Dept. of Library Services, American Museum of Natural History, New York
p. 178 : 2 Ph © J. Oster/Musée de l'Homme, Paris
p. 180 : *ht* Ph © B. Hatala/Musée de l'Homme
p. 180 : *b, g* N° 5269, Ph by D. Finnin and J. Beckett, courtesy Dept. of Library Services, American Museum of Natural History, New York
p. 180 : *b, d* Ph coll. Y. Coppens
p. 182 : *ht, g* Ph © P. Da Costa/T
p. 182 : *ht, d* Ph © P. Wild/Jacana
p. 182 : *mil* Ph © S. Cordier/Jacana
p. 182 : *bas* Ph © Mammifrance/ Jacana/T
p. 183 : Ph Jeanbor © Archives Larbor/T
p. 184 : Ph Jeanbor © Archives Larbor
p. 185 : Ph © Hunterian Museum, Glasgow
p. 186 : 2 Ph © D. Serrette/MNHN, Paris, Paléontologie
p. 187 : Ph © R. Morrison/Auscape-PHO.N.E.
p. 188 : *ht* Vignette extraite du poster : « L'évolution de l'homme », © Nuova Arti Grafiche Ricordi/T
p. 188 : *mil* Ph © D. Serrette/MNHN, Paris, Paléontologie
p. 188 : *bas* Ph © C. Pomerol
p. 193 : Ph © J. Vertut
p. 195 : *ht* Ph © Krafft/Hoa-Qui
p. 195 : *bas* Ph © J. Reader/S.P.L./ Cosmos
p. 199 : *ht* Ph © J. Vertut
p. 199 : *bas* Ph © Ch. P. Rémy
p. 200 : *ht* Ph © P. Aventurier/Gamma
p. 200 : *bas* Ph © Ch. Jégou
p. 204 : *ht* Ph © F. Gohier/Photo Researchers/Cosmos
p. 204 : *mil* Ph © G. Boutin/Hoa-Qui
p. 209 : et reprise **p. 218/219**, « World ocean floor» , auteurs : Bruce Heezen and Marie Tharp, © by Marie Tharp, 1977, reproduced by permission
p. 210 : *ht* Ph © M. Petzold/T
p. 210 : *bg* Ph © J. Six/T
p. 210 : *bm* Ph © M. Petzold/T
p. 210 : *bd* Ph © Ch. Testu - Cogis/T
p. 211 : *a, c*, 2 Ph © H. Conge/T
p. 211 : *b* Ph Jeanbor © Archives Larbor/T
p. 211 : *d* Ph © M. Petzold/T
p. 211 : *e, f*, 2 Ph © P. Lorne/T
p. 212 : *ht* Ph © D. Magnin-Colibri/T
p. 212 : *bg* Ph © J.L. Paumard/ Colibri/T
Ph. © C. Fabre : p. 12, 13 à 15, 17 *d* ; 18 ; 19 ; 21 *hg* et *hd* ; 22 ; 23 ; 27 ; 29 ; 30 ; 32 ; 35 ; 38 ; 41 ; 45 ; 46 b ; 47 d ; 48 *ht dt* et *bas* ; 51 : **2**, **3** ; **4** ; 52 : **1** et **2** ; 53 : **c** et **e** ; 58 ; 60 ; 61 ; 62 *ht* ; 64 *bas* ; 66 ; 69 *bas* ; 70 *ht* et *bas g* ; 71 ; 72 *mil* ; p. 87-88 ; p. 106-107 ; p. 109 *ht g* ; p. 114 *bas* ; p. 120 *bas* ; p. 139-140 ; p. 150 ; p. 155 *dte* ; p. 159 ; p. 161 *ht* ; p. 203 ; p. 204 *bas* ; p. 216-217.

Edition : Jacqueline Erb.
Fabrication : Josiane Nicole.
Iconographie : Christine Varin.
Valérie Perrin.
Illustrations : Catherine Claveau.
Schémas : Fractale.
Mise en pages : Michèle Andrault.
Conception de la maquette : Bruno Loste.
Couverture : Arts Concept.

« Cet ouvrage est imprimé sur du papier de 70 g/m² »
Dépôt légal : juillet 1998 - Imprimerie Maury-Imprimeur S.A., 45330 Malesherbes - N° d'imprimeur : 65770S - Achevé d'imprimer en juillet 1998